이 책에 대한 찬사

"이 책을 읽기 시작한 게 아침 6시부터였는데, 종일 책에서 눈을 떼지 못했다. 나는 하루를 버린 게 아니라 온 세상을 얻은 기분이었다. 이 놀라운 이야기를 여러분과 함께 나누고 싶다. 상상을 뛰어넘을 정도로 우리를 감동시키는 매혹적인 존재의 이야기."

제프리 무세이프 메이슨 | 『코끼리가 울고 있을 때』

"예리한 감각으로 살아가며 자신이 알아낸 사실을 기록하는 몽고메리는 오늘날 보기 드문 기적 같은 작가다. 거침이 없고, 용감하고, 창조적이고, 예언적이며, 이 행성과 사랑에 빠진 작가. 그녀는 아마존이라는 세계의 치명적인 아름다움으로 우리의 넋을 잃게 한 다음, 인간 탐욕의 증거를 내밀어 다시 우리를 망연자실케 한다."

베스 케파트, 《북》

"저자를 바라볼 때처럼 돌고래들이 당신과 눈을 맞출 것이다. 홍수림의 온갖 생명체와 그녀의 눈 맞춤은 은밀하고 탐색적이다."

《뉴요커》

"진정 우리 시대의 찬란한 책 가운데 하나다. 몽고메리는 동물학과 신화를 교직하고, 자연사와 시를, 인류학과 초자연적 체험을 버무린다. 그 결과는 완벽하다. 아마존 유역 동물의 삶만이 아니라 인간의 삶까지 사진처럼 정밀하게 묘사한다. 몽고메리는 대자연의 세계를 보여주는 아주 통찰력 있고 새로운 방식을 발견했다."

엘리자베스 마셜 토머스 | 인류학자, 『길들여진, 길들여지지 않은』

"최고의 가이드 몽고메리가 우리에게 뒤따라오라고 손짓한다. 우리 행성의 가장 신비로운 생명체 가운데 하나를 찾으러 가자고. 그녀는 도중에 줄곧 멋진 캐릭터들을 소개한다. 다시 또 다시 대자연과 거듭 사랑에 빠지게 한다!"

마크 플롯킨 | 인류식물학자, 『어느 샤먼 제자의 이야기』

"놀라운 책이다. 박물학자의 이번 아마존 경험담은 저절로 페이지가 넘어가며 분홍 강돌고래의 세계로 독자를 깊숙이 끌어들인다. 신나고, 생생하고, 종종 오싹한 전율을 안겨주는 이 책은 매혹적인 아마존 생물종의 실제 신화적인 삶과 값진 열대우림에 대한 진지한 성찰 보고서다."

케이티 페인 | 혹등고래가 부른 노래 다수의 발견자, 『조용한 천둥』

"모험가의 담대함과 예술가의 감수성, 도덕가의 지혜를 갖추고 있다. 독자가 행복할 만큼 글이 아름답기까지 하다."

수 허벨 | 『시골의 한 해』, 『아프로디테를 기다리며』

"시인과 논객의 서정적이면서도 폐부를 찌르는 예리한 통찰력, 그리고 과학자의 사실적 예리함으로 자신의 모험과 관찰을 이야기한다. 자신의 대담한 성취에 대한 매혹적인 이 이야기는 야성적이고 아름다운 아마존 유역의 잔혹한 인간사를 신랄하게 드러낸다. 하지만 가장 인상적인 성취는 이야기와 과학을 눈부시게 엮어냈다는 것이다."

《북리스트》 리뷰

"기자의 냉철한 객관성과 돌고래 찬미자의 거의 신화적인 생태학적 인식을 겸비한 몽고메리는 신화와 전설에 탐닉하지만, 더불어 과학적 사실도 온전히 보고한다. 서사시풍의 이 책은 여행담과 모험과 자연사를 아우른다."

《퍼블리셔스 위클리》

"자연사와 인류학, 신화, 초자연적 현상을 한 편의 이야기로 엮어낸다. 아마존 유역과 삶이 불가해하게 맞물려 있는, 동식물과 인간의 흥미진진하고 때로 섬뜩한 이야기로 말이다. 한마디로 이 책은 매우 서정적인 문학적 여정으로 우리를 실어가는 한 척의 카누다."

수전 드워스키, 《이스케이프》

"자연사 탐험이자 여행 회고록인 이 책은 생물학자와 샤먼, 현지 이야기꾼들을 통해 육감적이고 강건한 강가의 사람들과 돌고래 사이의 관계를 밝힌다. 전성기의 작가인 몽고메리 자신의 존재감도 빠뜨릴 수 없다. 찬란한 아마존 강의 마법과 과학을 헤아리고자 하는 그녀의 탐구는 한계를 모른다."

스티븐 J. 라이언스, 《뉴에이지》

"서정적이고 솔깃하고 재미있다. 혹시라도 경이로운 이 생명체들의 이야기가 심드렁하게 들릴지 모를 독자를 위해 덧붙이자면, 대담무쌍한 여성 탐험가와 과학자, 잘생기고 박식한 뱃사람, 정글 의식, 심지어 아쿠아 테러리스트 이야기도 있다."

주디스 스톤, 《미라벨라》

"몽고메리는 훌륭한 작가다. 지구에서 가장 비옥한 서식지의 압도적인 아름다움과 다양성을 묘사할 때는 특히 빛난다. 널리 읽히고 논의되어야 할 책인데, 당연히 그렇게 될 것이다."

빌 멕키벤, 《보스턴 글로브》

"아마존 우림에 대한 생생한 묘사. 모든 자연사 도서관의 소장품으로 추천한다."

《라이브러리 저널》

"몽고메리는 생생하고 상상력 넘치는 산문으로 자신의 탐구에 대한 매혹적인 이야기를 들려준다. 수천 킬로미터에 달하는 아마존강을 따라가며 수수께끼 같은 생명체들을 추적 연구한 이야기, 물이 넘치는 경이와 신비의 세계에 뛰어든 한 여성의 마법 같은 탐색 이야기를."

준 소여스, 《시카고 트리뷴》

돌고래는 영험한 동물이다. 바라보노라면 어느새 물을 박차고 뛰어올라 홀연 가슴 속으로 파고든다. 나는 제돌이와 친구들을 제주 바다에 풀어주고 남방큰돌고래를 연구하게 되었는데, 죽기 전에 꼭 분홍돌고래를 만나고 싶다. 그런데 요즘 분홍돌고래도, 아마존도 영영 우리 곁을 떠나려 차비하는 것 같아 가슴이 저린다. 보투, 오래도록 우리 곁에 있어주면 안 되겠니?

최재천 | 이화여자대학교 에코과학부 석좌교수, 생명다양성재단 이사장

이 책은 은총 같은 우아함을 지닌 분홍돌고래 '보투'에게 매혹된 한 인간의 여정을 담고 있다. 이 책을 읽다 보면 지구 공동체에 살아가는 경이롭고 신비한 존재들의 모습이 머릿속에 떠오른다. 그들과 함께 살아 숨 쉬고 있다는 사실만으로도 마음이 설렌다. 그리고 결국 인간의 탐욕이 초래한 아마존의 비극이 지금 지구 공동체 전체가 직면한 위기의 '오래된 미래'임을 깨닫는다. 그 위기의 속도를 늦추기 위해 무엇이라도 하지 않을 수 없게 되고 만다.

황현진 | 해양환경단체 핫핑크돌핀스 공동대표

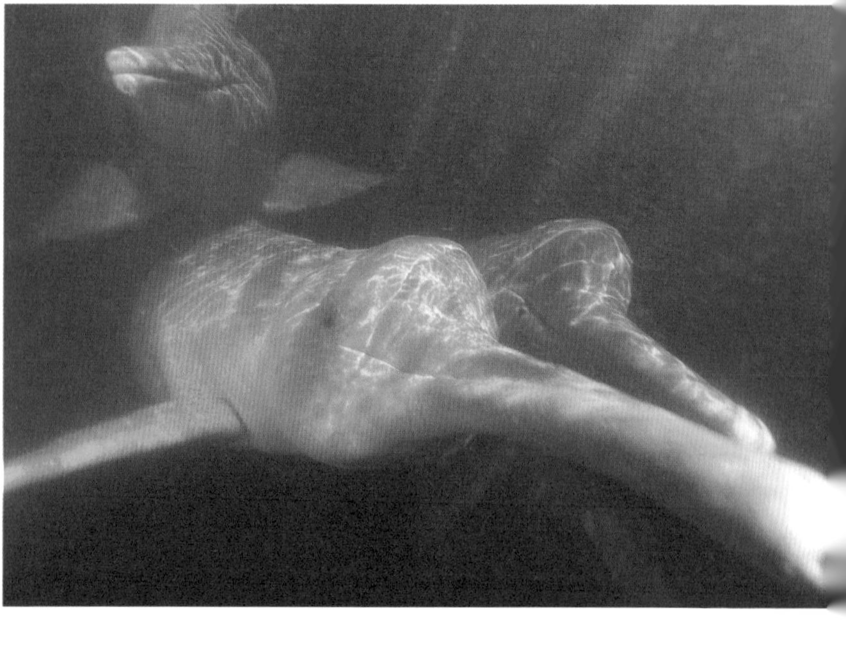

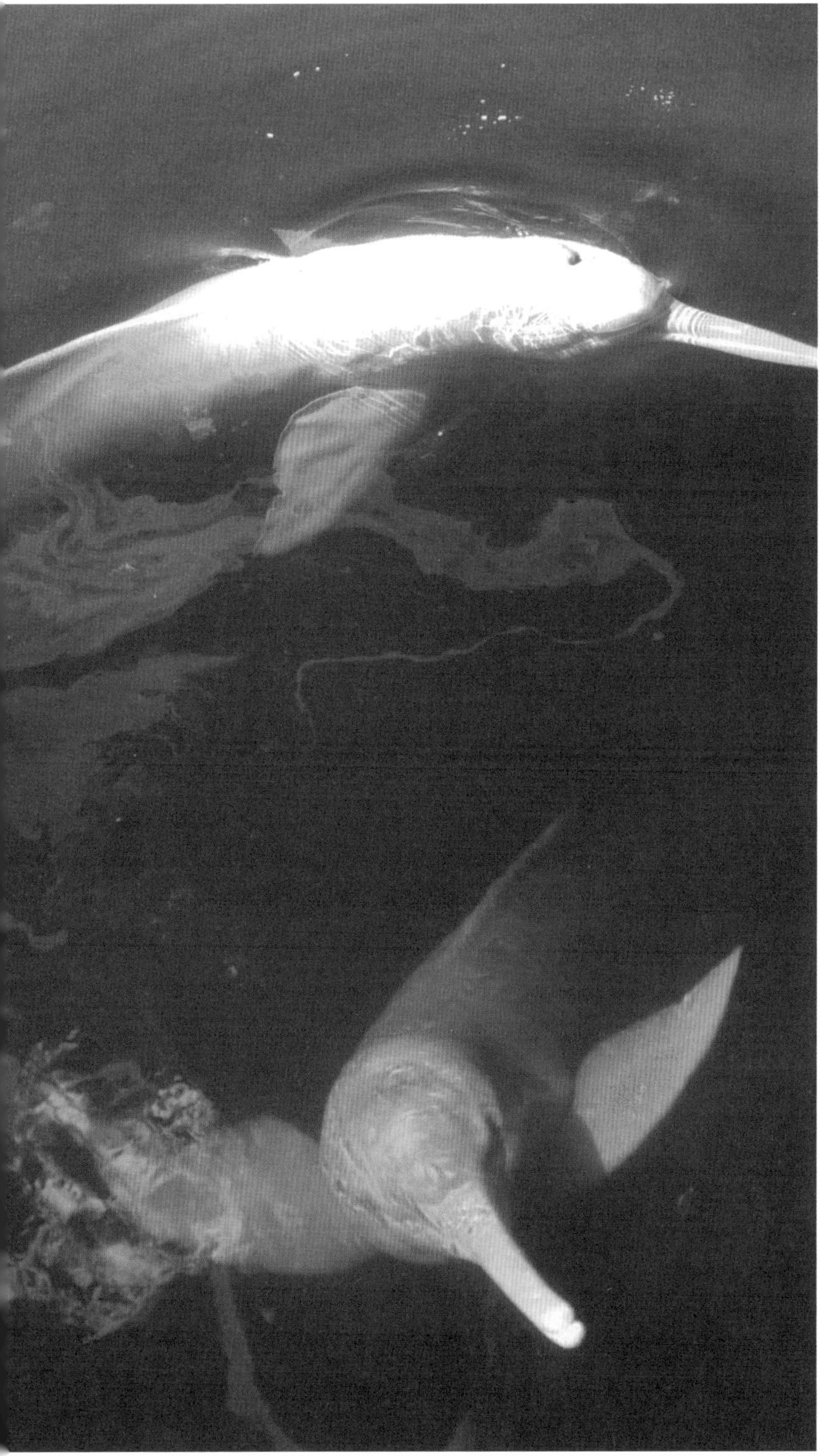

아마존 분홍돌고래를 만나다

아마존 분홍돌고래를 만나다

사이 몽고메리

승영조 옮김 · 남종영 감수

Journey of the Pink Dolphins: An Amazon Quest

돌고래

일러두기

1. 이 책은 Sy Montgomery, *Journey of the Pink Dolphins: An Amazon Quest*, Chelsea Green, 2008을 완역한 것이다.
2. 원서에서 이탤릭체로 강조한 부분은 볼드체로 표시했다. 다만 생물종의 학명은 변동 없이 이탤릭체로 표시했다.
3. 별도의 표기가 없을 경우, 옮긴이의 주는 본문 내 대괄호([ ])로, 감수자의 주는 각주로 처리했다.
4. 한국에 서식하는 고래류의 명칭은 국립수산과학원 고래연구센터의 추천안을 따랐다.
5. 포르투갈어 대사는 소리 나는 대로 표기한 뒤 원어와 뜻을 병기했다.
6. 성서의 인용구는 공동번역을 따라 옮겼다.
7. 외국의 인명과 지명, 용어 표기는 국립국어원의 외래어 표기법을 참고했다.
8. 단행본, 장편 소설에는 겹낫표(『』), 단행본의 장절, 보고서, 영화 · 음악 · 미술 · 만화 작품에는 홑낫표(「」), 정기간행물에는 겹꺽쇠(《》)를 사용했다.

나의 아버지,

A. J. 몽고메리 준장을 기리며

개정판 서문

내 책은 보통 과학 저술로 분류되지만, 다른 모든 내 책과 마찬가지로 이 책 역시 사랑 이야기다. 분명 지금까지 내가 쓴 책 가운데 가장 정열적인 사랑 이야기라고 할 수 있다.

나는 남아메리카에 발을 들여놓기 오래전부터 아마존과 사랑에 빠졌다. 탐험되지 않은 광활한 정글, 미지의 생명들로 맥동하는 그 정글을 어려서부터 줄곧 꿈꾸며 말이다. 세계여행가이자 육군 장성이었던 아버지는 아마존 이야기를 들려주곤 했다. 영악하고 은밀한 재규어, 왁자한 앵무새 떼, 산 사람을 먹어 치우는 물고기, 사람을 통째로 삼켜버리는 뱀들에 관한 이야기였다. 야생의 세계에 매료되고 동물의 힘에 매혹된 어린 소녀에게 아마존은 말할 수 없이 짜릿한 세계였다. 거기서는 전기뱀장어가 리무진처럼 길게 몸을 쭉 쭉 뻗고, 새들보다 날개가 큰 푸른 나비들이 뜨거운 공기를 가르며 찬란하게 떠돌았다.

그맨 아버지나 나나 분홍돌고래에 대해 몰랐다. 물론 다른 사람들도 마찬가지였다. 현지 주민들이야 알고 있었고 과학자들이 기록한 적도 있지만, 분홍돌고래는 분홍 코끼리만큼이나 있음직하지 않았다. 누가 그것을 상상이나 할 수 있었겠는가? 하지만 분홍돌고래가 존재**한다면** 보나마나 아마존에 살 거라고, 어린 시절의 나라면 분명 선뜻 믿었을 것이다. 그만큼 아마존의 경이로움은 어린 내 영혼을 사로잡았다.

25년 후, 아버지가 돌아가신 지 8년이 지나서야 비로소 아마존 우림에 첫 발을 내딛게 되었다. 더는 견딜 수가 없어서였다. 세상에서 가장 큰 정글의 강물 속에 사는, 장난꾸러기 같은 장밋빛 고래에게 나는 하염없이 이끌렸다.

이 불가사의한 돌고래에 대한 수많은 과학적 질문의 답을 찾고자 아마존으로 떠난 탐사는 결국 한 편의 이야기로 펼쳐지게 되었다. 처음에는 말 그대로 A지점에서 B지점으로 추적한다는 생각으로 돌고래의 뒤를 따라가고자 했다. 그러나 분홍돌고래는 상상 이상으로 포착하기 어려우면서도 동시에 많은 것을 일깨워주었다. 그들은 나를 훨씬 더 깊은 미스터리로 이끌었다. 내가 꿈꿔온 세계, 그 박동하는 젖은 심장 속으로.

분홍돌고래들은 감질나게 어렴풋 모습을 드러내며 나를 이끌었다. 나는 미칠 것 같았다. 바다 돌고래와 달리 물 밖으로 도약하는 법이 없는 데다, 아마존의 어두운 물속에서 어쩌다 마주쳐도 알아보지 못할 때가 더 많았기 때문이다. 하지만 그들은 눈에 띄지 않고도 나를 유인했다. 애간장 타게 하고, 조롱하고, 좌절시키면서 나를 유혹했다.

물론 나는 절망적으로, 속수무책으로 사랑에 빠져 허우적거렸다. 그럴 줄은 이미 알고 있었다. 그들에 관한 모든 전설이 그렇게 말해주었기 때문이다. 지역설화들은 분홍돌고래의 유혹과 변신 능력을 증언했다. 내가 유혹당한 이야기를 곧 들려드릴 텐데, 독자 여러분도 유혹당하고야 말 것이다.

하지만 부디 마음의 준비를 하시기 바란다. 두려움은 사랑의 쌍둥이이기 때문이다. 사랑하는 사람이 다치거나 납치될지 모른다는 두려움 말이다. 사랑 이야기인 이 책은 두려움에 관한 이야기이기도 하다. 아마존과 분홍돌고래는, 내가 처음 모험에 나서서 20세기의 마지막 몇 해를 거기서 보냈을 때보다 오늘날 더 큰 위협에 맞닥뜨리고 있다.

이 책이 처음 발간된 후 8년이 지나는 동안, 세계 곳곳에서 벌어진 수많은 사건들로 인해 아마존의 보존은 비통하리만치 다급한 일이 되었다. 오늘날 전체 아마존의 5분의 1이 파괴된 상태다.

브라질의 경우, 2000년 5월부터 불과 5년 사이에 국경 내부 아마존 유역의 숲 13만 2000제곱킬로미터가 파괴되었다. 이는 그리스 국토보다 넓은 면적이다. 농업의 수요에 따라 점점 줄어들고 있는 아마존 우림은 무시무시한 전 지구적 기후변화를 극적으로 가속시키고 있다.

브라질만 보아도 기후변화의 결과는 충격적일 만큼 명백하다. 보기 드문(남대서양에서 단 한 차례만 보고된) 허리케인이 2004년 3월 브라질 동부 해안을 유린했다. 2005년에는 유례없는 가뭄으로 농작물이 말라 죽고, 여행이 중단되고, 화재와 질병이 널리 확산되었다. 2007년에도 가뭄이 덮쳤다. 한때 호수였던 좁은 웅덩이에서 물고기들은 입을 뻐끔거리며 죽어갔고, 사람들은 화재 연기에 질식했고,

병원은 콜레라와 말라리아 같은 질병에 걸린 환자들로 가득했다. 마실 물이 오염된 데다 그나마도 구하기 힘들어 질병은 크게 확산되었다.

브라질은 오늘날 전 지구적 기후변화를 초래한 온실가스를 세계에서 네 번째로 많이 배출한 국가다. 이 가스의 4분의 3은 나무를 태우고 베어내는 과정에서 발생했다. 아이러니하게도 오늘날 아마존의 상당 부분이 파괴된 것은 바이오 연료를 만드는 농작물을 기르기 위해서인데, 대외적으로는 이를 수단으로 삼아 지구 온난화와 **맞서 싸우겠다는** 명분을 내세웠다. 그러나 당연하게도 더 많은 나무가 죽임을 당할수록 아마존의 온실가스 흡수 능력과 치유력은 더욱 약해진다.

페루도 고통을 받고 있다. 브라질과 마찬가지로, 페루 정부는 식후에 먹는 박하사탕처럼 목재와 석유를 나눠주고 있다. 세계적 가스 위기는 골드러시에 버금가는 석유 채굴 욕구를 부추기고 있다. 석유는 매우 높은 가격에 팔리기 때문에 현재 어떤 지역도 석유 탐사와 추출로부터 안전하지 않다. 지역 주민들은 석유로 인해 생기는 일자리를 반길 때도 있지만, 오염과 과도한 사냥, 문화적 손실, 성병에 이르기까지 그로 인한 불행은 막심하다. 몇몇 자연보호 단체들은 페루 관리들이 목재와 석유 양도에 대한 규제안을 마련하도록 백방으로 노력했다. 그러나 이 규제는 서류상으로만 존재한다. 석유 및 목재 회사들은 허가 지역을 관리하지 않고, 배정 지역에서의 활동조차 무제한적이다. 페루 정부는 어떠한 규제도 시행하고 있지 않다.

하지만 아직 희망은 있다. 보존계획이란 게 실은 아마존을 침략

정복하고 부를 갈취하려는 서구의 음모라고 오래전부터 확신한 브라질 정치가들은 마침내 아마존 열대우림의 파괴를 늦출 방법을 모색하고 있다. 브라질 내에서 인간이 초래한 기후변화의 증거는 이제 너무나 설득력이 강해 대통령도 경각심을 갖게 되었다. '아마존 강우 기계rain machine'가 망가지면 브라질 남부의 곡창 지대도 끝장날 것이기 때문이다. 페루와 브라질의 환경보호론자들은 이러한 위협의 결과로 보존 정책에 변화가 있길 간절히 바라고 있다.

페루의 정책은 한결 건전하다. 규제를 시행하고 있지는 않지만, 그래도 보호구역이 존재한다. 서류상으로나마 보호되는 것이 전혀 보호되지 않는 것보다는 분명 더 낫다. 2007년 발표된 카네기연구소 지구생태학부의 연구에 따르면, 페루의 보호구역은 다른 지역보다 산림 벌채 감소 효과가 18배나 높았다. 그래서 열대 국가 가운데 페루의 산림 벌채 비율이 가장 낮은 것도 보호구역 시스템 덕분이라는 평가가 나왔다.(그런데도 위성 조사를 기초로 한 그 연구 보고서에 따르면, 1999년에서 2005년 사이에 숲이 매년 645제곱킬로미터씩 파괴되고 있으며, 파괴까지는 아니더도 환경이 교란되는 지역이 매년 632제곱킬로미터에 이른다.)

2007년, 이 책에 많이 언급되는 페루 탐시야쿠타후아요 공동체의 보호구역은 제법 확장되었는데, 이는 다분히 지역 공동체와 더불어 열대우림보존기금RCF에서 여러 해 각별히 노력을 기울여온 덕분이다. 이 노력을 강력하게 지지한 나는 열대우림보존기금 이사회에 합류했고, 어머니가 돌아가신 후 집기를 판매한 수익을 열대우림보존기금에 기부하기도 했다. 이 책 말미에 열대우림보존기금을 비롯해 아마존 보존에 중요한 역할을 하고 있는 다른 기구들의 주소를 수록해두었다.

모든 것을 잃은 건 아니다. 아직은 아니라는 말이다. 나는 돌고래와 아마존을 너무나 사랑해서 포기할 수 없었다. 분홍돌고래는 나에게 큰 희망을 안겨준다. 모든 고래들이 그랬듯 한때는 이 작은 고래도 네 발로 육중하게 걸어 다니는 육상동물이었다. 현지인들은 아직도 가끔 그들이 육지로 돌아온다고, 심지어 분홍돌고래가 원하기만 하면 인간의 모습으로 둔갑할 수도 있다고 말한다. 놀라운 변신이 가능하다는 살아 있는 증거가 바로 분홍돌고래다. 심지어 어쩌면 우리들 또한 마찬가지일지도.

2008년 4월 26일

뉴햄프셔주 핸콕에서

사이 몽고메리

차례

5부 달의 눈물

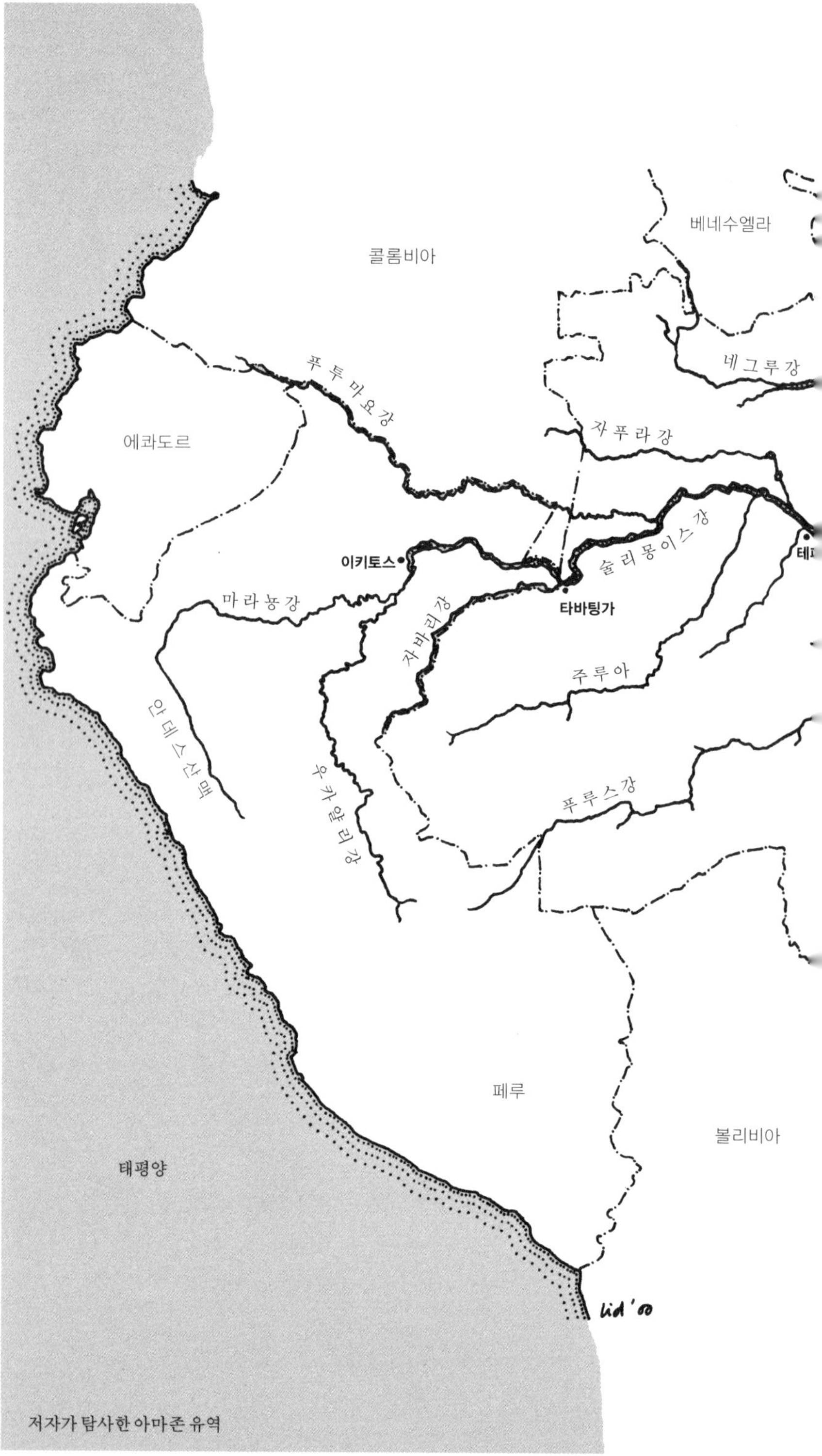

저자가 탐사한 아마존 유역

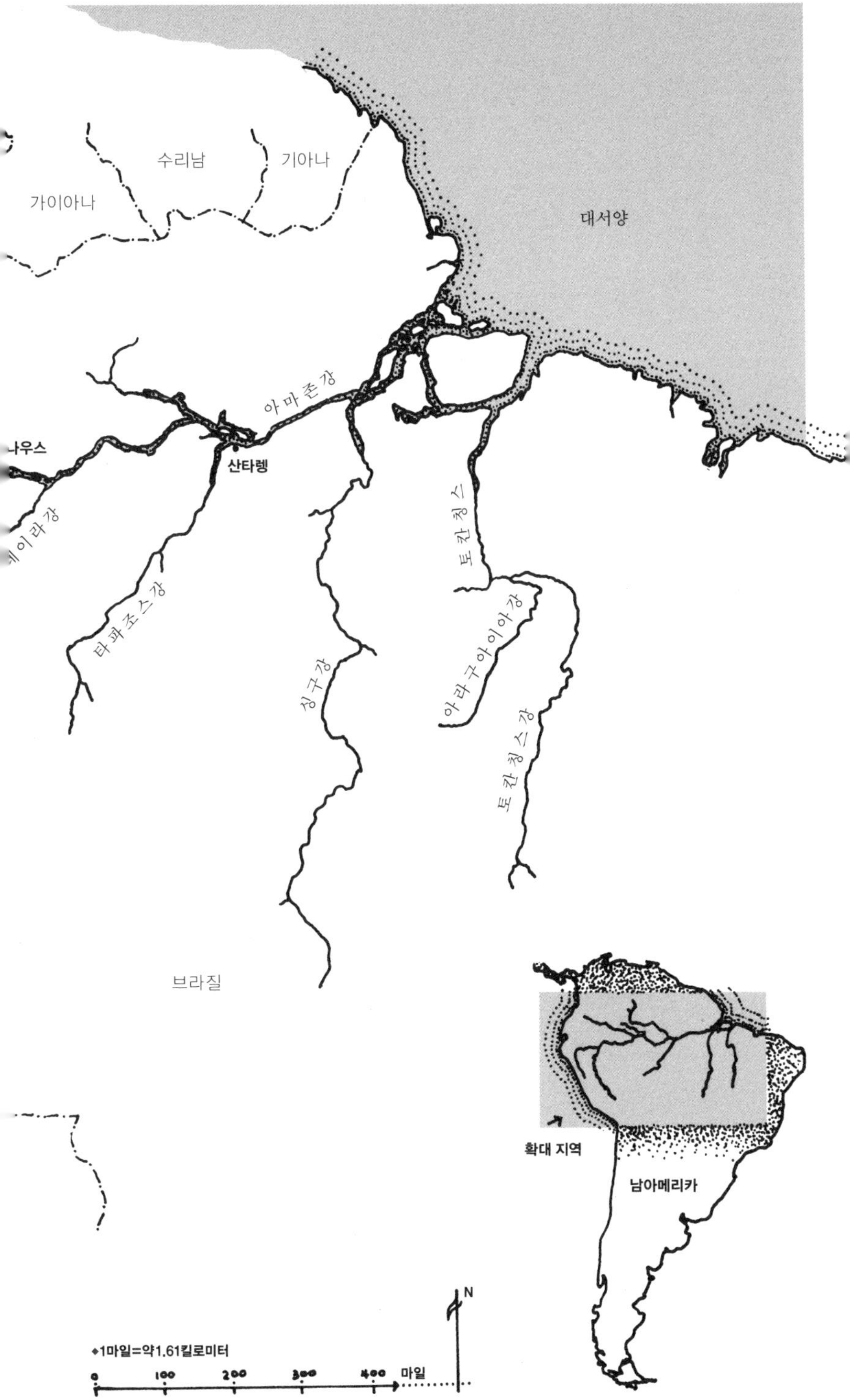
수리남
기아나
가이아나
대서양
아마존강
산타렝
타파조스강
싱구강
토칸칭스
아라구아이아강
토칸칭스강
브라질
확대 지역
남아메리카
◆1마일=약1.61킬로미터
0
100
200
300
400
마일
N

사이 몽고메리

군인이었던 아버지에게 어릴 적부터 아마존 이야기를 자주 들었다. 어느 학회에서 아마존 분홍돌고래의 존재를 처음 접하고 이들을 직접 만나기 위한 여정에 나선다.

다이앤 테일러 스노

사이의 털털한 친구. 5년 전에도 함께 방글라데시를 탐사했다. 동물원 사육사로 일한 경험이 있고, 아마존을 여행하며 이 책에 실린 사진 다수를 촬영한다.

베라 다 실바

국립아마존연구소 수중포유류연구실장. 브라질 학자로서 세상 누구보다 분홍돌고래를 오래 연구했다.

닐돈 아타이지

베라의 조수. 아마존 생태계에 매우 박식하고, 주인공 일행의 여정 초반에 큰 도움을 준다.

1부
여자비

물들의 만남

세상이 물바다로 바뀌었다. 마을 축구장과 바나나 숲, 카사바 경작지가 물에 잠겼고, 강가에 허술하게 자리 잡은 기둥집들도 물에 잠겼다. 어린 나무는 고스란히 수몰돼 물고기가 새처럼 나뭇가지 사이에서 노닌다. 아름드리나무들은 마치 사람처럼 물 위로 몸통을 내놓고 꼿꼿이 서 있다. 카누에서 일어서면 이 거인의 어깨에 얹혀사는 풍란을 볼 수 있고, 옆구리 구멍 속에 자리 잡은 앵무새와 대나무쥐들의 보금자리를 마주볼 수 있다. 파인애플의 일종인 탱크브로멜리아드는 널따란 나뭇가지들 위에서 작은 호수를 이룬다. 가시 돋친 다육질의 잎사귀들이 맞물려, 물이 넘실거리는 커다란 사발 모양을 이루는 것이다. 작은 빗물 세계인 이 사발 하나에 줄잡아 500종의 생물이 산다. 지네, 전갈, 나무개구리, 개미, 거미, 모기, 도롱뇽, 도마뱀 들이.

날마다 억수같이 비가 내려 세상을 탈바꿈시킨다. 이따금 폭풍이 몰아치며 번개가 하늘을 찢어놓고, 우지끈 나뭇가지를 부러뜨리고, 동물들을 나무에서 털어내다가 불현듯 폭우가 그친다. "그건 남자 비랍니다." 모이세스가 말한다. 그러나 탄식하며 흐느끼듯 몇 시간이고 줄기차게 내리는 비는 여자 비다. "여자는 온종일 울 수도 있으니까요."

물바다였던 세상이 밤에는 소리바다로 바뀐다. 어둠은 날빛에 드러났던 모든 것을 소리로 바꿔버린다. 밤이 되면 리아나 칡덩굴을 베일처럼 두른 신부 같은 나무들, 카누의 노 같은 잎사귀들, 종양이나 갑상선종 혹은 풍만한 가슴같이 디룽거리는 새 둥지와 흰개미 집들이 지저귀고, 소스라치고, 외치고, 탄식한다. 나무에서, 땅에서, 물에서 피어오르는 그 소리는 작은 종소리나 플루트 소리 같다. 이때 만물은 물의 언어로 말한다. 우기의 밤에 지저귀는 태양논병아리의 목소리는 양철 컵에 떨어지는 물소리 같다. 사다리꼬리쏙독새는 "투와이유! 투와이유!" 하며 그곳 지명을 지저귄다. 보석눈나무개구리는 수면에서 보글보글 거품이 이는 듯한 목청으로 노래한다.

강물은 다른 세계로 들어가는 거울이다. 낮에는 나무와 하늘이 수면에 내려앉은 듯하다. 하지만 거울 같은 이 수면은 아주 빠르게 움직여, 구명조끼를 걸치지 않고 강에 뛰어들면 물살에 휩쓸려 가라앉고 만다. 주민들은 강물 아래 황홀한 수중도시인 엥캉치Encante가 있다고 믿는다. 엥캉타두Encantado가 다스린다는 이 도시에 한번 몸담은 사람은 결코 떠나고 싶어 하지 않는다. 모든 것이 너무나 아름답기 때문이다.

밤에는 하늘의 별보다 물속의 별이 더 밝게 빛난다. 하늘에서 빛나는 별들이 그대로 수면에 비치고, 나무에 도사린 늑대거미, 나무보아뱀, 나무개구리의 반짝이는 눈빛이 수면에 비친다. 카누를 타고 가다 보면 마치 무한한 우주의 별들 사이로 여행하는 느낌이다.

카누를 멈추고 잠시 기다리면 엥캉타두가 찾아온다. 처음에는 카누 아래서 거품이 부글부글 올라오는 것 같다. 이 거품은 진주로 엮은 황홀한 그물처럼 떠오른다. 달이 뜨지 않은 밤에는 엥캉타두의 숨소리만 들린다. 그러나 달빛이 휘영청 밝으면, 물속에서 떠오르는 거품이 스르르 모여 엥캉타두로 바뀌는 것을 볼 수 있다. 이 돌고래는 카누에서 고작 몇 뼘 떨어진 곳에서 불쑥 얼굴을 내밀기도 한다. 얼굴이 불가사의하면서도 오싹할 만큼 낯익다. 윤곽이 뚜렷한 이마가 사람을 닮았고, 긴 주둥이는 코주부의 코처럼 돌출해 있다. 피부는 우리처럼 섬세하다. 더러는 회색이나 흰색이지만, 놀라우리만치 고혹적인 **분홍빛**을 띠기도 한다. 이 생물은 고개를 돌리고 물끄러미 우리를 바라보며, 머리 위의 숨구멍을 열고 긴 숨을 뱉어낸다. "촤아—!"

브라질 사람들은 분홍돌고래를 보투boto라고 부른다. 그들은 보투가 사람으로 둔갑할 수 있다고 말한다. 보투는 축제를 벌이는 곳에 나타나 이성을 유혹한다. 항상 조심하지 않으면 황홀한 수중도시 엥캉치에 따라갔다가 영원히 돌아오지 못하게 된다. 페루 사람들은 이 돌고래를 '부페오 콜로라도bufeo colorado', 즉 붉은 돌고래라고 부른다.💧 샤먼들은 이 돌고래의 숨결에 마법이 서려 있다고 말한다. 숨을 뱉어내는 소리와 함께 독침을 날릴 수도 있다. 과학자들은 이 돌고래를 이니아 조프렌시스*Inia geoffrensis*라는 학명으로도 부른다. 이빨고래의 후예인 이들은 마이오세(2303만 년 전~533만 년 전)에 충적토에 갇히는 바람에 민물 돌고래로 진화하게 되었다. 티라노사우루스렉스보다 더 큰 악어가 얕은 물에 숨어 사냥감을 노리던 시대, 날지 못하는 육식 새들이

💧 볼리비아강돌고래*Inia boliviensis*를 말한다. 아마존강돌고래보다 두개골이 작고 몸이 더 길다. 아마존강돌고래와 볼리비아강돌고래를 한 종으로 볼 것인지 별개의 종으로 볼 것인지는 학자에 따라 의견이 다르다. 해양포유류학회에서는 볼리비아강돌고래를 아마존강돌고래의 아종으로 본다.

2미터에 가까운 거구를 날쌔게 놀리며 사브르 같은 세 개의 발톱으로 먹이를 낚아채던 시대가 바로 마이오세다.

엥캉타두를 만난 사람은 누구나 넋을 잃고 만다. 만났다 풀려난 사람들은 저마다 다른 얘기를 한다. 그것이 꿈이었을 거라고, 혹은 유령이었을 거라고, 혹은 속삭이듯 수면에 부딪는 빗물의 후끈한 숨결이었을 거라고. 깊이를 헤아릴 수 없는 비극이 충족 불가능한 욕망과 충돌하는 이곳 아마존에서는 그 어떤 불가능한 일도 현실이 된다.

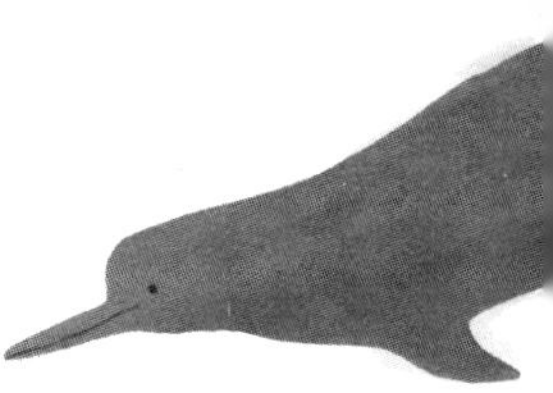

마나우스: 막이 오르다

아마존강 하구에서 상류로 1600킬로미터를 거슬러 올라간 곳, 세계에서 가장 큰 우림의 한복판 정글에 오페라하우스가 세워져 있다.

건물의 재료는 증기선에 실려 대양을 건너왔다. 철골은 스코틀랜드 글래스고에서, 대리석은 이탈리아 베로나와 카라라에서, 크리스털은 베니스에서, 삼나무 목재는 레바논에서, 비단은 중국에서 실어 왔다. 정교하게 조각한 가구들은 벨벳 덮개를 씌워 100개의 궤짝에 담아 런던에서 수입했다. 마루로 깐 1만 2000개의 목재(떡갈나무, 브라질 소방목, 능소화 목재)만이 브라질산이다. 그나마도 대서양을 건너 유럽에서 가공해왔다. 이 목재는 포르투갈 장인들이 못이나 접착제를 사용하지 않고 모두 사개맞춤을 했다.

오페라하우스 내벽에는 유럽의 웅장한 성당 벽화 스타일의 그림이 그려져 있다. 이탈리아의 성당 벽화가인 도미니코 데 안젤리스의 작품이다. 천장의 프레스코 벽화에는 예술의 네 분야를 나타내는 천사들이 그려져 있다. 무대 오른쪽의 천사는 무용을,

왼쪽의 천사는 음악을, 뒤쪽의 천사는 비극을, 앞쪽의 천사는 이 세 가지를 결합한 최고의 예술인 오페라를 상징한다. 프랑스 알자스로렌 지방에서 들여온 3만 6000개의 도자기 타일을 입힌 둥근 지붕은 청색과 금색, 초록색으로 반짝인다. 둥근 지붕 아래로는 흰 테두리를 두르듯 난간이 달린 계단과 주랑柱廊 현관이 신고전풍으로 조합돼 있다. 마치 웨딩케이크의 가두리를 설탕으로 하얗게 장식하듯이. 정글 한복판에 있는 이 도시에서 세련되고 섬세한 오페라하우스의 파스텔 색조는 정글의 풍란 꽃송이처럼 화사해 보인다. 정면 외관은 분홍빛이다. 마나우스를 믿기지 않을 만큼 풍요롭게 해주는 아마존강, 그 강에 사는 돌고래와 같은 색 말이다.

아마조나스극장이라는 이 오페라하우스를 짓는 데에는 15년에 걸쳐 200만 달러 이상이 들었다. 1896년 준공 이후에는 세계에서 가장 아름다운 극장으로 칭송되었다. 엔리코 카루소를 불러들이기 위해 그처럼 공들여 지었다고 한다. 그러나 그는

정글 한복판에 있는 오페라하우스, 아마조나스극장(촬영: 다이앤 테일러 스노)

오지 않았다. 이 위대한 테너 가수가 오기로 한 무렵에 황열병이 돌아, 이탈리아 오페라 단원 16명이 사망했기 때문이다. 당시 이 도시에서는 해마다 약 300명의 시민이 말라리아로 사망했다. 부시마스터라는 커다란 독사에 물리는 일도 많아 신문마다 해독제 광고가 실리기도 했다. 서부 개척지처럼 도시 거리에서 총이나 화살을 쏘는 것을 법으로 금지해야 할 정도였지만, 법은 묵살되기 일쑤였다.

그런 상황에서도 오페라하우스에는 다이아몬드로 장식한 비단옷 차림의 관객이 1600명이나 모였다. 20세기에 접어들 무렵, 고무 거래의 중심지인 마나우스에서는 다이아몬드가 비공식 화폐로 쓰였다. 당시 자동차 산업의 발달로 고무와 타이어에 대한 수요가 절정에 이르러 있었다. 아마존의 수많은 지류를 따라 배편으로 실어 온 파라고무나무의 우윳빛 생명액은 마나우스를 한껏 살찌웠다. 그래서 마나우스 시민은 1인당 세계 최대의 다이아몬드 소비자가 되었다. 일부 여성들은 치아에 다이아몬드를 박았고, 다이아몬드가 반짝이는 검정 레이스 부채를 펄럭였다. 점심시간에 손님들에게 샌드위치를 서빙하는 웨이트리스가 팁으로 다이아몬드를 받을 정도였다. 고급 매춘부는 화대로 다이아몬드 목걸이를 받을 수 있었다. 마나우스의 물가는 뉴욕의 네 배에 달했다. 약사들은 영국에서 1실링인 키니네를 2파운드(40실링)에 팔았다. 고무 부호들은 프랑스산 샴페인으로 말의 갈증을 풀어줬다. 욕실의 수도꼭지는 순금으로 만들었고, 주부들은 리넨 셔츠나 시트를 포르투갈로 보내 세탁해왔다.

그러나 오점을 전부 세탁할 수는 없었다. 그들은 고무나무 유액을 수집 가공하기 위해 아마존 인디헤나들을 쇠사슬에 묶어 채찍질을 해댔다. 마나우스의 고무 부호였던 훌리오 세자르 아라나 혼자서 벌어들인 것만 750만 달러에 이른다. 12년 동안 아마존의 고무 유액 4000톤을 런던 시장에 팔아서 말이다. 그 과정에서 우림의 원주민 3만 명이 목숨을 잃었다. 역사가 리처드 콜리어는 이렇게 썼다. "실제로 고무 부호들은 인디헤나들의 뼈 위에 부유하고 사악한 도시를 세웠다. 당시 고무 부호들의 광적인 생활 방식만 보더라도 이들이 그 사실을 인지하고 있었음을 미루어 짐작할 수 있다."

그들은 교회에 회개하러 가는 사람처럼 오페라하우스에 떼지어 몰려갔다. 그리고 예술의 천사들 아래, 유럽 최고의 예술가 이름이 새겨진 기둥들 사이에 자리를 잡고 앉았다. 귀족석 앞에 세워진 22개의 대리석 기둥에는 고대 그리스 비극에 쓰인 가면이 붙어 있고, 위대한 유럽 예술가들의 이름이 석고 장식으로 새겨져 있다. 괴테, 로시니, 몰리에르, 셰익스피어, 모차르트, 바그너, 베토벤, 레싱, 베르디…….

비극의 가면들은 유럽인이 열렬히 꿈꾼 아마존강으로 고개를 돌리고 있었다. 오페라하우스에서 가장 중요한 그림인 「물들의 만남」은 무대 배경 현수막에 그려져 있다. 이 그림은 프랑스 프랑세즈극장의 무대 미술가였던 브라질인, 크리스핑 두 아마랄의 작품이다. 막은 출렁이며 돔까지 올라간다. 그림이 훼손되지 않도록 접히거나 감기지 않는다. 그림에는 창백한 피부의 아마존 여신이 벌거벗은 채 나른하고 유순하게 비단 침대에 살포시 누워 있다. 아마존은 등을 기댄 채, 맞은편에 서 있는 두 강의 신, 술리몽이스와 네그루에게 가랑이를 벌려 보이려는 듯 한쪽 무릎을 세우고 있다. 턱수염을 기른 두 신은 그녀에게 가까이 선 채 여신에게 바치는 화환을 들고 있다. 그들의 강물은 다뉴브처럼 푸르다.

술리몽이스강과 네그루강이 실제로 만나는 곳은 여기서 10킬로미터쯤 떨어진 곳에 있다. 그곳 강물은 사실 푸르지 않다. 빛과 어둠이 묘하게 뒤섞인 것처럼 보인다. 하얀 크림색인 술리몽이스강과 검은 커피색인 네그루강이 거기서 만나 아마존강을 이루어 대서양까지 1600킬로미터를 도도히 흘러간다. 대조적인 이 두 강물이 합류하는 곳을 '물들의 만남The Meeting of the Waters'이라고 부른다. 어둠의 강인 네그루는 고대에 형성된 브라질 고원에서 발원하는데, 이 강의 퇴적물은 수백만 년 전에 모두 쓸려나가 버렸다. 모래 토양이 너무나 척박해 유기화합물을 분해할 수 없는 탓에 산성을 띠게 돼 타닌산으로 검게 착색된다. 이것은 거의 불모의 물이다. 술리몽이스강의 흙탕물은 지리학적으로 젊은 안데스산맥에서 발원한다. 풍부한 영양분을 함유한 엄청난 양의 실트[모래보다 잘고 진흙보다 굵은 침적토] 때문에 밝은 빛깔을 띤다. 술리몽이스강에는 피라냐와 전기뱀장어, 눈이 불룩하고 뼈혀를 지닌 물고기가 우글거린다. 분홍 강돌고래는 먹이를 사냥하러 '물들의 만남'을 찾는다. 이곳에서는 느닷없이 맞부딪는 물살 때문에 허둥거리는 물고기들을 쉽게 잡아먹을 수 있기 때문이다.

두 강은 농도가 달라서, 마주친 후에도 6킬로미터 이상 더 흘러간 후에야 서로 섞이게 된다. 결혼하지 못한 연인처럼 두 강은 검은 손가락과 흰 손가락을 깍지 낀 채 나란히 흘러간다. 이렇게 두 강이 몸을 섞어 태어나는 아마존강에서는 여러 단절된 역사가 합류하고, 상반된 정체성이 합류하고, 아름다움과 잔혹함, 열망과 절망, 삶과 죽음이 합류한다.

내일 밤, 나는 '물들의 만남'에서 잠들 것이다. 통나무 뗏목 위에 지은 나무집, 타로마튜나무에 밧줄로 고정시킨 집 마루에서 잠들 것이다. 문득 모기가 따끔하게 내 발목을 물었다. 나는 고개를 들고 빨간 벨벳을 두른 난간을 바라본다. 몰리에르와 모차르트 사이, 무용과 비극 사이에, 황금과 크리스털로 만든 프랑스제 샹들리에가 매달려 있다.

무대의 현수막은 이미 완전히 올라가 그림의 밑부분만 보인다. 현수막의 도금한 테두리 너머로 아마존 강물이 넘쳐흘러 관객에게 쏟아질 것만 같다. 오케스트라가 조율을 하고, 케틀드럼 소리가 천둥치듯 울린다.

브라질에서의 첫날 밤, 나는 천둥소리에 잠이 깼다. 굉음이 뼈를 훑고 지나가는 듯했다. 번개가 환하게 실내를 밝혔다. 너무나 밝아서 눈을 감고도 빛을 볼 수 있었다. 빗줄기는 정글의 미치광이 악마처럼 벽과 지붕을 두들겨댔다. 몸을 일으켜 창밖을 내다볼 수가 없었다. 빗줄기가 나를 꽁꽁 묶어놓기라도 한 것처럼.

다이앤 테일러 스노가 옆 침대에 누워 담배를 피우고 있었다. 담배 끝이 노랗게 타오르는 게 보였다. "이제야 캔자스를 떠났다는 게 실감 나." 어둠 속에서 그녀가 말했다.

다이앤은 평소처럼 몇 시간째 잠을 이루지 못하고 뒤척였다. 불면증은 다이앤의 여러 재능 가운데 하나였다. 다이앤은 움직이는 보트의 고물[선미]에서 오줌을 눌 수 있었고, 인도네시아 말로 욕을 할 줄도 알았다. 그러나 그녀가 둘도 없이 자극적인 여행 동반자일 수 있는 것은 모두 불면증 덕분이었다. 5년 전 방글라데시를 탐사할 때, 다이앤은 새벽 3시에 나를 깨우더니 거미를 가리켰다. 평소 다이앤은 겁이 없었지만 얄궂게도 거미만큼은 질색을 했다. 주먹만 한 거미가 거울에 붙어 있는 게 보였다. 그녀가 손전등을 비추자 맞은편 벽에 거대한 거미 그림자가 드리워졌다. 머리통이 멜론만 하고, 털투성이의 다리는 3미터가 넘었다.

당시 방글라데시에서 호랑이를 찾고 있던 우리는 처음으로 민물 돌고래를 보았다. 보트를 타고 순다르반강을 탐사하고 있을 때였다. 지상 최대의 홍수림 늪지대인 그 유역은 세계 최대의 호랑이 서식지이기도 했다. 그러나 순다르반의 뒤얽힌 홍수림과 진한 흙탕물은 짐짓 모든 것을 감추려는 듯했다.

하루는 흙탕물이 별안간 갈라졌다. 수면이 갈라지며 흐릿한 연분홍빛의 둥그런 형체가 떠오르더니 너울처럼 굽이치며 나아갔다. 마치 수면에 연분홍 노을이 일렁이는 듯했다. 하지만 그때는 정오 무렵이었고 햇살이 밝았다. 우리는 물끄러미 바라보았다. 그 형체는 거듭해서 비단처럼 매끄럽게 오르내렸다. 마침내 나는 그게 무엇인지 알 수 있었다. 강돌고래!

나는 어디서 돌고래를 보든 항상 충격을 받곤 했다. 마치 물속에 있는 나 자신을 보는 것 같았기 때문이다. 미국과 영국, 뉴질랜드의 강에서도 돌고래를 본 적이 있었다. 물론 여러 아쿠아리움에서도 보았는데, 볼 때마다 놀라웠다. 생김새만 보면 포유류이라기보다는 어류 같다. 그들이 사는 곳은 우리 육지생물에게는 낯선 우주 같다. 그런데도 우리 사이에 닮은 점이 너무나 많다는 것을 서로가 아는 듯하다. 사람들의 생각과 의사소통 방법을 연구하다가 사람과 돌고래 사이의 소통을 연구하게 된 의학자 존 릴리는 돌고래를 '바닷사람Humans of the Sea'이라고 부른다. 물속에서 몸을 드러내는 돌고래를 볼 때마다 나는 잃어버린 쌍둥이 형제를 보는 느낌이 든다.

돌고래가 순다르반강 같은 흙탕물에서도 살 수 있다는 것이 믿어지지 않았다. 나는 예전에 읽은 돌고래에 대한 글을 떠올렸다. 초기 탐험가들도 강돌고래의 존재에 무척이나 놀랐는데, 그처럼 탁한 강에 사는 돌고래는 분명 눈이 멀었을 거라고 오판했다. 훗날 연구자들은 그렇지 않다는 사실을 밝혀냈다. 이 돌고래들은 눈이 멀지 않았다. 다만 주로 수중 음파탐지 기능을 이용해 이동한다. 특히 민물 돌고래는 가히 상상도 할 수 없을 만큼 이 기능이 발달했다.

돌고래는 곧 사라져버렸다. 잠깐 꿈을 꾼 것만 같았다. 하지만 그 후로도 오랫동안 돌고래의 모습이 뇌리를 떠나지 않았다. 마치 잠깐 동안 강이 가슴을 열고 내게 어떤 징조를 드러내 보여준 것만 같았다.

그 후 세 번 더 순다르반에 들렀고, 그때마다 돌고래를 볼 수 있었다. 돌고래는 늘 계시처럼 홀연히 나타났다 이내 종적을 감췄다. 돌고래의 얼굴이나 가슴지느러미는 보지 못했다. 머리 위쪽이나 등의 곡선을 보았을 뿐이다. 나는 돌고래에 관한 과학 문헌을 찾을 수 없었다. 당시 돌고래에 대해 알려진 것이 거의 없었기 때문이다. 현재 전 세계에 민물 돌고래는 네 종이 있는데(다섯 번째 종이었던 중국의 민물 돌고래는 2007년에 멸종했다.), 그중 어느 종도 제대로 연구되지 않은 상태다.

나는 분홍돌고래의 모습을 잊을 수 없었다. 미국 뉴햄프셔주에 있는 집으로 돌아온 뒤에도 분홍돌고래는 유혹하듯 내 꿈속을 유영하고 다녔다. 몇 년 후 해양포유류학회에서 어떤 분이 내게 그 이유를 알려주었다. 분홍돌고래가 넋을 앗아간다는 것이다.

그가 말하길, 순다르반강에서 세계를 반 바퀴 돌면 아마존강에 이르는데, 바로 이 아마존강에 이니아 조프렌시스라는 분홍돌고래가 산다. 과라요어로 '이니아'는 돌고래를 뜻하고, 조프렌시스는 조프루아 생틸레르의 이름을 딴 것이다. 생틸레르는 나폴레옹의 명을 받아 포르투갈이 갖고 있던 최초의 동물 표본을 약탈한 프랑스 박물학자다. 순다르반의 강돌고래와 달리 이니아는 겁이 없고 개체 수가 많은데, 신비하기는 마찬가지다.

강에 사는 분홍돌고래 사진을 보면 왠지 오싹할 만큼 낯익다. 내가 전에 본 어떤 돌고래와도 닮지 않았다. 이마는 멜론 같고, 주둥이는 대롱처럼 길쭉하다. 그런 모습은 뭔가를 연상시킨

다이앤 테일러 스노
(촬영: 사이 몽고메리)

다. 문득 나는 깨달았다. 그들은 바로 **우리**를 닮았다. 다만 조금 다른 모습을 한 우리를 닮았다. 다름 아닌 태아 상태의 인간, 양수 속에서 태동하고 있는 인간 말이다.

학회에 참석한 연구자들 가운데 상당수가 분홍돌고래를 연구하려고 했지만 그리 성공을 거두지 못했다. 분홍돌고래의 개체 수를 안다고 주장한 과학자도 있었고, 무리의 사회구조를 안다는 과학자, 영역을 갖는지 이주하는지에 대해 안다고 주장한 과학자도 일부 있었다. 그러나 이 돌고래가 왜 분홍빛인지 확실히 아는 과학자는 아무도 없었다. 나이 든 돌고래만 분홍빛이고 어린 돌고래는 모두 잿빛이라고 말한 과학자가 있는가 하면, 흥분할 때 분홍빛이 된다고 말한 과학자도 있었다. 그러나 연구자들은 수년간의 연구에도 각각의 돌고래를 구별할 수조차 없다고 고백한다.

강가의 주민들은 연구자들이 느끼는 혼란을 당연하게 여긴다. 그들은 돌고래가 둔갑을 한다고 말한다. 돌고래들은 인간이 바라는 대로 모습을 바꾸며 우리의 넋을 앗아가거나 황홀한 수중도시인 엥캉치로 우리를 유괴해갈 수도 있다.

분홍돌고래는 황홀한 낙원 아마존에 실제로 살고 있다. 나는 항상 아마존에 가고 싶었다. 서구인들이 아마존을 상상할 때면, 엘도라도나 최후의 미개척지, 초록의 지옥, 신비한 여전사, 지상낙원, 실낙원 등을 떠올린다. 그러나 강 주변의 마을 사람들에게 아마존은 재생과 파괴, 힘과 영감의 원천이다. 과학자들이 하는 말에 따르면, 아마존강은 전 세계 강물의 반을 차지하고, 그 우림은 지구 산소의 10분의 1을 공급한다. 우리의 숨결은 아마존과 잇닿아 있다. 하지만 돌고래와 마찬가지로 아마존 또한 커다란 신비로 남아 있다. 신비에 이끌린 사람들은 거기서 온갖 욕구를 충족시키려 한다. 꿈을 찾기도 하고, 호구지책을 찾기도 한다. 가장 깊은 내면의 두려움과 가장 어두운 욕망을 투사하기도 한다.

그 학회에서 나는 앞으로 무엇을 해야 할지 깨달았다. 분홍

💧 아마존강돌고래의 외모에 관한 최근의 정설은 다음과 같다. 일반적으로 수컷 성체가 암컷이나 어린 개체보다 짙은 분홍빛을 띤다. 다른 고래와 달리 아마존강돌고래의 수컷은 암컷보다 훨씬 큰데, 이렇게 암수의 겉모양 차이가 크게 나타나는 것을 성적 이형성sexual dimorphism이라고 부른다. 짝짓기 경쟁 가설에 따르면, 성별에 따른 선택 압력이 큰 종일수록 성적 이형성이 크게 나타난다. 소수의 수컷이 다수의 암컷을 독차지하며 하렘을 이루는 사자, 고릴라 등이 대표적이다. 이 책의 주요 등장인물이기도 한 베라 다 실바가 밝힌 내용이다. Martin, A. R., & Da Silva, V. M. F. (2006). Sexual dimorphism and body scarring in the boto (Amazon river dolphin) Inia geoffrensis. *Marine Mammal Science*, 22(1), 25–33.

돌고래를 찾아가지 않을 수 없었다. 그러자 다이앤이 함께 가겠다고 열렬히 자원했다.

탐험을 시작하자마자 분홍돌고래는 우리를 경이로운 이 도시로 이끌었다. 정글 속의 파리Paris와 같은 이곳에서는 하늘까지 가득 채운 물이 강이 되어 흐른다. 우리는 '물들의 만남'에서 돌고래들을 발견하게 될 것이다. 그들이 우리를 또다시 어디로 이끌어갈지는 알 수 없었다.

그러나 브라질에 와서 처음 만난 폭풍우에 온몸이 젖고 나니 어느 곳을 가든 온통 젖어 있을 거라는 사실만은 분명히 알 수 있었다.

"내 판초에서 치즈 냄새가 나." 내가 다이앤에게 말하는 순간, 두 번째 천둥소리가 우리의 뼈를 훑고 지나갔다. 다이앤의 옷가방에 여분의 판초가 있었으면 싶었다. 다이앤은 여행할 때 항상 준비물을 꼼꼼하게 챙겼다. 친구와 카메룬을 여행할 때는 허름한 호텔에 묵어야 했다. 더러운 시트가 깔린 호텔 방에 들어선 다이앤은 가방에서 공단 침구를 꺼내 친구를 깜짝 놀라게 했다. 또 한번은 내가 쓴 책 홍보 투어 중에 그녀가 차를 몰고 로스앤젤레스공항으로 마중을 나왔다. 나는 지도를 찾으려고 글러브박스를 뒤지다 38구경 반자동 권총인 콜트를 발견했다. "권총이 들어 있어." 나는 놀란 마음으로 친구에게 말했다. 거기 있어서는 안 될 물건 같았기 때문이다. "아, 내 친구 '보들이Fluffy'야." 그녀가 말했다. 대수롭지 않다는 말투로 미뤄보아 사용법도 잘 아는 게 분명했다.

이번 여행에는 보들이를 집에 두고 왔다니 마음이 놓였다. 다이앤은 평소처럼 가방을 열어 짐을 온 방 안에 풀어놓았다. 마치 호사스러운 뷔페식당 같았다. 새 어댑터를 끼운 소형 헤어드라이어, 포도 한 송이 크기로 똘똘 말아놓은 해먹, 튜브식 여행용 베개(스튜어디스 시절에 쓰던 것), 립글로스와 뷰러, 눈썹연필, 샴푸 따위가 담긴 비닐 지퍼백 네 개(패션모델 시절에 쓰던 것), 어미 잃은 아기 동물을 만났을 때를 대비한 젖병과 젖꼭지와 분유(오랑우탄 구호활동 시절에 쓰던 것), 밀봉한 건포도와 땅콩, 분말 게토레이 꾸러미, 회충약과 옴약, 속옷과 카키색 바지, 비단 셔츠 등을 담은 지퍼백, 고데, 외과용 메스와 일회용 주사기, 바이러스를 걸러낼 수 있는 400달러짜리 정수기, 마을 사람들에게 선물할 톱칼과 라이터, 신축성 있는 빨랫줄, 독사의 독을 빨아내는 도구, 오페라 관람용 의상.

치즈 냄새가 난다는 말을 들은 다이앤은 아침식사를 떠올렸다. "어떤 치즈 먹을까?" 그녀가 물었다. "페타? 고르곤졸라……?"

"코티지." 나는 이렇게 말하며 비가 내 의식을 잠식하도록 내버려둔 채 물로 가득 찬 꿈속으로 빠져들었다.

아침에는 폭풍이 찾아들었다. 후드득거리는 빗소리와 함께 자동차 경적, 경찰 호루라기 소리가 들려왔다. 젖은 마나우스 거리의 아스팔트는 강물처럼 번들거렸다. 자동차는 카누처럼 미끄러지듯 지나갔다. 호텔 지붕은 비가 새서, 로비의 타일 바닥에 놓인 허름한 매트가 흠뻑 젖어 있었다. 옥상의 수영장은 넘쳐흘렀다.

우리는 모나코호텔 12층 식당에서 자잘한 탐사 계획을 세웠다. 아마조나스극장의 반짝이는 둥근 천장, 빅토리아풍의 세관 건물, 영국 엔지니어들이 독창적으로 물 위에 지은 선창이 내다보였다. 선창은 네그루강의 수위에 따라 1년에 10미터씩 오르내릴 수 있도록 설계되었다.

'열대의 파리'를 건설한다는 생각은 한 남자, 에두아르두 곤살베스 리베이루의 야심에서 비롯되었다. 리베이루는 서른 살의 나이로 광활한 아마조니아[아마존강 유역의 총칭]의 최연소 총독이 된 군사공학자였다. 그는 훗날 이렇게 자랑했다. "나는 작은 마을 하나를 발견해 그곳을 현대 도시로 탈바꿈시켰다." 리베이루는 체구가 작았지만, 황금과 여자와 명예에 대한 욕망이 남달랐다. 그는 총독이 되기 전부터 오페라하우스를 짓겠다는 계획을 세우고 있었다. 결국 오페라하우스의 분홍빛 바깥벽 전면에 사람 크기만 한 글자로 그의 이름이 새겨졌다.

리베이루는 이 도시에서 수출하는 모든 고무에 20퍼센트의 세금을 부과했다. 그 돈으로 너비가 30미터에 이르는 길을 닦고 포르투갈에서 수입한 자갈을 깔았다. 길가에는 호주와 중국에서 들여온 나무를 심어 그늘을 드리웠다. 또 에펠탑 설계자에게 의뢰해 파리 중앙시장을 닮은 공설 시장과 베르사유 궁전을 닮은 법원을 시내에 짓도록 했다. 마나우스에는 런던보다 먼저 전기가 들어왔고, 리우데자네이루보다 먼저 전화가 놓였다. 뉴욕과 보스턴 거리에서 마차가 달그락댈 때, 마나우스에서는 암록색 전차가 24시간 거리를 누비고 다녔다. 다이앤과 나는 옥상에서 시내를 굽어보며, 호사스런 비단옷을 입고 새 깃털로 머리를 장식한 여성들을 상상했다.

그러나 막상 거리를 거닐며 보니, 여성들은 몸에 착 달라붙는 스판덱스 드레스를 입고 있었다. 머리에는 만화 캐릭터인 '트위티' 모양의 노란 플라스틱 핀을 꽂았다. 트위티는 옷에도 어울리지 않게 그려져 있었는데, 너무 도발적이어서 처음에는 매춘부들이 입는 옷인 줄 알았다. 그러나 환전소에서 돈을 바꿀 때, 슈퍼마켓에 줄을 서 있을 때, 그리고 버스를 타고 아마존연구소로 갈 때 주위를 둘러보니 거의 모든 여자가 그런 옷을 입고 있었다. 팔과 등의 맨살을 드러낸 홀터넥 차림으로, 마치 가슴을 해먹에 얹어놓은 것 같았다. 바지는 찰싹 달라붙어 있어서 팬티 레이스가 도드라져 보였다. 뚱뚱한 여자와 주름살 깊은 노파, 출산을 앞둔 임신부조차 몸에 꽉 조이는 짧은 드레스나 홀터넥 톱, 솔기가 도드라진 청바지를 입고 있었다. 군살 때문에 대부분 맨 위 단추는 풀어놓은 채였다.

사방이 살로 흘러넘쳤다. 어시장에서 웃옷을 벗어던진 영감의 엄청난 뱃살은 맥주잔에서 넘쳐흐르는 거품처럼 허리띠 위로 넘실거렸다. 마나우스는 푸짐한 살과 비계의 향연장이었다. 이곳에서는 몸집이나 나이를 떠나 가슴과 배와 엉덩이들을 관대하게 받아들이고 모두가 이를 공공예술처럼 즐기는 듯했다. 음악도 마찬가지였다. 가게와 식당, 버스 안에서도 삼바와 록, 보이붐바 음악이 울려 퍼졌고, 거리에서도 광장의 분수처럼 음악이 용

솟음쳤다. 쓰레기조차 더 큰 선을 위한 관대한 행위인 양 내버려졌다.

마나우스에서는 모든 것이 풍요롭다는 느낌이 든다. 넘치는 우기의 에너지가 홍수처럼 생산력을 쏟아내는 것 같다. 거리에 늘어선 나무들조차 주렁주렁 먹을거리를 매달고 있다. 코이, 구아버, 망고, 아보카도 따위의 열매가 길가에 수북이 떨어져 있다. 거리에서는 늘 과일향이 나고, 꼬챙이에 꿴 살코기를 탄불에 굽는 냄새가 난다. 여자아이가 닭발을 요리하고 있는 게 보인다. 소녀는 가슴이 미어질 만큼 아름다운 모습이다. 아프리카인의 무성하고 깔끔한 머리칼, 인디헤나의 살짝 솟은 광대뼈, 포르투갈인의 초록빛이 도는 눈동자를 가진 소녀가 우리를 향해 활짝 웃어 보인다.

우리는 지금 '인간 비극의 최대 산지'로 일컬어지는 나라의 심장부에 있다. 브라질에서는 1분마다 아이 한 명이 이질로 죽는다. 30분에 한 명은 나병에 걸리고, 또 한 명은 폐결핵에 걸린다. 1년에 100만 명이 말라리아에 감염되고, 1000만 명이 주혈흡충에 감염된다. 그러나 키스를 하느라 입술이 얼얼해지기라도 한 듯 우물거리는 발음으로 포르투갈어를 구사하는 마나우스에서는 육감적인 삶의 흥취가 넘친다. 그것을 인디헤나 말로 '라자rasa(포르투갈어로는 '하자')'라고 한다. 달콤한 액즙, 물기 가득한 생명력의 정수, 혹은 음식, 예술, 섹스의 극진한 즐거움 따위를 뭉뚱그려 일컫는 말이다.

마나우스에는 주민들의 라자를 기리는 큰 사원이 두 군데 있다. 하나는 오페라하우스이고, 다른 하나는 어시장이다.

시립 어시장의 철제 지붕과 채색 유리창 아래, 검은 피부에 금목걸이를 두른 남자들이 자랑하듯 물고기를 들어 보이며 우리더러 사진을 찍으라고 권한다. 가슴이 땀에 젖은 근육질의 젊은 남자들은 선창에서 거대한 자루를 나른다. 검은 얼굴에서 이글거리는 초록 눈동자는 마치 불빛에 반짝이는 에메랄드 같다. 이곳은 세계에서 가장 큰 민물고기 시장이다. 돌고래의 수중도시에서 건져 올린, 세상에서 가장 낯선 물고기를 파는 곳이기도 하다. 세계에서 몸집이 가장 커다란 민물고기인 은빛 피라루쿠를 썰어놓은 푸짐한 살점이 식탁보처럼 진열대를 덮고 있다. 눈알이 루비 같은 투쿠나레는 보석처럼 진열돼 있다. 꼬리가 공작 꼬리 깃털처럼 화려하다. 이 물고기들은 육식을 한다. 일단 공격을 시작하면 먹이를 송두리째 뜯어먹을 때까지 계속 달려든다. 통통하고 검은 탐바키는 홍수림에서 떨어진 씨앗을 먹고사는 물고기로, 살코기가 달콤하다. 탐바키 더미 옆에 피라냐가 피라미드처럼 쌓여 있다. 육식성 메기도 수북하다. 검은 갑옷을 입은 듯한 갑옷메기, 중국 황제처럼 수염이 길고 풍성한 메기, 성나면 등뼈의 독침을 세우는 메기도 있다.

마나우스에서 해마다 거래되는 강물고기는 3만~5만 톤에 이르고, 종류는 200종이 넘는다. 1톤의 물고기를 실을 수 있는 배가 900척이 넘고, 50톤까지 실을 수 있는 어선도 있다. 그런데 어선이 늘수록 포획량은 줄어들었다. 1970년대에는 어시장에서 종종 카누만큼 기다란 피라루쿠를 팔았다고 한다. 이날 우리가 본 가장 큰 물고기는 1미터를 넘지 않았다. 이제 작은 강줄기에서는 그만한 물고기도 잡히지 않는다. 한때는 탐바키가 너무 많아 죄수들의 먹을거리로 제공되었다. 20년 전에는 전체 어획량의 반이 탐바키였는데, 오늘날 팔리는 것은 대부분 어린 개체다. 가격은 최고급 쇠고기에 맞먹는다. 메기가 많이 팔리는 이유도 그래서다. 피라루쿠와 탐바키, 투쿠나레는 이제 일반 소비자에게 너무 비싼 물고기가 되고 말았다.

그러나 어시장에서 물고기가 줄어들었다거나 호시절이 다 갔다는 인상은 전혀 받지 못했다. 여기서는 고혹적인 식욕의 노래가 이색적이고도 아름답게 고동친다. 다이앤과 나는 현란한 풍요의 쇼를 훔쳐보는 구경꾼이었다. 꼬리에 호랑이 줄무늬가 있는 물고기, 눈에 황금빛 반점이 있는 물고기, 거대한 비늘이 손톱줄처럼 거친 물고기, 사람들이 카사바 뿌리를 갈아 녹말로 만들 때 곧잘 사용하는 뼈혀를 지닌 물고기가 지천이다. 어부들은 잡아온 물고기가 친척의 시신이라도 되는 양, 하얀 타일을 깐 진열대에 정성스레 모셔놓았다. 틈틈이 양동이로 물을 끼얹으면 피와 비늘이 반짝이는 폭포처럼 쏟아져 내린다.

푸줏간에는 돼지와 소, 양 들의 살코기가 갈고리에 매달린 채 피를 뚝뚝 떨구고 있다. 발굽과 머리가 그대로 붙어 있다. 남자들의 두 손은 피로 번들거린다. 야채가게에서는 미소를 머금은 남녀가 산더미처럼 쌓인 야채 뒤에서 잡담을 나누고 있다. 핸드크림 냄새가 나는 소프트볼 크기의 아보카도, 흙 묻은 뿌리를 다듬지 않은 파슬리, 노란 멜론, 화사하고 향기로운 라임, 그 밖에도 제니파푸, 아세롤라, 마라쿠자, 피툼바 등 이름부터 매혹적인 낯선 과일들이 쌓여 있다. 여기서 섹스와 죽음을 한 번이라도 떠올리지 않기는 불가능하다. 커다란 이빨을 드러내고 죽은 물고기, 잘 여물고 농익은 과일, 푸줏간 주인이 푸짐한 살코기를 털썩 내려놓을 때 튀는 핏물. 그 핏물은 사람들 피를 끌어당긴다. 혀로 아이스크림콘을 핥듯 우리 몸을 훑는 남자들의 시선이 느껴진다. 삶! 삶을 고르라고 시장이 외친다. 입이 합죽한 노파가 우리에게 마라쿠자를 맛보라고 건네준다. 종잇장 같은 껍질 속에 씨가 가득하다. 베어 문 과육이 정액을 한 입 머금은 것처럼 미끈거리며 씁쓰레하다. 나는 씨를 꿀떡 삼킨다.

오페라하우스의 조명이 약해진다. 스포트라이트가 달처럼 떠오르고, 빨간 벨벳 막이 갈라지며 우렁찬 박수가 터진다. 우리는 아마조나스극장에서 거의 한 세기 만에 공연되는 오페라를 관람하며 마나우스에서의 마지막 밤을 보낸다. 오페라하우스 건립 100주년을 뒤늦게 기념해, 벨라루스 민스크의 국립아카데미 오페라발레극장 단원들이 베르디의 「라 트라비아타」를 공연하고 있다.

무대에서 사치스러운 파티가 열린다. 벨벳과 공단으로 만든 주름치마를 입은 여인들이 레이스 부채를 펄럭이고, 보석 달린 머리 장식이 반짝인다. 남자들은 턱시도를 걸치고 하얀 장갑을 끼고 있다. 파티가 열리는 곳은 고급 매춘부인 비올레타 발레리의 집이다. 이곳에서 비올레타는 장차 정부가 될 멋쟁이 귀족 알프레도 제르몽을 만난다. 그러나 무대 장면은 90년 전에 이 극장을 가득 채운 최후의 오페라 후원자들을 연상시킨다. 당시에만 해도 그들은 꿈에도 생각지 못했다. 아마존에서 몰래 빼돌린 씨앗으로 일군 아시아의 고무 농장이 마나우스의 고무 경제를 완전히 붕괴시키리라곤.

곧이어 대공황이 찾아왔다. 여성들은 증기선 회사의 매표원에게 다이아몬드를 쥐여주며 유럽이나 미국으로 가는 표를 구했다. 1912년에는 마나우스의 최고급 맨션 가운데 140채가 경매로 처분되었다. 어찌나 허둥지둥 달아났던지 사람들은《조르날 두 코메르시우》개인 소식란을 통해 친구들에게 작별 인사를 할 정도였다. 패션 상점의 향수와 퓨마 가죽 깔개, 스타인웨이 그랜드 피아노 등의 가격은 반으로 떨어졌다. 공무원들은 월급을 받지 못했고, 학생들은 데모를 일삼았고, 대학은 문을 닫았다. 오페라하우스의 무대는 어두워졌고, 마나우스의 황금시대는 막을 내렸다.

그러나 아직도 유령들이 배회한다. 호소하는 듯한 바이올린 반주에 소프라노와 테너의 이중창이 고조되며 잃어버린 달콤한 꿈을 소환한다. 그들은 용감했을 것이다. 행운을 좇아 이곳에 온 여자와 남자들은 유리 같은 강물과 모기떼가 목숨을 노리는 정글에서 살았다. 비단과 능라 옷감, 샴페인이 목숨을 지켜줄 수는 없었다. 사치스러운 삶이 안전을 보장하지는 않았다. 리넨 옷을 포르투갈로 보내 세탁할 수는 있었지만, 자녀들은 집에서 부모의 품에 안긴 채 열병으로 죽어갔다.

무대 위 관능적인 비올레타는 사랑의 포로가 되었다. 그녀는 알프레도가 부자가 아니라는 것을 안다. 알프레도와 함께 살게 되면 이 집, 이 호사스러운 파티와도 작별해야 한다. 길고 흰 드레스를 입은 신부처럼 눈부시게 차려입은 비올레타가 홀로 노래한다. 새로운 사랑이 낳은 찬란한 변화를 노래하던 그녀는 이제 지난 시절 삶의 쾌락이 모두 공허했음을 안다. 그녀가 독창을 하는 동안 빨간 벨벳 막이 내려온다.

나는 다이앤에게 오페라가 마음에 들었냐고 물었다. 그녀는 전에 「라 트라비아타」를 본 적이 없었다. 그녀는 사려 깊게 답했다. "이렇게 요란할 줄은 몰랐어." 그러고는 밖에 나가 담배를 피워 물었다.

밤에 오페라하우스가 불을 밝히면, 빛나는 과거의 유령들이 매몰된 기억의 어둠 속에서 떠오르는 듯하다. 탁월한 민속식물학자 리처드 에반스 슐츠는 1944년에 처음 마나우스를 찾았다. 슐츠는 이 건물에 발을 들여놓지 않으려고 했다. 그가 초대한 브라질인 손님에게 말했듯이 이 건물은 '인디헤나들의 피'로 지어졌기 때문이다. 고무 부호들이 값싼 고무 유액을 얻기 위해 고용한 감독관들의 일그러진 욕망을 그는 잘 알고 있었다. 어머니 신을 뜻하는 마드레데디오스라는 이름의 강에서, 한 상인은 미래의 노동자를 만들어내기 위해 인디헤나 소녀 600명을 가축처럼 길렀다. 고무 상인들은 인디헤나 남자들의 눈을 가리고 사슬에 묶어놓은 채 오락 삼아 생식기를 향해 총을 쏘았다. 페루에서 어떤 감독관은 할당량을 채우지 못한 일꾼들을 처벌하기 위해 인디헤나 자녀들을 학살해 경비견들의 먹이로 던져주라고 명령했다. 또 다른 감독관은 부활절을 축하한다며 숑타두라족, 오카이나족, 우티게네족 등 인디헤나 부족 150명을 사살했다. 총탄에 즉사하지 않은 이들은 한데 쌓아놓고 등유를 뿌려 산 채로 불태웠다.

그들의 유령 역시 오페라하우스에 출몰한다. 위안을 찾는 망령들이 떠도는 이곳의 공기는 텁텁하다. 말라리아와 황열병으로 죽은 이탈리아 음악가와 가수의 망령도 떠돈다. 에두아르두 리베이루 총독의 망령도 여기 있다고 한다. 광적인 욕구를 참지 못했던 그는 그토록 염원했던 오페라하우스의 개막을 석 달 앞둔 어느 날 '이상성욕 발작'으로 사망했다.

이 유령들은 100년 동안이나 이곳을 배회했다. 이번 오페라 음악은 그들이 90년 만에 듣는 것이다.

「라 트라비아타」 제2장에서 두 주인공은 파리 근교에 있는 알프레도의 집에서 살게 된다. 비올레타는 생활비를 대기 위해 보석을 팔아야 했다. 그녀는 고상하게 처신하지만, 과거에 매춘부였다는 사실을 지울 수 없다. 시집 식구들은 그것이 못마땅하다. 알프레도의 아버지는 대포 소리처럼 우렁찬 바리톤으로 자기 아들을 포기해달라고 하소연한다. 비올레타는 물소리만큼이나 유순한 음조로 자기희생에 동의한다. 그래서 죄악과 사치로 얼룩진 생활로 돌아가기 위해 떠나는 척하며 남편을 속이고 파리로 도피한다.

따스한 숨결이 실린 그들의 노래는 무대를 떠나 발코니로, 천장으로 치솟는다. 내 눈길은 노랫가락과 더불어 위로 떠올라, 천장의 천사들 사이를 맴돈다. 위대한 예술의 네 분야를 나타낸 천장의 프레스코 벽화는 많은 성당에서 사용한 19세기 화법으로 그려져 있다. 그림 속 인물들의 눈길은 그림 바깥에서 움직이는 구경꾼을 뒤쫓는 느낌을 준다. 이 건물을 지은 사람들은 천사들이 지켜주길 원했지만, 천사들은 지켜주지 않고 지켜보기만 했다. 아마도 사람들은 알고 있었을 것이다. 여기서 공연된 모든 음악은 이 천사들에게 바쳐진 제물이었으리라. 그래서 음악은 번제의 훈향처럼 위로 올라간다. 오늘 밤에도 그들은 모든 것을 알고 있다는 눈길로 오페라와 관객들을 지켜보는 것 같다.

이 오페라하우스는 유럽인들이 아마존이라는 재료로 만들고자 했던 모든 것을 대표한다. 그들은 네그루강의 혼탁한 물빛을 다뉴브강처럼 푸르게 바꾸고자 했고, 하얀 고무 유액을 황금으로 바꾸고자 했다. 정글 속에 우뚝 솟은 이 건물의 전면을 분홍색으로 칠한 것은 죄악으로 가득 찬 유럽을 정화하고 어두운 욕망을 아름다움으로 바꾸려는 시도였는지도 모른다.

그 시도는 지금 무대에서 펼쳐지는 제3장과 같은 결말에 이르렀다. 부유한 매춘부였던 비올레타는 스스로 추방자가 되었다. 지녔던 보석은 다 사라졌고, 결핵으로 건강도 잃었다. 하녀가 편지를 갖다 준다. 그녀가 떠난 진짜 이유가 무엇인지, 알프레도의 아버지가 아들에게 실토했다는 내용의 편지다. 아버지와 아들이 비올레타의 곁으로 달려온다. 알프레도는 더럽혀진 그녀의 명예를 회복시켜주겠다고 맹세하며 같이 집에 돌아가자고 말한다. 비올레타는 그와 함께 떠나기 위해 의자에서 일어서려고 한다. 그러나 그녀는 예식장의 신부처럼, 천사처럼 하얀 비단옷을 입은 채 죽어간다. 비올레타의 영혼은 마침내 소프라노 노랫소리처럼 육체에서 벗어나 해방된다.

머리 위 천장의 인물들, 음악과 오페라와 무용과 비극의 천사들, 프리마 돈나와 인디헤나들의 유령이 음악의 자양분을 흡수해 점점 생기를 띠고 부활하는 것 같다. 중력을 벗어나 헤엄치는 돌고래처럼 어둠 속에서 춤을 추며 어서 정글로 들어오라고 손짓하는 것만 같다.

물들의 만남

'물들의 만남'을 향해 떠나는 날 아침, 돌고래와 우리 사이에는 작은 걸림돌이 놓여 있었다. 그걸 치우자면 해야 할 일이 딱 한 가지 있었다. 냉동 닭고기 구입.

딱하게도 내가 가진 포르투갈어 학습용 카세트테이프에는 "냉동 닭고기 주세요."라는 말이 없었다. 슈퍼마켓 계산대에 서서 어떻게든 말을 주워 섬겼다. "케리아 웅 프랑구 젤라두, 포르파보르(Queria um frango gelado, por favor)." 그런데 결정적인 낱말 하나를 잘못 사용했다. '젤라두gelado'. 이 단어는 아이스크림이라는 뜻이었다. 다이앤과 가이드가 강가까지 우리를 싣고 갈 트럭 안에서 땀을 뻘뻘 흘리고 있는 동안, 나는 가게에서 '닭고기 아이스크림'을 찾고 있었다. 종업원은 그저 어리둥절한 눈치였다. 나는 점점 짜증이 났다.

냉동 닭고기 없이 길을 떠난다는 것은 생각도 할 수 없었다. 전날 밤 베라가 신신당부를 했기 때문이다. 베라는 우리가 탐사를 시작하기도 전에 실패할 게 빤하다는 분위기를 풀풀 풍기며, 냉동 닭고기를 꼭 사가라고 마지막 당부를 남겼다.

베라는 우리와 함께 탐사하기로 했었다. 국립아마존연구소National Institute of Amazonian Research의 수중포유류연구실장인 베라 다 실바는 누구보다도 오랫동안 분홍돌고래를 연구했다. 무선 원격 계측기로 분홍돌고래를 추적해본 유일한 과학자이기도 했다. 우리가 처음 만난 것은 해양포유류학회에서였다. 베라는 너그럽게도 분홍돌고래가 있는 곳을 몸소 안내해주겠다고 말했다. 그녀는 '물들의 만남' 근처에서 11년 동안 분홍돌고래의 행동을 연구해 왔다. 평소에는 그곳을 마르샹타리아섬이라고 부르는데, 술리몽이스강 수위가 높아지면 호수로 바뀐다.

나는 몇 달 동안 존경의 마음을 품고 베라의 논문을 읽었다. 밴쿠버아쿠아리움 연구원으로 있다가 세상을 떠난 남편 로빈 베스트와 공저한 논문을 읽으며 동물들에 관해 뭔가 새로운 영감을 얻었다. 그들은 1986년 논문에 이렇게 썼다. "이니아는 이주 동물 종의 보존에 관한 협약에 포함시켜야 할 이상적 후보다. 이니아는 해마다 강이 범람할 때 주기적으로 이주하는 것이 틀림없다." 이어서 이 논문에는 이주 돌고래들이 경유하는 국가들의 여러 지역이 열거돼 있었다. 그래서 나는 이주 돌고래를 추적해 이들이 정말 어디로 가는지 알아보자고 제안했다.

이 제안을 뒷받침하기 위해 경비도 확보해두었다. 그래서 마나우스에 도착하자마자 아마존연구소로 베라를 찾아갔을 때, 무엇보다 먼저 베라에게 묻고 싶었던 것은 이주하는 돌고래를 추적하는 방법에 관한 것이었다.

"하지만 보투는 이주하지 않아요." 그녀가 말했다.

"선생님의 논문에는 이주한다고 씌어 있던데요?"

"그래요. 한때는 그런 줄 알았어요. 하지만 그건 원격 계측기를 사용하기 전이었어요. 알고 보니 이주하지 않더군요."

아, 그렇구나.

그렇다고 해도 분홍돌고래에 대해 뭔가를 알아내려면 베라의 도움이 꼭 필요했다. 게다가 우리는 베라를 좋아했다. 그녀는 우리를 맞이해 아주 편안하게 대해주었다. 그녀가 일하는 작은 사무실에는 돌고래와 고래, 매너티, 바다표범, 바닷새들의 포스터와 엽서가 사방 벽과 철제 캐비닛에 덕지덕지 붙어 있었다. 캐비닛의 서랍 하나에는 리베카 웨스트가 1913년에 한 말을 옮겨 적어놓은 종이가 붙어 있었다. 웨스트의 말은 남성적인 브라질 사회에서 남성들이 장악하고 있는 분야에서 일하는 베라의 심금을 울린 게 분명했다. "나는 페미니즘이 정확히 무슨 뜻인지 알 수 없었다. 아는 것은 다만 이것뿐이다. 내가 발 매트 같은 존재가 아니라는 의사 표시를 할 때마다 사람들이 나를 페미니스트라고 부른다는 것."

분홍돌고래처럼 매끈하고 유연하며 매력적이고 지적인 베라는 20년간 분홍돌고래를 연구하는 사이 어느덧 분홍돌고래를 닮아버린 것 같다. 미소 지을 때의 입술 곡선, 익살스러운 검은 눈동자가 특히 그랬다. 웃음소리는 보투가 카누 밑에서 거품을 뿜어 올리는 소리를 연상시켰다. 그녀는 꿈꾸듯 말했다. "배를 멈추고 몇 시간 가만있으면, 그들이 꼭 찾아와요. 밑에서 뿜어 올리는 거품으로 배를 쓰다듬죠. 그들이 다가오고 있다는 것도 미리 알 수 있어요. 헤엄을 치면서도 거품을 내뿜거든요. 아름다운 거품 소리가 나요. 배 옆에서 빤히 사람을 바라보기도 해요! 경이로운 경험이죠. 곧 알게 되겠지만."

나는 베라의 연구 기법에 대해 물어보았다. 마르샹타리아에서 분홍돌고래를 가장 잘 볼 수 있는 때는 하루 중 언제인가? 하나하나 구별할 수 있는가? 어떻게 추적할 수 있는가?

"마르샹타리아에는 아침 6시에 가서, 오후 6시에 돌아와요. 날마다 하나하나 구별해서 알아보려고 애를 쓰죠. 개체를 알아본다는 것은 정말, 너무나 중요해요. 안 그러면 연구를 할 수 없거든요." 베라가 말했다.

그렇다면 마침내 어떻게 알아볼 수 있게 되었느냐고 내가 물었다.

"아주 오랫동안 애를 썼죠. 하지만 성공하지 못했어요. 너무 까다로워서, 아무래도 안 될 것 같아요." 그녀가 대답했다.

아, 그렇구나.

베라의 초기 연구는 대부분 개체 수를 조사하는 것이었다. 그 후 행동 연구를 했는데, 연구 결과는 대부분 아직 발표하지 않았다고 한다. 자료는 1600킬로미터 떨어진 곳에 있는 마미라우아 홍수림 지역에서 수집한 거라고, 포르투갈어가 뒤섞인 영어로 그녀가 활달하게 말했다. 거기서 56마리의 돌고래에 동결낙인●을 찍었고, 12마리의 돌고래에 무선 송신기를 달아서 이동 경로를 추적했다. 하지만 마르샹타리아에서 단 한 마리의 돌고래도 구별할 수 없었다.

어쨌든 적어도 그녀가 무엇을 왜 해내지 못했는지 배울 수 있었다. 그녀와 함께 돌고래를 지켜보면, 돌고래가 무엇을 하고 있는지, 우리가 본 것이 무슨 의미인지를 그녀가 설명해줄 수 있을 것이다. 마르샹타리아에서는 쓸모가 없었어도 다른 지역에서는 쓸모가 있을지도 모르는 연구 기법을 가르쳐줄 수도 있을 것이다. 이렇게 나는 기대에 차 있었다. 그녀가 호텔로 전화를 하기 전까지만 해도 말이다. 다이앤과 나는 마침 오페라를 보러 가기 위해 옷을 갈아입은 참이었다. 그런데 수화기 너머로 베라가 바이러스성 결막염에 걸려 동행할 수 없게 되었다고 했다.

베라는 아마존연구소에 전염성 눈병이 돌고 있다고 덧붙였다. 실제로 우리가 찾아갔을 때도 여럿이 눈병에 걸려 있었다. 출근도 못 했다고 한다. 앞이 잘 보이지 않아 운전을 할 수 없었기 때문이다. 출근을 하더라도 일을 할 수 없었다. 결막염 때문에 줄곧 눈을 문질러대야 했으니까.

내 눈마저 근질거리기 시작했다.

베라는 조수인 닐돈 아타이지를 가이드로 붙여주겠다고 말했다. "모르는 게 없는 친구예요." 그녀는 장담했다. 안타깝게도 영어를 모르지 않느냐고 내가 지적했다. 통역을 찾기엔 너무 늦었다. "문제 없을 거예요. 하지만 한 가지 명심해야 할 게 있어요. 냉동 닭고기를 꼭 사가도록 하세요. 닐돈은 닭고기를 아주 좋아

freeze branding. 드라이아이스를 이용해 특정 표식(번호)을 돌고래의 등지느러미에 찍어 모니터링을 용이하게 하는 방법. 한국의 경우, 제주 남방큰돌고래 야생방사 과정에서 제돌이에게 '1'번을 찍었다.

한답니다. **냉동 닭고기. 절대 잊지 마세요!**"

그래서 나는 아침부터 필사적으로 그걸 사려고, 영문도 모르는 가게 종업원 앞에서 말도 안 되는 소리를 주워섬겼다. 채식주의자인 내가 결코 먹지 않는 그것, 뭐든 잘 먹는 다이앤도 굳이 가져가고 싶어 하지 않는 그것을 한사코 사려고 말이다. 말 그대로 집이 온통 물고기로 둘러싸인 나라를 여행하는 이때 결코 사고 싶지 않은 게 바로 닭고기였다. 그러나 닐돈이 닭고기를 먹고 싶어 하는 것도 바로 그 때문일 거라는 생각이 들었다. 허구한 날 먹는 물고기에 신물이 났을 테니까.

실제로 닭고기를 목 빠지게 기다리던 닐돈은 내가 왜 뜸을 들이고 있는지 알아보려고 직접 슈퍼마켓으로 찾아왔다. 나는 짜증이 나서 외쳤다. "수아 프랑구(Sua frango, 당신 닭고기)!" 그는 냉동 진열대가 있는 곳에 가서 안에 있는 모든 닭고기를 꼼꼼하게 들춰보며 마음에 드는 걸 골랐다. 다음에는 무게를 달아야 했다. 가게에는 전자저울만 있었는데 전기가 들어오지 않았다. 무게를 어림짐작해서 계산해달라고 간청했지만, 종업원은 요지부동이었다. 무게를 달지 못하니 값을 매길 수 없다는 것이었다. 값을 매길 수 없으니 팔 수 없다. 카운터도 전기가 들어와야 쓸 수 있었다.

값을 매길 수 없는 닭고기를 뒤에 남겨둔 채 아마존연구소 트럭을 타고 거리를 누비며 전기 간판에 불이 들어온 슈퍼마켓을 찾았다. 마침내 냉동 닭고기를 확보한 후 5분 만에 포르투다세아사에 도착했다. '물들의 만남'에 있는 돌고래들에게 우리를 데려다줄 알루미늄 모터보트가 그곳에 있었다.

아마존강 사방에 쓰레기가 널려 있었다. 멀리 보트를 타고 가면서 우리는 점점 더 곤혹스러운 심정으로 흙탕물을 바라보았다. 50미터쯤 나아갈 때마다 스프레이 깡통과 콜라병, 기름통들이 둥둥 떠다니는 모습을 볼 수 있었다. 비닐봉지가 해파리처럼 떠 있었고, 길 잃은 술통이 퉁퉁 부은 사체처럼 들먹거렸다. 우리는 마나우스를 돌아보았다. 삼성, 소니, 혼다, 셸의 로고가 붙은 건물들이 치솟은 마나우스 산업지구가 보였다. 철강 공장의 굴뚝에서 검은 연기가 뿜어져 나왔고, 어떤 굴뚝에서는 오렌지색 불꽃이 피어올랐다. 그때 흥분한 경주마처럼 앞머리를 치켜든 쾌속정이 쏜살같이 우리 곁을 스쳐 지나갔다. 우리는 출렁이는 물살이 잦아들기를 기다려야 했다.

5분 후 '물들의 만남'에 이르렀다. 관광객들이 유람선에서 강물을 굽어보고 있었다. 강물은 검은 커피색과 하얀 크림색 물

물들의 만남(촬영: 다이앤 테일러 스노)

감을 나란히 풀어놓은 것처럼 보였다. 유람선의 높다란 갑판에서 있는 관광객들에게는 쓰레기가 보이지 않고 극적인 광경만 보였을 것이다. 두 줄기 색깔로 갈라진 강은 마치 함께 여행하는 생물 같았다. 두 마리의 괴물 뱀장어 혹은 물뱀 같은 강물은 6킬로미터쯤 이렇게 나란히 흘러간다. 동물을 만져보려고 팔을 뻗는 아이처럼 나이를 잊은 채 강물을 만져보고 싶었다. 그러나 쓰레기를 보고 흠칫 팔을 거둬들였다. 이런 곳에서 어떻게 돌고래가 살 수 있을까.

바로 그때, 삼각형 지느러미 두 개가 물을 갈랐다. 강물의 두 색깔이 교차하는 곳, 정확히 두 강물이 만나는 곳을 가르며, 마치 강이 출산을 하듯 지느러미가 떠올랐다.

"투쿠시tucuxi예요!" 15마력의 모터가 부릉거리는 소리 너머로 닐돈이 외쳤다. 작은 회색 돌고래였다. 브라질에서는 마야인들이 투피어로 지어준 돌고래 이름을 아직도 사용한다. 과학자들이 소탈리아 플루비아틸리스*Sotalia fluviatilis*라는 학명으로 부르는 이 아마존 돌고래는 보투와 같은 강에서 산다. 그러나 보투와 달리, 투쿠시는 모습이나 행동이 여느 돌고래와 똑같다. 체구가 단아하고 탄탄하다. 주둥이는 뭉뚝하고 윤곽이 또렷하다. 그리고 삼각형의 등지느러미가 있다. 이 돌고래가 물에서 솟구치더니 몸을 한 차례 비틀고 떨어지며 크게 물보라를 일으켰다. 우리 배에서 50미터쯤 떨어진 곳에서 먼저 한 마리가 도약을 하고, 곧이어 다른 돌고래가 도약을 하며 부드럽고 발그레한 배를 드러냈다. 이어 두 마리가 몸을 부딪칠 듯이 함께 도약을 했다. 다이앤과 나는 손을 맞잡았다. "처음엔 심포니, 다음엔 오페라, 이젠 발레야!" 다이앤이 외쳤다.

나중에 아마존연구소로 돌아갔을 때 베라는 모두가 투쿠시를 좋아한다고 했다. 강가에 사는 사람들은 커다란 보투를 달가워하지 않는다. 느닷없이 배에 바투 다가오기 때문이다. 그러나 투쿠시는 그렇게 대담하지 않다. 그저 먼 거리에서 신나게 도약을 한다. 투쿠시는 아담하고 예쁘장하다. 길이가 1.2~1.5미터밖에 되지 않는 투쿠시는 바다 돌고래의 축소판 같다. 우아한 유선형의 이 돌고래는 병 같은 주둥이로 티 없이 맑은 미소를 지어 보이기도 한다.

소탈리아는 포유류 고래목 가운데서도 참돌고래과*Delphinidae*에 속한다. 바다에 살면서 대형 아쿠아리움에서 공연을 하는 돌고래가 바로 참돌고래다. 투쿠시는 꽤 최근까지도 바다 돌고래**였다**는 것이 거의 확실하다. 오늘날 투쿠시는 민물과 바닷물에서 모두 발견되는데, 브라질 남부에서 온두라스에 이르는 지역에 분포해 있다. 네그루강의 검은 물과 술리몽이스강의 하얀 물에서 보투와 함께 살아가기는 하지만, 분홍돌고래 보투와 회색 투쿠시는 계통이 다르다.

약 26종에 이르는 참돌고래과는 비교적 근대의 산물이다. 고래 가운데 가장 다양하고 수가 많은 참돌고래과는 몸집이 단아하고 탄탄하며 넓은 바다에서 빠르게 헤엄칠 수 있는 신체 구조를 갖고 있다. 소탈리아의 화석이 발견된 적은 없지만, 대부분의 과학자들은 이 돌고래가 대서양에서 아마존으로 들어온 지

500만 년을 넘지 않을 거라는 데 동의한다.

한편 보투는 전혀 다른 고래 계통에서 발생했다.💧 최근까지는 강돌고래과*Platanistidae*의 돌고래 5종 가운데 하나로 분류돼 왔다. 방글라데시와 인도에서 우리가 본 것도 강돌고래과였다. 그러나 지금은 다수의 과학자들이 보투와 관련 종 하나(남아메리카 남동부의 라플라타나강돌고래)를 이니아과*Iniidae*로 따로 분류해야 한다고 생각한다.💧💧 과거에 다이앤과 나는 사진과 TV 다큐멘터리로만 보투를 보았다. 그러나 그때도 우리는 바다 돌고래에서 결코 느낄 수 없는, 어딘가 태고의 오싹한 느낌을 받았다.

보투는 덩치가 우람하다. 길이가 약 2.4미터, 무게가 180킬로그램에 이르는 보투는 여느 돌고래와 전혀 다르다. 등지느러미가 뚜렷이 돌출해 있지 않고, 등마루가 살짝 솟아 있을 뿐이다. 가슴지느러미는 날개처럼 큼직하다. 무엇보다 마음을 사로잡는 것은 얼굴이다. 투쿠시의 머리는 단아하고 매끄럽지만, 보투의 구근 같은 이마는 북유럽 신화에 나오는 트롤이나 드워프를 닮았다. 눈은 작고, 얼굴 끝의 주둥이는 대롱 모양인데, 흔히 한쪽으로 살

💧 고래의 종 분류는 학자나 책에 따라 천차만별이다. 분자생물학이 발전하며 분류 체계가 계속 바뀌기 때문이다. 고래의 종을 분류하는 기준을 제시하고 있는 곳으로는 대표적으로 해양포유류학회가 있다. 해양포유류학회의 분류 기준은 다음 링크를 통해 확인할 수 있다. https://marinemammalscience.org/science-and-publications/list-marine-mammal-species-subspecies.

💧💧 유전학의 발전으로 종 분류는 계속 바뀌고 있는데, 현재는 4과 5종으로 보는 것이 정설이다. 과거에는 아마존강돌고래가 갠지스강돌고래, 인더스강돌고래와 함께 강돌고래과에 속했지만, 이제는 저자의 말처럼 아마존강돌고래를 이니아과로 따로 분류한다.

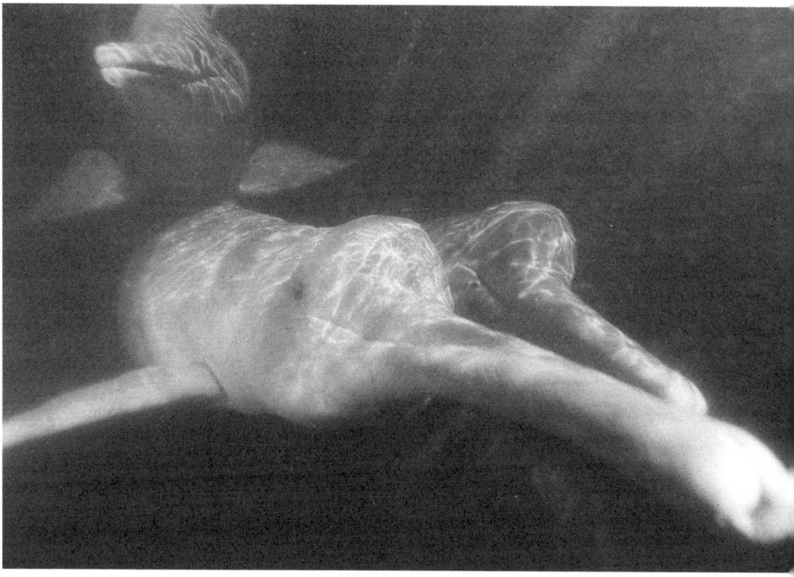

보투는 여느 돌고래와 전혀 다르다. 그러나 보투에게는 기묘한 아름다움이 있다. 이제 막 다른 어떤 것이 되어가고 있는 생물의 아름다움, 생성의 아름다움이다.
(촬영: 안드레 실, imagequestmarine.com)

짝 휘어져 있다. 플로리다의 아쿠아리움에 사는 보투들을 수년간 연구해온 미국의 부부 과학자 데이비드 콜드웰와 멜바 콜드웰은 보투를 이렇게 묘사했다. "구슬 같은 눈, 곱사등, 긴 주둥이, 느슨한 피부를 지닌 고대의 유물." 그러나 보투에게는 기묘한 아름다움이 있다. 보면 볼수록 더욱 눈부신 아름다움. 이 아름다움은 나이 지긋한 노인의 아름다움 같으면서도 태아의 아름다움 같다. 이 아름다움은 이제 막 다른 어떤 것이 되어가고 있는 생물의 아름다움, 생성의 아름다움이다.

보투는 서쪽 태평양에서 발생한 것으로 여겨진다. 일부 과학자들은 오늘날 보투의 조상이 1500만 년 전 태평양에서 아마존으로 들어왔을 거라고 믿는다. 안데스산맥이 형성되기 전이었던 그때, 아마존강은 서쪽 태평양으로 흘러갔다. 아마존과 보투는 초기부터 함께 성장했다. 당시 지구의 지각 가운데 남아메리카판은 서쪽으로 이동하고 있었다. 그래서 나즈카판[오늘날 태평양 동부 해저에 놓여 있는 지각 판]과 충돌하면서 안데스산맥이 형성되었다. 산맥이 솟아오르자 태평양으로 흐르던 물길이 끊기면서 아마존 유역이 고립되고 말았다. 그 결과 아마존에서 놀랍도록 다양한 진화가 이루어졌다. 예컨대 미시시피강의 어류는 고작 250종, 콩고강은 1000종 미만인데, 아마존강에는 2500종 이상이 살고 있다. 서식 종수는 세계의 어떤 강보다 많은데, 대부분의 종이 다른 곳에서는 전혀 발견되지 않는다. 지구상의 다른 지역이 아마존과 판이하게 다르기 때문이다. 아마존에 고인 물이 마침내 동쪽 대서양으로 빠지는 오늘날의 물길을 형성하기까지 무려 500만 년이 걸렸다. 그때까지 아마존은 강이 아니었다. 그저 하나의 거대한 홍수림이자 지구 역사상 최대의 호수였다. 게다가 해마다 비가 퍼부어, 고대의 이 호수는 범람하며 재생을 거듭했다. 이제 곧 '물들의 만남'을 지나면, 마르상타리아라는 호수 세계가 재생된 것을 우리는 보게 될 것이다.

물살을 가르며 나아간 지 30분이 되어갈 무렵, 마나우스의 온갖 흔적과 쓰레기에서 겨우 벗어날 수 있었다. 강을 여행하고 있다는 느낌, 물이 흐르고 있다는 느낌조차 무뎌졌을 무렵, 강의 본류에서 벗어나 카탈라웅 쪽으로 접어들었다. 이후 며칠 밤을 보내게 될 카탈라웅은 이제 마을은커녕 촌락이라고 할 수도 없었다. 그저 붉은 물만 출렁거렸고, 주렁주렁 과일이 열린 나무들이 반쯤 물에 잠겨 있었다.

12월부터 거의 날마다 비가 내려 5월에 비가 그칠 때까지, 아마존 전역의 강은 한 달에 1.8~3미터씩 수위가 높아진다. 지금은 4월이다. 그래서 일부 지역의 강물은 양쪽 강둑을 넘어 약 50킬로미터까지 내륙으로 흘러들어, 수만 제곱킬로미터의 숲과 마을이 물에 잠겼다. 우리가 탄 배 아래서는 어린 나무들이 아직도 초록 잎사귀를 매단 채 물속에서 자라고 있었다. 밤에 잠들어 있는 동안, 돌고래들은 둥둥 떠 있는 우리의 숙소 아래로 유유히 헤엄쳐갈 것이다.

우리가 묵을 숙소에는 빨강과 초록 페인트가 화사하게 칠해져 있었다. 방이 세 개인 이 집 옆에는 연구소의 실험실용 2층 갑판 선박인 해럴드시올리호가 방치돼 있었다. 이 집 말고 물에 떠 있는 집은 한 채뿐이었다. 수백 미터 상류에 있는 그 집의 알루미늄 지붕 위에는 TV 안테나가 세워져 있었다. 전선이 없는 걸로 보아 발전기를 돌려 TV를 켜는 것 같았다. 우리의 숙소와 마찬가지로 그 집도 통나무 뗏목 위에 지어져, 나무에 밧줄로 묶여 있었다. 그것은 나무꾼 가족의 집이라고 닐돈이 말했다. 그 집 현관에는 화분으로 이루어진 작은 정원이 있었고, 정원에서 닭들이 벌레를 쪼아 먹고 있었다.

닐돈이 모터를 끄자 괴괴한 침묵과 정오의 열기가 와락 밀려들었다. 부엌 천장에는 4센티미터에 가까운 말벌이 집을 짓고 있었다. 식탁 위에선 작은 개미들이 줄지어 지나갔다. 펩시콜라 병을 잘라 식탁 다리에 신발처럼 신겨놓고 그 안에 물을 채워놓았어도 개미를 막을 수 없었다. 바깥에는 커다란 초록 잠자리가 부레옥잠의 자줏빛 꽃 위에 앉아 있었고, 그 옆에는 45센티미터쯤 되는 새끼 카이만의 시체가 뒤집어진 채 동동 떠 있었다. 곤충 외에는 움직이는 게 거의 없었다. 우리를 반겨주었던 개 세 마리와 한 돌이 안 된 강아지 네 마리가 기절이라도 한 것처럼 마루에 엎어져 있었다. 이런 열기 속에서는 시간도 흐르지 못할 것 같았다. 닐돈이 소중한 닭고기를 작은 가스냉장고 안에 집어넣고 있을 때, 우리는 해먹 위에 몸을 눕혔다. 정오의 열기가 물러가기를 기다려야 했다. 주변의 물은 흘러가는 것 같지 않았다. 물은 그저 사방에 널브러진 채 시간을 초월해 따스하게 빛나며, 약속과 신비로 충만해 있는 듯했다.

우리는 보투를 찾아다니고 싶었지만 아직은 때를 기다리는 것이 현명했다. 여느 동물처럼 보투도 동틀 녘과 해 질 녘에 더 활동적이라는 것을 베라는 알아냈다. 정오에 그늘도 없는 알루미늄 보트에서 살을 태우며 기다리는 것은 무모한 일이었다. 휘발유도 넉넉지 않으니 한낮을 피해 배를 띄우는 게 좋았다.

우리는 2시 45분에 집을 나섰다. 이제는 열기가 누그러졌지만, 그렇다고 더 시원해진 것은 아니었다. 습도가 높아졌기 때문이다. 머리 위로 흰 구름이 두껍게 몰려 있었다. 구름층이 워낙 두꺼워 위쪽 구름이 아래쪽 구름을 꾹꾹 눌러 다지고 있는 듯했다. 언제쯤 비가 올까?

오후 3시가 되자마자 투쿠시 한 마리가 솟구쳤다. 우현에서 70여 미터 떨어진 곳에서 한 마리가 솟구치자 다른 한 마리가 또 솟구쳤고, 잠시 후 두 마리가 동시에 솟구쳤다. 투쿠시는 두어 마리씩 함께 이동하기를 좋아한다는 글을 읽은 적이 있었다. 그러나 분홍돌고래는 한 마리만 눈에 띄는 경우가 많다고 한다. 수중 발레를 구경할 수 있도록 닐돈이 모터를 껐다. 몇 번이고 낫 모양의 등지느러미가 나란히 물을 갈랐고, 다른 한 쌍이 그들과 합류했다. 한 무리가 다른 무리 쪽으로 물고기를 몰아가는 방식으로 먹이 사냥을 하고 있는 것 같았다. 어쩌면 그저 솟구쳤다 떨어지며 피부에 부딪는 물의 감촉을 즐기고 있는지도 몰랐다. 투쿠시 한 마리가 높이 도약해 몸을 비틀고 떨어지며 물보라를 일으켰다. 커다란 고래들은 그런 식으로 피부에 붙은 기생충을 없앤다고도 한다. 그러나 투쿠시는 단순히 즐기기 위해 그러고 있는 듯했다.

분홍돌고래는 어디 있을까?

"이니아 고스타 라구(Inia gosta lago, 이니아는 호수를 좋아해요)." 닐돈이 말했다. 베라가 당초 '물들의 만남'에서 이니아의 개체 수를 세다가 연구 장소를 마르상타리아로 바꾼 것도 그래서였다. 우리는 내일 그곳에 가볼 참이었다. 베라의 설명에 따르면, 보통은 소탈리아와 이니아가 함께 발견되지만, 소탈리아는 더 깊은 물을 좋아한다. 이니아는 얕은 호수와 홍수림을 좋아한다. 등지느러미가 우뚝 솟아 있지 않은 것도 그 때문이다. "안 그러면 물에 잠긴 나뭇가지에 등지느러미가 자꾸 걸릴 거예요." 베라가 알려주었다.

보투를 발견하기가 훨씬 더 어려운 것도 그런 특징 때문이다. 게다가 투쿠시처럼 도약하는 일이 별로 없다. 보투가 순다르반강에서 본 돌고래와 닮았다면, 멀리서 불현듯 미묘하게 한 차례 움직이는 모습을 먼저 보게 될 것이다. 그래서 우리는 움직임을 포착하길 바라며 투망하듯 먼 곳으로 시선을 던졌다.

그러다 3시 15분에 그것을 보았다. 폭풍우를 몰고 오는 구름에 드리워진 노을처럼 환한 등허리의 분홍빛! 하늘에 있어야 할 그 빛이 물속에 있었다. 어떻게 강물 속에서 저런 분홍빛 생명체가 떠오를 수 있을까? 그것을 목격한 시간은 1초 남짓에 지나지 않았지만, 아주 오랫동안 지켜본 기분이었다. 그것이 보투였다는 것을 알아차렸을 때는 이미 오래전에 사라진 뒤였다. "저거 봐!" 하고 외칠 틈도 없었다.

그러나 다이앤도 보았고 닐돈도 보았다. 닐돈은 고물의 모터 옆에 앉아 함박웃음을 짓고 있었다.

우리는 보투가 나타났던 지점을 계속 지켜보았다. 마치 그곳이 돌고래를 연거푸 출산하는 장소라도 되는 것처럼. 몇 분 후 실제로 투쿠시 두 마리가 잇달아 솟구쳤다. 그들은 같은 곳에서 몇 번이고 거듭해서 너울거리며 도약했다. 물이 샘솟는 용승湧昇 지역이어서 물고기가 몰리는지도 모른다는 생각이 들었다. 어쩌면 투쿠시가 보투를 지켜보고 있다가 그곳에 물고기가 몰려 있음을 알게 되었는지도 모른다. 그렇다면 투쿠시가 보투를 몰아낸 것일까? 닐돈에게 물어보고 싶었지만, 포르투갈어가 너무 달렸다. 베라가 있었다면 물어볼 수 있으련만. 그러나 묻고 싶은 마음보다는 다시 보투를—그 꼬리, 그 가슴지느러미, 그 얼굴을—보고 싶은 마음이 더 간절했다.

우리는 수를 세면서 관찰했다. 그날 오후 몇 시간 동안 우리는 투쿠시를 54번 보았다. 아마도 열 마리였을 거라고 닐돈이 말했다. "옹지 피카 보투(Onde fica boto, 보투 어딨어요)?" 내가 푸념하듯 물었다. "나다(Nada, 없어요)." 닐돈이 답했다.

4시 25분, 멀리서 천둥이 쳤다. 그전까지는 하늘을 쳐다볼 경황이 없었다. 비로소 고개를 들어보니 먹구름 사이로 짙푸른 하늘이 살짝 비쳤다. 제비가 산들바람처럼 미끄러지듯 날아다녔고, 다른 새들이 저녁 노래를 읊조리는 소리가 들려왔다. 그러나 하늘 자체는 고요히 숨을 죽이고 있었다.

우리는 물속의 하늘을 바라보았다. 널따란 강에 마치 노을이 엎질러진 듯했다. 투쿠시 세 마리가 노을을 박차고 도약했다. 곧이어 뱃머리로부터 90미터쯤 떨어진 곳에서 분홍빛 형체가 잔물결을 일으키며 떠올랐다. 다시 물에 잠기기 전에 숨을 내뱉는 소리를 들을 수 있었다. 가까운 곳에서 다시 보투가 떠올랐다. 방금 전에 본 돌고래일까, 아니면 동행일까? 또 다른 숨소리가 길고 나지막이 등 뒤에서 들려왔다. 돌아앉아 물 자취를 바라보았다. 이어 아주 가까운 우현에서 안개 같은 물보라가 피어올랐다. "가끔 숨만 보이고 보투는 안 보일 때가 있어요." 베라는 우리에게 이렇게 말한 적이 있었다. 그때는 미심쩍었지만 이제는 사실임을 알 수 있었다. 더 멀리서 또 다른 숨소리가 들렸다. 우리에게 다가

왔던 분홍돌고래가 적어도 두 마리는 되는 것 같았다.

천둥이 더 가까이서 우르릉거렸다. 번개가 서쪽 하늘을 쪼갰다. 하늘에서 강까지, 강에서 하늘까지 에너지의 사닥다리가 놓인 듯했다. 번개가 노을빛에 물들었다. 전에는 그런 번개를 본 적이 없었다. 마치 화상을 입은 듯한 분홍빛 번개였다.

6시 무렵, 강물은 은이 녹아 흐르는 듯했다. 세상이 음화 사진처럼 보였다. 분홍빛 번개가 사방에서 번쩍거렸다. 알루미늄 보트를 타고 아무런 두려움도 없이, 폭풍을 몰고 오는 번개에 에워싸여 있었던 이 순간을 나는 훗날 경탄의 마음으로 떠올리곤 했다. 이는 우리가 상상할 수 있는 가장 선명하고 기적적인 징조였다. 보이지 않는 분홍돌고래가 축축한 숨결의 약속으로 우리를 에워싸고 있는 동안, 알림처럼, 부름처럼, 계약처럼, 사방에서 하늘이 분홍빛으로 번뜩였다.

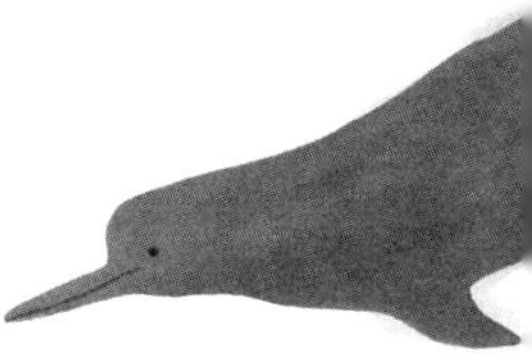

헤아릴 수 없는 편린들

보투를 만날 수 있는 가장 좋은 시간은 동틀 녘과 해 질 녘이라는 것을 알게 되었다. 베라가 말한 그대로였다. 다른 많은 동물도 마찬가지다. 대부분의 동물이 하루 중 서늘할 때, 세상이 어둠에서 빛으로 바뀔 때 풀을 뜯거나 노닌다. 아니면 그러고 있는 먹잇감을 노린다. 그러나 우리에게는 여명과 노을이 그들을 불러 모으는 것처럼 보였다. 아름다운 여성이 거울에 비친 제 모습에 끌리듯, 그 분홍빛 형체들은 해가 뜨고 질 때마다 분홍빛으로 물드는 구름을 반기는 듯 수중에서 떠올랐다.

그들은 우리 주변 곳곳에서 출몰했다. 우리는 그들의 숨소리와 물장구 소리를 들었고, 그 순간 수면을 미끄러져 가는 한 자락 장밋빛 혹은 노을빛을 보기 위해 이리저리 몸을 돌리곤 했다. 때로 그들은 코르크 마개처럼 몸을 물속에서 쏙 뽑아 올리는 것처럼 보였다. 때로는 흩어진 물을 추슬러 제 몸의 형체를 이루는 것처럼 보이기도 했다. 그러고는 수면에서 고작 1초쯤 머문 후 스르르 시야에서 사라졌다. 우리는 못 박힌 듯이 앉아 수면에 남은 자취를 골똘히 응시하곤 했다. 마치 사라진 동물을 들여다볼 수 있는 창문이라도 되는 듯이. 매직아이 이미지처럼, 잔물결을 멍하니 응시하다 보면 감춰진 그림이 홀연히 떠오르기라도 할 것처럼. 그러나 그런 일은 물론 일어나지 않았다. 그 자취를 오래 응시하는 바람에 100미터쯤 멀리, 혹은 우리 배 바로 옆에 다시 나타난 보투를 하마터면 못 볼 뻔했다. 보투는 늘 그렇게 우리가 좀 전에 보았던 곳의 반대쪽에서 불쑥 나타나는 것 같았다. 확실한 것은 보투가 투쿠시와 다르다는 점뿐이었다. 그게 무엇인지를 말할 수 있다면, 그것은 보투가 아니었다.

여기서 보는 보투는 대형 아쿠아리움에서 바다 돌고래를 지켜보는 것과 전혀 달랐다. 맑은 물속에 있는 해양 고래는 항상 전신을 다 드러내 보여준다. 조련된 큰돌고래는 관람객을 위해 수면 위로 도약할 뿐만 아니라 얕은 풀장 속에서 걸어가는 사람처럼 상반신을 물 밖에 내밀고 헤엄치기도 한다. 우리가 순간적으로 본 보투는 다큐멘터리나 사진, 그림에서 본 모습과 딴판이었다. 그런 이미지들은 온몸을, 혹은 대부분의 신체를 보여준다. 대부분은 그물에 걸린 고래를 건져 올려 찍은 것이다. 우리가 베라의 사무실에서 본 책에는 분홍돌고래가 매트리스 위에 누워 있었다. 처음 수상가옥에 도착했을 때, 우리가 깔고 잔 매트리스가 바로 사진 속 매트리스와 똑같은 모양임을 알아차렸다. 나중에야 알게 됐지만, 다큐멘터리도 실은 돌고래가 반쯤 붙들린 상황에서, 그러니까 맑고 얕은 물속에 격리돼 있을 때 찍은 것이었다.

여기서 우리가 볼 수 있는 것은 보투의 편린뿐이었다. 한번은 우리를 향해 분홍빛 꼬리를 들어 보였다. 우리가 택시를 잡을 때처럼. 또 한번은 100미터쯤 떨어진 곳에서, 거대한 캘리포니아 회색 고래가 정탐 도약을 하듯 보투가 물 밖으로 머리를 내밀었다. 그러나 이때 우리가 본 것은 그저 머리 꼭대기와 가슴지느러미의 곡선 정도였다. 전체 모습은 보지 못하고 순간적으로 색깔과 형태의 편린만 본 것이다. 수색 이미지search image라는 것을 구축하려면, 그러니까 이 편린들이 진짜로 분홍돌고래인지 확인할 수 있으려면, 우리는 돌고래를 보는 방법을 알아내야 했다.

우리는 각 개체를 구별해서 알아볼 수 있는 특징을 찾으려 필사적으로 매달렸다. 이것이 바로 동물을 연구하는 첫 단계다. 알아볼 수 있는 핵심 특징을 발견함으로써 첫 진전을 이루는 경우가 많다. 마운틴고릴라를 연구한 다이앤 포시는 코의 주름 모양(비문)이 저마다 다르다는 것을 알아냈다. 아프리카코끼리를 연구한 신시아 모스는 귀의 테두리가 패인 모양이 저마다 다르다는 것을 알아냈다. 호랑이는 저마다 줄무늬가 다르다. 토착민들은 발자국 모양이 다르다고 믿기도 한다. 베라는 분홍돌고래의 등지느러미에 난 흉터나 패인 모양을 찾아내려고 했다. 암컷이 발정기일 때 수컷들이 서로 격렬하게 싸우다 흉터가 생길 가능성이 크기 때문이다. 그래서 둘째 날 저녁, 우리는 더욱 유심히 살펴보았다. 한 마리는 등지느러미가 거의 눈에 띄지 않을 정도였고, 다른 한 마리에는 V자 홈이 패여 있었다. 우리는 마냥 들떴다. 그러나 보투는 다이빙을 할 때 등을 제대로 보여주는 법이 없다. 설령 보여준다 해도 같은 각도에서 보여줄 가망이 없었다. 우리는 그 두 마리를 다시 보지 못했다. 혹시 보았다 해도 알아보지 못했을 것이다.

보투는 크기로 구별할 수도 없었다. 커다란 호를 그리며 다이빙을 하면 몸집이 큰지 작은지 알아볼 때도 있지만, 늘 그런 식으로 다이빙을 하진 않았다. 헬리콥터처럼 수직으로 떠올랐다 가라앉기도 했다. 그럴 때는 멜론 같은 머리 꼭대기나 등마루만 보였다. 한번은 아직 어린 게 분명한 보투를 보았다. 머리가 아주 작은 걸로 보아 태어난 지 1년이 안 된 것 같았다. 이곳에서는 대부분 수위가 가장 높아졌다가 차츰 낮아지는 5월에서 7월 사이에 새끼가 태어난다. 그러나 크기나 나이를 알 길은 없다. 매번 눈에 보이는 것이라고는 아주 작은 편린뿐이고, 그것도 아주 잠깐뿐이기 때문이다.

눈으로 분명히 구별할 수 있는 특징은 색깔밖에 없다. 때로 플라밍고처럼 분홍빛이 유난히 선명한 보투를 보았지만, 그 밖에는 짙은 회색만 볼 수 있었다. 상당수의 보투는 잡색을 띤 것처럼 보였다. 그러나 우리는 주로 태양을 마주보거나 땅거미가 깔리고 있을 때 보투를 보았기 때문에 그 색깔도 왜곡된 것일 수 있다. 게다가 보투는 실제로 색깔이 변한다. 이유를 아는 사람은 아무도 없지만, 힘을 쓰거나 나이를 먹으면 분홍빛이 더 진해질 수 있다고 한다. 혹은 물의 온도나 혼탁 정도에 따라 색이 변할 수도 있다. "문제가 뭔지 알겠어." 보투가 변신술을 쓰는 것처럼 보이기 시작했을 때 다이앤이 말했다. "이것들은 돌고래가 아냐. 카멜레온이야."

보투에 대해 아는 게 거의 없다는 사실은 이상할 게 없다.

“알레샨드리 로드리게스 페레이라가 처음으로 이니아를 수집한 게 1790년이었지만, 그 후 생물학적으로 밝혀진 지식은 거의 없다.” 베라 부부가 첫 7년 동안의 연구 결과를 발표한 논문에 그렇게 씌어 있다. 이는 보투에 대한 최초의 연구 논문일 뿐만 아니라 지금[2000년]까지도 생태학적으로 유일무이하게 중요한 연구로 여겨지고 있다. 부부는 콜롬비아, 페루, 볼리비아, 에콰도르에서 보투를 연구한 생물학자들과 자료를 공유했다. 그리고 수천 킬로미터에 이르는 강을 시속 11킬로미터 정도의 속도로 느긋이 탐사해본 결과, 보투의 서식지가 아주 방대하다고 결론지었다. 아마존강과 오리노코강의 대지류 곳곳에서 보투가 발견되었다. 아마존 하구의 싱구강 하류와 타파조스강 남쪽 절반에서만 발견되지 않았다. 우기에 땅이 물에 잠길 때면, 돌고래는 아마존 유역의 모든 서식지로 들어와 초원은 물론이고 나무우듬지에서도 노닌다.

부부는 죽은 보투를 수집하기도 했다. 그래서 측량을 하고 해부를 했다. 장기의 크기를 재고, 기생충의 수를 셌다. 베라는 특히 위장 속을 해부해 보투가 무엇을 먹었는지 알고 싶어 했다. 보투가 어부들의 경쟁 상대라는 1970년 보고서에 자극을 받아 그런 관심을 갖게 된 것이다. 결국 보투가 먹은 물고기의 절반 이상은 어부들에게 상업적으로 중요하지 않은 물고기라는 것을 밝혀낼 수 있었다. 나머지도 상대적으로 그리 많지 않은 양이다. 보투는 거의 모든 물고기를 먹을 수 있다. 원뿔꼴의 이빨과 강한 턱이 있어서 거북의 등딱지도 으스러뜨릴 수 있다. 베라는 여러 마리의 위장을 해부해본 결과, 피부가 바위처럼 단단하고 독침을 가진 메기까지 찾아냈다. 약 50종의 물고기를 발견했는데, 한 번 먹이 사냥을 할 때마다 다른 종류의 돌고래가 평생 잡아먹는 물고기 종보다 더 많은 종을 잡아먹은 경우도 있었다.

그러나 베라의 논문에는 그러한 발견 못지않게 중요한 내용이 또 담겨 있다. 그는 자신이 알아내지 못한 것에 대한 기록도 남겼다. "이니아의 생리에 대해서는 실질적으로 아는 것이 전혀 없다. [……] 총 개체 수를 짐작도 할 수 없다. [……] 건기에는 어디로 가는지 모른다. [……] 이니아가 발견된 대부분의 나라에서 이니아에 대한 연구를 하지 않았다. [……] 총 개체 수의 변화 추세를 분석할 만한 자료가 불충분하다." 짝짓기 철이 있는지, 있으면 언제인지를 아는 사람이 없다. 사회를 이루는지, 이룬다면 사회구조가 어떤지 아무도 모른다.

베라는 '물들의 만남'에서 보투의 생애 연구를 착수조차 할 수 없음을 알게 되었다. 그 이유를 훗날 우리에게 이렇게 설명해주었다. "보투는 강의 본류에서 연구하기가 쉽지 않은 동물이에요. 강이 워낙 넓어서요." 보투는 우리 의식의 언저리에서 가물거리는 듯했다. 드넓은 시야의 모퉁이에서 한순간 번뜩이다 사라져버리는 그 움직임, 그것이 물속으로 들어간 후 여운처럼 감도는 숨결, 그런 편린들을 아무리 그러모은들 무슨 의미를 빚어낼 가망은 없었다.

그러나 이따금 어렴풋이 기억하는 멜로디의 단편을 포착하듯, 의미를 흘낏 훔쳐본 순간은 있었다. 어느 날 오후 5시, 닐돈이 물에 잠긴 카레루나무 우듬지에 배를 정박시켰을 때 보투 세 마리가 찾아왔다. 두 마리는 바짝 붙어서 헤엄치고 있었다. 세 번째 보투는 나중에 혼자 다가온 것 같았다. 베라의 연구에 따르면 대부분의 보투는 한 마리씩만 목격된다. 세 마리가 함께 있는 것을 보는 일은 거의 없다. 베라가 분석한 관찰 기록 가운데 26퍼센트에 해당하는 12건은 이번처럼 한 쌍을 목격한 경우였다. 아마도 그 둘은 어미와 새끼일 거라고 베라는 결론지었다. 어미와 새끼의 유대는 아주 강하다. 베라는 그들이 적어도 2년 반가량 함께 지낸다는 것을 알아냈다. 우리는 어미와 새끼가 함께 헤엄치고 있는 사진들을 본 적이 있었다. 그들은 위아래로 포개진 채, 긴 주둥이를 맞대고 가슴지느러미로 상대의 가슴지느러미를 어루만진다. 아기는 다만 포근한 감촉을 느끼기 위해 그런 식으로 어미의 손을 잡는 것 같다.

두 마리의 보투는 우리 배에서 50미터쯤 떨어진 곳에서 네 차례에 걸쳐 나란히 떠올랐다. 서로를 어루만지며 헤엄치고 있으리라고 나는 상상했다. 그들은 아주 감각적인 동물이기 때문이다. 1975년부터 보투 두 마리를 기른 독일 뒤스부르크동물원의 관찰자 볼프강 게발트는 이런 기록을 남겼다. "그들은 휘장처럼 기포를 일으켜놓은 후 그곳을 헤엄쳐간다. 한번은 아빠 돌고래가 세탁솔을 낚아채서 장난감으로 사용했다. 청소용 솔을 입에 물고 재빨리 물속으로 들어간 돌고래는 긴 손잡이를 따라 위로 방울져 올라가는 휘장 같은 기포를 일으켰다. 그러자 아기 돌고래가 솟구쳐 기포 속에서 몸을 뒹굴었다. 이 기포는 몸을 얼얼하게 한다." 게발트는 또 이렇게 덧붙였다. "이런 행동을 하며 아주 즐거워하는 게 분명했다. [……] 기포를 일으키는 것은 월풀 욕조처럼 안마 효과를 내기 위한 것 같다."

아쿠아리움에 갇힌 보투들은 창의적인 연인의 모습을 보여준다. 수컷이 암컷의 가슴지느러미와 꼬리지느러미를 부드럽게 물어뜯는 전희를 한 후, 적어도 세 가지 체위로 사랑을 나눈다. 머리와 머리를 맞댄 체위, 머리와 꼬리를 맞댄 체위, 직각을 이룬 체위가 그것으로, 그들은 세 시간 반 동안 47회나 사랑을 나누었다. 수컷과 암컷 모두 자위를 한다. 수컷은 페니스를 물건에 대고 문지른다. 암컷은 질 속에 물건을 삽입하거나 질 입구를 물건에 대고 압박한다. 때로 수컷은 민감한 페니스를 다른 돌고래의 숨구멍에 탐침처럼 삽입하기도 한다. 게발트는 보투의 관능적 쾌락 추구에 관해 이런 기록을 남겼다. "야생 고래류나 동물원에 갇혀 있는 고래류의 유사 행동보다 훨씬 더 고도로 발전한 것 같다."

그 후 우리는 어린 돌고래가 천천히 몸을 뒤집는 것을 보았다. 아기 돌고래는 나른하게 몸을 뒤집어 토실토실한 분홍색 배와 노 모양의 가슴지느러미를 드러냈다. 아기는 배에 내리쬐는 따스한 햇볕을 즐기는 듯 어미 곁의 수면에 한참 드러누워 있었다. 그러다 다시 강의 품에 안기며 강물의 시원함을 음미하는 듯했다.

나는 강에 뛰어들어 함께 어울리고 싶은 마음이 간절했다! 베라도 그런 열망을 느낀 적이 있다고 한다. 그녀는 아마존연구소에서 이렇게 말했다. "가끔은 그들과 함께 헤엄치고 싶어요. 하지만 강에는 피라냐가 있죠. 강물이 멋져 보이긴 하지만, 항상 피라냐를 떠올려요." 그녀의 친구 가운데 피라냐에 심하게 물어뜯긴 사람이 여럿 있었다. 베라는 피라냐의 면도날 같은 이빨에 초승달 모양으로 살이 뜯겨나간 보투들을 본 적도 있었다. "동결낙인을 찍기 위해 보투를 잡을 때, 우리는 둥그렇게 그물을 쳐요. 한번은 그물을 끌어올린 뒤에 보니, 말짱했던 새 그물이 누더기가 됐지 뭐예요! 피라냐 짓이에요."

이 강물 속에서는 어떤 일이 일어날지 모른다고 베라가 경고했다. "물속에 들어가면 뭔가 살에 닿는 느낌이 들 거예요. 그게 뭔지는 알 수 없어요. 나뭇조각일 수도, 풀잎일 수도, 뱀일 수도, 피라냐일 수도, 가오리일 수도 있어요. 상어일 수도 있고요. 우린 술리몽이스강에서 커다란 상어 네 마리를 잡은 적이 있어요. 길이가 2.5미터나 됐죠. 그건 바다 상어였어요! 아마존에 들어온 바다 상어는 페루의 이키토스 전역에서 발견됩니다. 상어는 거의 물빛과 같아요. 이곳에 들어온 상어는 피부에 진흙이 묻어 있거든요. 그러니 돌고래랑 같이 헤엄칠 생각은 아예 말아요!"

전에는 내가 물과 격리돼 있다는 생각을 해본 적이 없었다. 우리가 여기 있고, 눈앞에 수면이 있는데, 수면 아래의 세계에 들어갈 수가 없다니. **이 강물 속에서는 어떤 일이 일어날지 모른다.** 보투의 황홀한 수중도시에 대한 전설이 떠올랐다. 사람들은 그 도시를 무척이나 두려워한다. 그러나 두려움 뒤에는 갈망이 어려 있다. 돌고래들을 찾아다닌 샤먼에 관한 글을 읽은 적이 있다. 샤먼들은 꿈에서나 환각제의 힘을 빌린 황홀경 속에서 돌고래들과 만났다고 한다. 이들은 보투에게 엥캉치의 비밀을 밝혀달라고 부탁한다. 사람들은 강이 위험하다는 것을 안다. 그러나 강 아래 세계는 상상할 수 없을 만큼 풍요로운 곳이라고들 말한다. 망자들이 남긴 보물들과 모든 욕망을 잠재울 수 있는 쾌락이 있다고. 음악과 노래와 춤만이 존재하는, 다른 갈망이 없는 세계에 분홍 돌고래가 산다.

가끔은 돌고래가 노래하는 소리를 엿들을 수도 있다고 한다. 가끔 우리는 배 밑에서 나는 이상한 소리를 들었다. 배 밑바닥은 미지의 세계에 맞댄 청진기였다. 어느 이른 아침, 전류가 지지직거리는 듯한 날카로운 소리가 들렸다. 뭐지?

"페스카다(Pescada, 물고기예요)!" 닐돈이 답했다.

배 옆에서 돌고래 한 마리가 총알처럼 솟구쳤다. "무이투 하피두(Muito rápido, 아주 빨라요)!" 닐돈이 탄성을 질렀다. "엘 보투 파제르 콤프라스(El boto fazer compras, 보투가 쇼핑을 해요)." 보투가 물고기를 뒤쫓고 있었다.

그날 아침 6시 34분에 보투가 사라질 때까지 우리는 한 시간 동안 줄곧 지켜보았다. 그러고도 계속 기다리고 또 기다렸다. 물총새들이 갈색 물을 가르고 쏜살같이 날아오르곤 했다. 초록 앵무는 나무 꼭대기에서 날카롭게 울어댔다. 나무에서 과일 떨어지는 소리도 들려왔다. 그러나 더 이상 보투는 보이지 않았고, 더는 숨소리도 들려오지 않았다.

8시 45분, 열기가 각다귀 떼처럼 몰려왔다. 보투는 돌아오지 않았다. 그래서 우리는 마르상타리아로 향했다. 술리몽이스강을 따라 상류로 10킬로미터 지점에 있는 곳, 풀이 우거진 섬이었다가 우기에는 호수가 되는 그곳으로.

마르샹타리아에서 베라는 중요 지점 다섯 곳을 정한 후, 거기서 보투를 하나하나 구별해보려고 했다. 해마다 이맘때 보투가 물고기를 따라 이 호수에 온다고 베라는 말했다. 물고기는 홍수림 나무에서 떨어진 과일을 먹으려고 이곳에 몰려든다.

강에서는 밤낮없이 텀벙텀벙 농익은 과일 떨어지는 소리가 들렸다. 우기에는 누구나 먹을 수 있는 맛 좋은 과일이 열린다. 원숭이와 앵무새, 과일박쥐, 대나무쥐, 우아한 브로킷사슴, 코가 길쭉한 맥, 코끼리와 코뿔소와 돼지의 잡종처럼 보이는 네 발가락의 숲 주민들이 이것을 즐겨 먹는다. 그러나 여느 과일나무와 달리 이곳의 나무는 포유류나 조류에게 먹힐 과일을 만들지 않는다. 뿌리내릴 새로운 자리를 찾기 위해 물고기에게 먹힐 과일을 만드는 것이다.

연중 대부분의 기간에 과일만 먹고사는 물고기들이 사는 곳은 이곳밖에 없다. 아마존의 과일나무는 물길을 따라 씨앗을 퍼뜨린다. 과일을 먹는 물고기가 200종이 넘는데, 이 물고기들은 홍수림으로 들어와 과일로 포식을 하고 알을 낳는다. 과일은 다시 태어나기 위한 여행을 떠난다. 물과 나무, 나무와 물고기, 물고기와 포유류가 어우러지는 무언의 심포니가 텀벙거리는 소리와 함께 시작한다.

이곳의 유실수는 물고기를 끌어들이는 과일, 눈에 잘 띄는 과일을 만들어내는 쪽으로 진화했다. 대부분의 과일은 물에 뜬다. 월계수와 계피 따위의 수많은 과일나무는 향기로운 유액, 기름, 송진, 산 등을 분비한다. 향기에 이끌려온 물고기들은 나무 아래서 기다린다. 탐바키를 비롯한 일부 어종은 과일 냄새를 맡을 수 있도록 주둥이 위쪽에 덮개가 있는 코가 발달했다. 탐바키는 파라고무나무의 씨를 으스러뜨릴 수 있는 말의 어금니 같은 이빨이 있고, 턱이 큼직하고 강력하다. 원시적인 검정갑옷메기 등은 야자열매를 통째로 삼켜 과육을 소화시킨다. 돌처럼 단단한 씨앗은 창자를 지나 고스란히 배설돼 새로운 곳에서 싹을 틔운다. 그 자리에 물이 빠지면 어미 나무와 경쟁할 필요가 없고, 어미 나무의 그늘에 치이지도 않는다.

"물고기와 나무가 공생관계 속에서 진화했다는 가설을 세우고 싶어진다." 아마존 물고기 전문가인 마이클 굴딩의 글이다. 범람하는 아마존 유역에서 수 세기를 살아온 사람들은 분명 이곳 나무와 물고기의 관계를 잘 알고 있었을 것이다. 아마존 사람들의 핵심 신화 가운데 세계수 신화가 있다. 그 신화에 따르면 세상은 물로 가득했고 그 물에서 아마존과 물고기가 태어났다. 시피보족의 신화에서는 세계가 이렇게 창조되었다고 설명한다. 처음 나타난 태양이 세계수 가지를 치자, 세계수에서 호수로 감미로운 과일이 비 오듯 떨어졌다. 물고기가 수면으로 떠올라 이 과일을 먹기 시작했다. 그러자 물고기가 베어 문 자국에서 세상의 모든 새들이 나타나, 물과 하늘을 하나로 이어놓았다.

날이 저물 무렵, 돌고래가 나타나고 구름이 몰려드는 시각, 세계는 물에서 새롭게 재창조된다. 오늘날 과학자들은 생명체 자체가 혼령처럼 물에서 하늘로 떠올라, 구름의 씨가 된다고 말한다. 옥스퍼드대학교와 이스트앵글리아대학교의 과학자들은 수많은 조류藻類에서 방출된 기체인 디메틸 황화물 때문에 열대 미생물들이 물에서 떠올라 공중으로 올라간다고 제언해왔다. 또 과학자들은 작은 물방울이 달라붙어 구름을 이루게 되는 공중 미립자의 중요한 원천이 바로 이 기체라는 점에 주목한다. 나무가 과일을 만드는 것과 똑같은 이유로, 작은 생명체들도 새로운 삶을 향한 여행을 떠난다. 심장을 고동치게 하는 뇌우가 우리의 밤을 흠뻑 적셔놓는 동안, 그 작은 생명체들은 다시 빗줄기를 타고 지상으로 돌아오고 있었다.

전설 속의 고대 그리스 철학자 탈레스는 만물의 근원이 물이라고 믿었다. 2세기 후 아리스토텔레스는 그를 자연과학의 창시자라고 생각했다. 아마존에서는 탈레스의 말을 쉽게 믿을 수 있다. 나는 베라의 경고에 아랑곳하지 않고, 수프 같은 호수에 손을 넣어본다. 탁한 물이 살아 있는 것처럼 느껴진다. 단순한 액체가 아니라 마치 피부와 혈액으로 이루어진 조직 같다. 물은 단지 생명의 매개체에 불과한 게 아니다. 물은 곧 생명이고, 스스로 살아 있는 존재라는 생각이 들었다.

아마존을 여행한 사람들은 광대한 규모에 압도당한 체험을 긴 글로 표현하곤 했다. 탐험가 헨리 월터 베이츠는 아마존강을 '광활한 내륙의 바다'라고 일컬었다. 강의 길이가 6400킬로미터에 이르고, 하루 유량은 미시시피강의 14배에 달한다. 아마존 우림의 넓이는 700만 제곱킬로미터다[대한민국 면적의 70배]. 인류학자 웨이드 데이비스는 아마존 우림이 "보름달 얼굴만 한 크기의 숲"이라고 말했다. 살아 있는 물속에 손을 넣고 있을 때, 내 손끝에는 아마존의 광활함이 잇닿아 있었다. 이 광활함은 이루 헤아릴 수 없는 전체성wholeness에서 우러나온다. 상상할 수 없을 만큼 낯설고, 완벽하고, 보이지 않는 하나의 세계를 영원토록 탄생시키고 있는 전체성. 이 전체성이야말로 내가 분홍돌고래를 뒤따르고 있는 열망의 원천이었다. 그들의 사이렌 같은 괴의함, 미지의 물 밑 세계가 지닌 전체성에 온전히 통합된 그 존재감에 떠밀리고 있는 셈이었다.

45분을 나아간 후 범람한 초원에 이르렀다. 풀잎 머리에 술처럼 달린 씨앗에서 풍란처럼 달콤한 냄새가 났다. 해오라기가 햇빛을 받아 눈부시게 빛났다. 이곳에도 아마존연구소의 탐사용 수상가옥이 있다. 우리는 잠시 들러, 임시 체류 중인 독일 과학자들과 얘기를 나누었다. 보투를 보았는지 물어보기 위해서였다. 아침에 두 마리를 보았는데, 곧 더 많이 나타나게 될 거라고 한다. 계속 비가 오고 있어서, 다음 주에는 수위가 1미터쯤 더 높아질 것으로 예상되기 때문이다.

우리는 더 멀리 나아갔다. 물 위를 미끄러져 갈 때 모터가 나지막이 그르렁거렸다. 어두운 자궁에서 아기 팔다리가 빠져나오듯 분홍빛 지느러미가 솟아오르길 우리는 기원했다. 잔물결이 이는 것만 보아도 가슴이 두근거렸다. 잔물결은 더 짙어지고 더 빨라지는 것 같았다. 그러나 물결은 스르르 잦아들어버렸다. 우리의 간절한 바람은 물고기가 삼켜버린 과일처럼 사라졌다.

햇살이 피부를 찌르는 듯 따가웠다. 빛나는 수면을 힐끔거리는 동안 땀방울이 눈 속으로 흘러들었다. 우리는 밤마다 토막잠을 잤다. 천둥 번개와 폭우에 잠을 깨곤 했기 때문이다. 다이앤이 여러 나라 말로 욕을 해댔는데, 한밤중에 잠자리에서 일어나 덧문을 닫아야 했기 때문이다. 잠에서 깨보니, 몸 위로 개미들이 기어 다니고 있었다. 잠들어 있는 동안에는 고맙게도 그걸 느끼지 못했다. 그래서 우리는 더위 때문만이 아니라 수면 부족으로 탈진해 있었다.

내 포르투갈어가 형편없어서 닐돈과 대화를 나눌 수 없었다. 고작 이렇게 물을 수 있을 뿐이었다. "옹지 피카 보투(Onde fica boto, 보투 어딨어요)?" 이런 질문이 닐돈에게는 불평하는 소리로 들린 게 분명했다. 우리를 기쁘게 해주고 싶었지만 돌고래를 찾을 수 없었던 닐돈은 고개를 내두르며 부루퉁하니 답했다. "나웅 야 보투 아키 오제(Não há boto aqui hoje, 오늘 이곳엔 보투가 없어요)." 그는 섬 쪽으로 배를 몰았다. 그곳에서는 배 두 척에 나눠 탄 다섯 명의 남자가 구부정한 자세로 그물질을 하고 있었다.

그들은 아마존연구소의 전기물고기 전문가들이었다. 반갑게도 그중 두 명이 영어를 할 줄 알았다. 챙이 널따란 파나마모자를 쓴 건장한 젊은이가 조제 고메스라고 자기소개를 했다. 깡마르고 억센 체구의 파울루 패트리는 얼룩덜룩한 위장모에 뿔테안경을 쓰고 있었다. 그들은 큼직한 검은 그물 쪽으로 몸을 숙이고, 그물 속에서 물이 뚝뚝 떨어지는 부레옥잠을 건져냈다. 부레

아마존연구소 연구원들
(촬영: 다이앤 테일러 스노)

옥잠 주위에는 번들거리는 잠자리가 잔뜩 몰려 있었다. 조제는 전압계가 달린 대나무 장대를 주기적으로 수초 속에 찔러 넣곤 했다. 전기물고기의 전류 때문에 전압계가 지지직거렸다.

“종마다 신호가 달라요.” 조제가 말했다. 근육조직과 비슷한 전기 발생기관이 보내는 신호는 다른 전기물고기의 전기 수용기에 포착된다. 전기물고기는 전기장의 모양과 방전의 파형, 방전 주파수, 신호들 사이의 시차 등을 바꿈으로써 여러 가지 정보를 주고받을 수 있다.

그날 아침 우리는 물고기가 배 아래에서 서로 신호를 보내는 소리를 들었던 것일까? 그들은 무슨 말을 했을까? 포획 상황에서 실험해본 결과, 전기물고기들은 서로 종, 성별, 나이에 관한 정보를 전달할 수 있다는 사실이 밝혀졌다. 또 새처럼 영역 침범을 경고하기도 한다. 어떤 종은 약 10미터까지 신호를 보낼 수 있다. 조제는 이렇게 말했다. "이런 행동은 정말 놀라운 것입니다. 전기 신호를 사용해 사회적 상호작용을 하다니요. 공격 대상을 감지하거나 짝을 찾기도 한답니다. 전기 신호에 대해서는 우리가 알아내야 할 게 너무나 많아요!" 수면 아래 엥캉치에서 이 작은 물고기들은 전기 언어로 갈망과 두려움과 용기를 노래한다. 광활한 수중 무대에서 오페라를 공연하는 것이다.

전기물고기의 전류는 인간에게 위험하지 않다. [800볼트까지도 발생시킬 수 있는] 전기뱀장어(사실상 전혀 뱀장어가 아닌 물고기)와 달리, 전기물고기는 1볼트에도 못 미치는 미량의 전류만을 방출한다. 그러나 파울루가 외쳤다. "쿠이다두 쿠이다두(Cuidado-cuidado, 조심조심)!" 13센티미터 정도의 메기가 뒤얽힌 풀 속에 갇혀 있었다. 이 메기는 위험을 느끼면 독 가시를 삼지창처럼 곧추 세운다.

조제는 자신의 팀에서 람피크티스과*Rhamphichthyidae*에 속하는 특별한 전기물고기를 찾고 있다고 설명했다. 투명한 유선형 몸에 지느러미는 길고 얇은 삼각형인데, 등지느러미와 가슴지느러미가 없다. "아직 못 찾았어요." 파울루가 말했다. 찾고 있는 물고기가 그물 속에 들어오지 않았다는 것은 전압계만으로도 알 수 있었다. 그들은 그 물고기 대신 과학계에 알려지지 않은 뱀장어를 발견한 적이 있었다. 새로운 드렁허리과*Synbranchidae*에 속하는 것으로 보이는 30센티미터 길이의 물고기였는데, 두드러진 턱 때문에 독사처럼 머리가 삼각형이었다.

"작년에 남아메리카 전역에서 새로 발견된 뱀장어류는 둘밖에 없어요. 그런데 지난 2년 동안 이 섬에서만 새 뱀장어류가 다섯 종이나 발견되었답니다!" 파울루가 수초를 털며 말했다. 그중 건기에는 진흙에 굴을 파서 둥지를 만드는 뱀장어도 있다. 둥지에서 가사 상태로 건기를 보내는 것이다. 그러다 물이 범람하면 다시 활기를 되찾게 된다.

지구에서 아마존만큼 경이로운 생물 다양성을 보여주는 곳은 없다. 보투를 어떻게 관찰해야 하는지 우리에게 자상하게 설명해준 마이클 굴딩은 20년간 아마존에서 연구하며 과거에 확인되지 않은 물고기를 혼자서 200종이나 발견했다. 다이앤의 지인이기도 한 네덜란드의 영장류학자 마르크 판 로스말런은 1년 전쯤 새로운 종의 마모셋이 아마존에 있다는 말을 듣고 이들을 찾아 나섰다. 이때 그는 알려지지 않은 여러 종의 동물을 발견했다. 새로운 영장류 네 종, 새로운 난쟁이호저 한 종, 기록되지 않은 맥 한 종, 알려지지 않은 재규어 아종 하나를 발견한 것이다. 놀랍게도 그 모든 종이 발견된 지역은 마나우스 시내에서 고작 300킬로미터 떨어진 곳이었다.

아마존의 생물 다양성과 복잡성은 감히 헤아려볼 엄두도 낼 수 없다. 우리가 알 수도 들여다볼 수도 없는 이 세계에서 나는 동물 하나를 뒤쫓으며 대체 뭘 하려는 것일까?

사납게 작열하는 정오의 햇살에 흠뻑 젖은 채, 나는 '헤아린다fathom'는 말이 왜 물과 관계가 있는지 이해할 수 있었다. 이 낱말은 깊고 난해한 것을 이해하고자 한다는 뜻이다. 패덤fathom은 고대 영어 '파이듬faethm'에서 유래한 말이다. 그것은 '측정하기 위해 벌린 두 팔'을 뜻한다. 처음에는 물의 깊이나 밧줄의 길이를 나타내는 단위로 쓰였는데, 거기서 '수심을 잰다'는 뜻이 파생되었고, 더 나아가 물이 아닌 것의 깊이도 '헤아린다'는 뜻으로 발전했다. 패덤은 물론 돌고래가 자기 세계의 의미를 꿰뚫어보는 방법이기도 할 것이다.

보투의 눈은 겉보기에 자그마하지만, 실제로 두개골 속에 있는 눈망울은 바다 돌고래의 눈망울만큼 커다랗다. 공기 중이나 맑은 물속에서는 그 눈으로 세상을 아주 잘 볼 수 있다. 그러나 술리몽이스의 혼탁한 강물 속에서는 수중 음파탐지 기능에 의지한다. 음파를 쏘아 보내 메아리로 세상의 그림을 그려내는 것이다. 보투의 목이 아주 유연할 필요가 있는 것도 그 때문이다. 홍수림을 헤엄칠 때면 이리저리 고개를 돌리며 일련의 펄스를 쏘아 보내 메아리로 길을 찾는다. 주파수가 17만 헤르츠에 이르기 때문에 우리 귀에는 들리지 않는다. 일반적인 소리였다면 파장이 훨씬 더 길어서 충분히 정밀한 메아리를 일으키지 못했으리라.

한 연구자는 전자 현미경으로 강돌고래들의 음파탐지 기능을 비교했다. 일반 현미경의 해상도로는 빛의 파장보다 더 작은 사물을 관찰할 수 없다. 전자 현미경은 빛보다 파장이 짧은 빔을 사용하므로 더욱 작은 것을 관찰할 수 있다. 보투는 수중 음파탐지 기능이 다른 어떤 고래류보다 더 발달한 것으로 보인다. 고래류 가운데 홍수림을 속속들이 헤아릴 수 있는 것은 보투뿐이다.

그러니 보투보다 더 훌륭한 아마존 안내자는 있을 수 없다. 돌고래는 수천 년 동안 인간을 이끌어주었다. 미노아 문명보다 더 오래된 전설에 따르면, 돌고래가 고대인들을 세계의 중심으로 데려다주었다고 한다. 그곳이 바로 아폴론 신전이 있던 델포이인데, 돌고래[고대 그리스어로 델피노스]를 기려서 이 성역을 델포이Delphoe라고 명명한 것이다. 고대 그리스의 바다의 신 포세이돈에게 아리따운 신부 암피트리테를 데려다준 것도 돌고래였다.(포세이돈은 보답으로 그 돌고래를 하늘의 별자리로 만들어주었다.) 사망한 에트루리아인의 영혼을 축복의 섬으로 안내했다는 동물도 돌고래다. 또 돌고래는 그리스도교인의 영적 부활을 상징하기도 했다.

내게는 보투가 기적으로 보였다. 나는 왜 보투에 이끌려 뒤를 따르게 되었을까? 물론 나는 그들이 어디로 가는지 알고 싶었다. 그러나 더욱 절실한 것은, 어딘가 더욱 깊은 곳으로 따라가고 싶다는 마음이었다. 나는 엥캉치로 따라가고 싶었다. 황홀한 수중도시로, 에덴으로 따라가고 싶었다. 세계의 자궁 속으로, 낯섦과 아름다움과 갈망의 원천으로, 아래로, 더 깊이 뒤따라가고 싶었다. 나는 아마존의 영혼 자체에 도달하고 싶었다.

이해한다는 것under-standing은 아래에under 선다는 것standing, 즉 저 아래 있는 것을 탐사하고, 처음 또는 기원을 헤아린다는 뜻이다. 세계를 헤아리고 싶은 갈망이야말로 우리 인간의 가장 뿌리 깊은 갈망일 것이다. 헤아림fathom, 곧 두 팔 벌림은 신성한 탄원의 몸짓임을 나는 깨달았다.

물리학자들은 수학이 신의 언어라고 말한다. 그러고 보니 패덤은 수학의 단위이기도 하다. 1패덤은 1.83미터를 나타낸다. 과학에서 측정은 비밀을 꿰뚫어보기 위한 방법이다. 우리는 전압을 측정하고, 물고기 위장 속의 내용물을 분류하고, 보투의 수를 세면서 어떤 비밀을 꿰뚫어보려고 한다.

그러나 '물들의 만남'과 마르샹타리아에서 다이앤과 나, 심지어 베라조차도 보투의 개체 수를 셀 수 없었다. 개체를 구별할 수 없었기 때문이다. 그래서 우리가 마나우스로 돌아가기 전날 아침, 나는 셈이 가능한 것 한 가지를 셌다. 그들의 숨소리를. 카누 주변의 수면 위로 떠오른 보투 두 마리가 보였고, 나는 그들의 숨소리를 셌다. 그들은 평균 2분마다 한 번씩 숨을 쉬었다. 6시 6분, 6시 9분, 6시 11분, 6시 13분, 6시 14분, 6시 15분, 6시 17분……. 그리고 홀연히 자취를 감추었다.

우리는 자리를 뜨기 직전에 그들의 그림자가 배 아래로 지나가는 모습을 보았다. 바로 이때가 보투의 몸 전체를 가장 가까이에서 본 순간이었다.

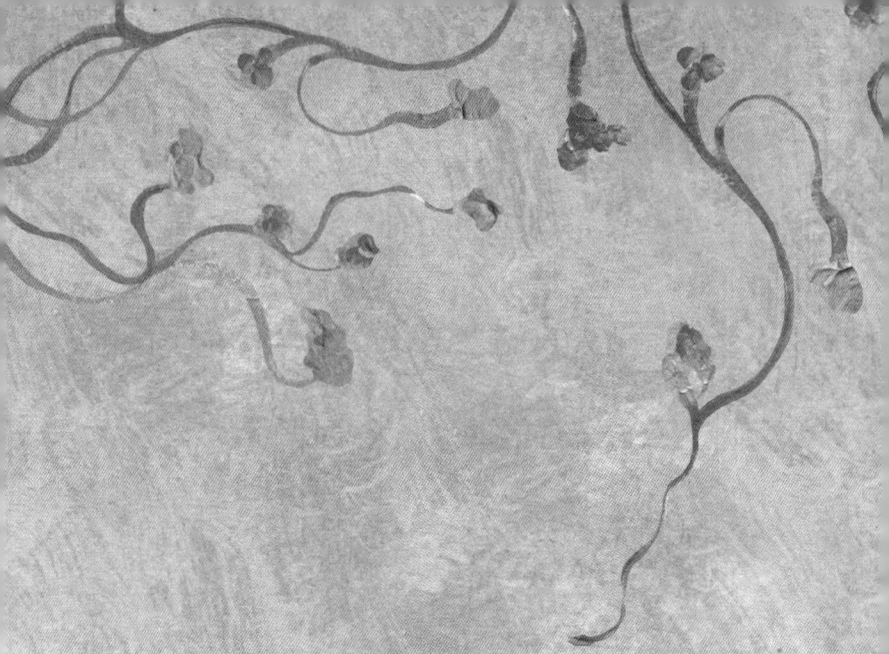

폴 비버
사이의 친구. 페루 타바팅가에서 숙소를 운영한다.

모이세스 차베스
폴이 고용한 페루인 직원. 현지 안내인으로서 주인공 일행의 아마존 여행 곳곳을 함께한다.

록샌 크레머
캘리포니아에서 광물 거래업을 하다가 분홍돌고래 구호 활동에 뛰어든 미국인 여성. 야라파강 인근에서 캠프를 운영한다.

마리오 후아나키리
페루 이키토스에서 배를 운행하는 젊은이. 산페드로 인근에 최초로 터를 잡고 살았던 후안과 일다의 아들이다.

스티븐 노들링거
플로리다에서 온 30대 초반의 미국인 남성. 동양 무술을 오랫동안 수련했다. 앞서 어머니와 아마존을 여행한 적이 있다.

제리 고초크지키
서바이벌 캠핑을 하러 페루에 온 41세의 헬스 트레이너.

마크 플롯킨
저자의 친구이기도 한 민속식물학자. 아마존에 사는 여러 부족민의 방대한 식물학 지식을 10년 이상 기록했다.

2부
갈망

이키토스
아마존강
차로호
에스페란자
아마존탐험대
베이스캠프
부에나비스타
산페드로
케브라다블랑코
마라뇽강
우카얄리강
돌고래 코너
타후아요강
아라파강
안데스산맥과
파카야사미리아
보호구역 쪽 상류
0
10
20
30
40
마일

"이곳 아마존강에는 두 종류의 보투가 있어요. 일부가 마법을 부리죠." 주앙 페나가 말했다. "고요한 밤에는 일반 보투와 엥캉타두를 구별할 수 있어요. 많은 사람들이, 그러니까 당신 같은 외지인만이 아니라 아마존 출신도 더러는 믿지 않아요. 어부들의 거짓말인 줄만 알죠. 우리에게 실제로 일어난 일을 얘기해줘도 거짓말인 줄 아는 거예요. 하지만 알 만한 사람들은 다 알아요. 그게 사실이라는 걸 말예요. 정말이라고요."

주앙은 열두 살 때 처음 엥캉타두를 보았다고 한다. 보름달이 휘영청 밝은 밤이었는데, 여러 마리의 커다란 거북이 알을 낳으려고 하얀 모래톱으로 올라왔다.

알을 다 낳을 때까지 기다렸다가 잡아야 한다. 그래야 해마다 다시 거북을 잡을 수 있기 때문이다. 거북을 잡을 때가 되었을 때에는 이미 밤이 이슥했다.

"우리가 막 거북을 잡으려고 하는 순간, 모래톱에 남자 세 명이 앉아 있는 게 보였어요. 하얀 옷을 입고 있었지요. 거북을 잡아야 할 때인데 왜 그냥 앉아 있지? 누굴까? 우리는 궁금해서 가까이 다가갔어요." 소년들이 접근하자, 흰옷을 입은 세 남자는 벌떡 일어나 술리몽이스강에 뛰어들었다. 소년들은 세 남자가 떠오르길 기다렸다. 그러나 그들은 모습을 드러내지 않았다. 남자들이 사라진 강물 속에서 다시 나타난 것은 세 마리의 보투였다. 보투는 아주 가까이 물가로 다가오더니, 화가 난 것처럼 숨구멍으로 거칠게 물보라를 뿜어댔다고 그는 회상했다.

"그런 얘기는 끝이 없어서 생전에 다 받아쓰지도 못할 거예요!" 주앙이 말했다. 마르샤타리아의 수상가옥에 사는 남자의 딸은 10대에 보투의 끈질긴 사랑 공세를 받았다고 한다. 그 돌고래는 눈에 잘 띄는 하얀 반점이 꼬리에 있었고, 항상 집 주위를 배회했다. 그러다 밤이 되면 물에서 나와 소녀의 침실로 들어가 꿈속에 나타났다. 하얀 반바지를 입은 남자의 모습이었는데, 다리에 반점이 있었다. 보투가 소녀를 건드리진 않았지만, 소녀는 덜컥 겁이 났다. 그녀는 그의 존재를 느꼈고, 자기를 갈망하는 마음을 여실히 느낄 수 있었다. 날이 갈수록 소녀는 점점 더 창백해져 빈혈에 걸릴 지경이었다. 어느 날 밤 보투는 소녀의 어머니 꿈속에 나타나 딸을 달라고 애원했다. 어머니는 거절했다. 그러나 보투는 밤마다 계속 찾아왔다.

결국 이 가족은 그곳을 떠나지 않을 수 없었다. 소녀는 이제 25세가 되었고, 더 이상 보투에게 시달리지 않는다. 그러나 보투는 아직도 그녀를 갈망하며, 그녀가 강가에 나가기만 하면 물가로 다가온다고 한다.

주앙은 그 소녀와 아버지가 거짓말을 하는 게 아니라고 했다. 자기도 같은 일을 겪었기 때문이다. 그는 열일곱 살 때 삼촌과 함께 작살로 피라루쿠를 잡는 무리에 합류했다. 물가에서 그날 잡은 피라루쿠의 내장을 빼내고 있을 때, 보투 한 마리가 가까이 다가와 그들을 물끄러미 바라보았다. 삼촌이 농담을 했다. "어이 예쁜이, 잘생긴 총각을 찾고 있는 거야? 주앙 페나 좀 봐! 아주 잘생겼지?"

그날 밤 그들은 강 한복판에 닻을 내린 카누에서 잠을 잤다.

"별빛이 찬란했어요." 주앙이 회상했다. 그는 삼촌 옆에 누워 잠들었다. 뭔가 무거운 게 실린 듯 배가 살짝 가라앉는 느낌이 들어 눈을 떠보니, 젊은 여자가 카누에 올라앉아 있었다. "흰옷을 입고 있지는 않았어요. 그냥 알몸이었죠. 가슴이 컸고요." 그가 말했다.

"그 여자에게 다가갔어요. 너무나 아름다웠죠. 긴 금발 머리에 피부는 창백했고요. 황홀했어요. 바로 그때 그녀가 첨벙 강에 뛰어들더니, 바로 보투로 바뀌는 거예요."

고기를 잡으러 온 모든 사람이 물소리에 잠이 깼다. 그들은 주위를 둘러보았다. 분홍돌고래 떼가 카누를 에워싸고 있었다! 사람들은 질겁해서 숲을 향해 허둥지둥 노를 저었다. 보투들은 뒤를 쫓아오며 화가 난다는 듯 꼬리지느러미로 물을 철썩거렸다.

돌고래들이 왜 뒤쫓아 왔을까? "그야 그녀가, 그러니까 엥캉타두가 날 사랑했기 때문이죠." 주앙이 애석하다는 듯 말했다. "그래서 다른 돌고래들이 질투한 거예요. 보투 사회는 아주 끈끈하거든요." 보투들은 이튿날 아침까지 떠나지 않고 줄곧 물을 철썩거렸다.

주앙이 물속으로 보투를 따라갔다면 어떻게 되었을까? 그녀는 그를 어떻게 했을까? 엥캉치라는 게 정말 있을까?

"그럼요. 있고말고요." 그가 답했다. "할아버지 할머니가 살아계실 때 이런 말씀을 하셨어요. 마나카푸루를 건너가면 호수가 있는데, 그 호수에는 영원히 죽지 않는 풀이 자란다고요. 호수 한복판에서는 소 울음소리와 개 짖는 소리, 악단의 연주와 노랫소리가 들렸답니다. 우리 어머니와 할머니를 비롯해 모두가 호수 쪽으로 걸어갔어요. 모두가 그 소리를 들었으니까요. 잔치하는 소리라고들 생각했대요. 그때는 석유 등불을 사용했는데, 등불 하나를 높이 들어 올렸죠. 잔치를 벌이고 있는 사람들을 보려고요. 소리는 점점 더 커졌어요. 아주 떠들썩했는데, 웬일인지 아무도 보이질 않았대요! 그 얘기가 사실이라는 걸 난 알아요. 그건 보투가 사는 물 밑 세계에서 들려온 소리였어요."

돌고래의 구애를 받은 소녀의 아버지와 주앙 페나는 아마존 연구소에서 베라를 위해 일한다. 베라는 두 남자를 존중하지만, 그들의 이야기를 믿지는 않는다. 베라는 그런 이야기를 귀 따갑게 들었다. "마르샹타리아에서 멀지 않은 곳에 사는 한 여자가 내게 묻더군요. 보투한테 홀리는 게 두렵지 않느냐고." 마나우스로 돌아간 우리에게 베라가 말했다. 밤비가 야외 식당의 양철 지붕을 사납게 두드려댔고, 우리는 탐바키 요리를 먹고 있었다. 사방에서 번개가 번쩍였다. "그녀는 또 이렇게 말했어요. '보투가 주는 건 절대 먹지 마세요. 먹으면 영영 돌아오지 못할 거예요!'" 베라는 돌고래가 기포를 일으키는 듯한 웃음을 터트렸다. "내가 그랬죠. 그 엥캉치라는 곳에 꼭 가보고 싶다고. 그러자 기겁을 하더군요!"

"엥캉치를 믿지 않는다면서요?" 내가 말했다.

"그래요. 하지만 가끔은 그게 사실이었으면 해요."

이키토스

실제로 수중도시는 있다. 마나우스를 떠난 지 이틀 만에 우리는 카누를 타고 수중도시를 통과하고 있었다.

강물이 불어서 벨렌 시내가 반쯤 물에 잠겨 있었다. 돈프레디 술집의 1층과 2층 절반, 시멘트와 철골로 지은 치과의원 1층, 거창한 잉카콜라 광고판의 하반부, 비포장도로, 나무다리, 기둥집 아래층, 시민들의 정원, 그 모든 것이 물에 잠겼다. 뱀목가마우지라는 검은 물새가 길게 목을 뽑아 올린 모습처럼 가로등이 물 밖으로 고개를 내밀고 있었다. 물가에서 멀리 떨어진 곳에는 양철 폐품과 베니어판을 두르고 야리나야자 잎으로 이엉을 얹은 집들이 있었다. 아이의 손목만큼 가는 막대 전봇대에는 전깃줄이 얼기설기 감겨 있고, 등갓도 없는 알전구가 가까스로 물 밖에 나와 있었다.

이 수중도시에는 돌고래가 살지 않고 사람이 산다. 우기에는 강의 젖은 품에 안겨 시내의 반이 물에 잠긴다. 또 4만 명쯤의 시민들이 아마존의 갈색 물 위로 나와 있는 가옥과 식당 꼭대기 층에서 북적거린다. 작은 가게들도 기둥 위에 올라앉아 있다. 닭과

돼지, 개들도 노아의 방주에 동승하듯 위로 오른다. 사람들은 물이 빠져 다시 땅으로 내려갈 수 있을 때까지 화분 정원에 야채와 꽃을 기른다.

사람들은 집에 갈 때나 집을 나설 때 나무 사다리를 오르내리며 카누를 이용한다. 어린아이들은 마당이라도 되는 듯 물속에서 텀벙거리며 논다. 소녀들의 주름 장식 드레스는 젖어서 피부에 찰싹 달라붙어 있다. 좀 더 큰 아이들은 푸르고 흰 교복을 입고 중학교까지 노를 저어간다. 수업이 모두 끝나면 교실에서 축구를 한다. 지상의 축구장은 수심 6미터 아래에 잠겨 있기 때문이다.

이키토스에 속한 벨렌은 페루에서 비가 가장 많이 오는 곳으로, 연중 강우량이 3000밀리미터에 이른다. 10년 전 이곳을 방문한 저술가 브라이언 켈리와 마크 런던은 이렇게 썼다. "이곳은 구명정 같다는 느낌을 준다. 사람들로 북적거리는 이 구명정은 정글 벽에 다닥다닥 붙어 있다. [……] 억수 같은 비에 흠뻑 젖은 도시가 우르르 쓸려가 버릴지도 모른다는 생각이 들었다." 1980년대 초, 이 도시는 해가 갈수록 좁아졌다. 서쪽으로 굽이쳐 흐르는 아마존강이 우기에 강둑을 삼켜버렸기 때문이다.(그와 달리 지난 10년 동안은 아마존강이 도시 동쪽으로 깊이 강바닥을 파내며 흐르기 시작했다.) 그러나 물에 잠긴 벨렌 빈민가는 해가 갈수록 커졌다. 시골 출신의 가난한 사람들이 밀려들었기 때문이다. 그들은 페루에서 가장 큰 정글 도시가 약속하는 돈과 '문명'에 이끌려 벨렌으로 이주했다.

벨렌의 수중도시(촬영: 다이앤 테일러 스노)

벨렌이라는 수중도시는 물론 엥캉치가 아니다. 장사꾼들은 노를 저어 집집마다 찾아다니며 토마토와 물고기, 담배, 콜라, 주앙네스(닭고기와 돼지고기를 섞어 생강 냄새 나는 나뭇잎으로 싼 흔한 쌀밥 요리) 따위를 팔았다. 그들은 아낙네들이 빨래하는 집을 찾아간다. 빨래하는 여자들의 머리 위에는 변소가 있다.(그런 물속에서 아이들은 물놀이를 하고, 그 물을 끓이지도 않고 마신다.) '콜레라는 우리가 피할 수 있는 질병이다! EL COLERA ES UNA ENFIR MEDAD QUE PODEMOS!'라는 유니세프 포스터가 사방에 붙어 있는데도 그랬다. 물론 페루 인구의 대략 절반에 달하는 이곳 사람들은 대부분 글을 읽을 줄 모른다. 글을 읽을 수 있는 이들도 어쨌거나 물을 끓여마시지 않는다. "물을 끓이면 물속 생명을 죽이게 돼요!" 환자가 그렇게 항의한 적이 있다고 한 보건소 직원은 회상했다.

이키토스 전역에 32만 8000명이 산다고는 하지만, 실제 인구가 몇인지는 아무도 모른다. 대부분이 가난하고, 많은 이들이 통계에 포함되지 않기를 바란다. 엥캉치처럼 이키토스는 사람들을 삼켜버린다. 그런데 이곳의 많은 사람들은 삼켜지길 원한다. 그들은 마법을 부리는 돌고래가 아니라 다른 지하세계에 홀린다. 이키토스는 유혹의 소용돌이에 휩싸여 있다. 난민과 그들의 이루지 못한 꿈들로 인해, 가난과 열망과 뜬소문을 동력 삼아 돌아가는 결핍과 욕심의 흙탕물 소용돌이다.

"길도, 전화도, 라디오도 없어요. 내게 아주 딱이죠!" 18년 전 이키토스에 온 제이미 R.이 말했다. 그는 부두에서 널따랗고 천장이 높은 식당을 운영하고 있다. 이키토스는 페루에서 가장 큰 주인 로레토의 주도州都다. 페루의 4분의 1 이상을 차지하는 로레토주의 넓이는 약 37만 제곱킬로미터다. 스페인이나 독일 영토보다 더 넓다. 그러나 숲을 관통하는 포장도로가 없다. 많은 이키토스 주민과 마찬가지로, 제이미도 무언가로부터 도피해 이곳에 왔다. 그는 아내에게서 도망친 경우였다. '그링고'[*]들은 술집에 모여 앉아 정글에서 얼마나 대단한 체험을 했는지 허풍을 떤다. 열두 개의 정글 여행사, 38개의 인가된 환경 NGO나 외국 원조 단체에서 일하는 이들은 경쟁자들이 몰래 법을 어긴다는 소문을 퍼뜨린다.

[*] 라틴아메리카 지역에서 미국인을 경멸적으로 지칭하는 말.

건기에는 이곳이 우리 같은 그링고들로 북적거린다고 한다. 1990년대 초에는 관광객이 다소 줄어들었다. 여러 서구 국가에서 '샤이닝 패스[페루의 좌익 단체로, 정권 타도를 위해 게릴라전을 벌였다.]'라는 테러리스트와 강도를 조심하라고 경고했기 때문이다. 그러나 로레토주에서 테러가 일어났다는 기록은 한 건도 없었다. 강도는 주로 수도 리마에서 남부 쿠스코주로 이어지는 육로에 출몰했다. 관광객이 줄어든 또 다른 이유는 마이애미에서 이키토스까지 유일한 직항 노선을 운영한 파우세트항공의 비행기가 안데스산맥에서 추락했기 때문이다.(우리가 페루에서 돌아온 직후 이 항공사는 벌금 때문에 파산했다.)

그러나 1993년 페루가 여행 위험지역에서 해제되자 관광객들이 다시 넘쳐났다. 이제는 해마다 약 3만 명의 외국인과 7만 3000명의 내국인이 이키토스를 찾는다. 여기가 페루에서 아마존 정글로 들어가는 관문이기 때문이다. 이키토스의 매력은 모든 종류의 모험이 가능하다는 것이다. 더러는 카약을 타러, 더러는 새를 찾아, 더러는 인디헤나를 만나러, 더러는 원숭이를 관찰하러 온다. 더러는 바람총이나 원숭이 이빨로 만든 목걸이를 구하러, 혹은 가슴 저리도록 정글의 밤이 부르는 소리에 못 이겨 오기도 한다. 그들은 원시의 숲을 찾아오고, 자신의 영혼을 찾으러 온다.

여행 가이드들은 곧잘 그런 사람들에 대해 얘기한다. 위스콘신에서 온 한 남자는 정글을 맨발로 헤매며 끓이지 않은 강물을 마시고, 모기장 없이 잠을 자겠다고 고집을 부렸다.(그가 모험을 마치고 돌아왔을 때는 발바닥에 구멍이 뚫리고, 지독한 배앓이와 설사를 하고, 벌레에 물려 패혈증에 걸려 있었다.) 캘리포니아에서 온 자칭 '샤먼'은 아야후아스카라는 신비의 마약을 복용해보려고 찾아왔다.(그는 거의 내내 구토를 해대다가 결국 어서 집에 보내달라고 하소연했다.) 어떤 여행자는 해마다 찾아왔다. 그러나 이키토스는 아무도 **살지** 않는 도시 같은 느낌을 준다. 실제로 인구의 상당 부분이 단기간만 머문다. 교사와 선교사, 구호활동가, 군인, 선원 들은 의무 기간을 마친 후 곧바로 떠난다. 불법 마약과 동물 밀거래자들은 원하는 것을 구한 뒤 이곳을 빠져나갔다가 다시 돌아온다. "아무도 따지지 않아요. 여기서는 원하는 걸 뭐든 얻을 수 있답니다. 원하는 어떤 존재라도 될 수 있고요." 제이미가 말했다.

이키토스는 1750년대에 예수회 전도를 위해 세워진 도시였다. 그러나 고무 산업이 호황을 이룬 이후, 페루 정글의 생산물을 거래하는 사악한 수도가 되었다. 이곳에 본거지를 둔 고무 부호들은 고무 유액 채취자들에게 더없이 잔혹한 짓을 했다. 고무 제국을 이룬 악명 높은 훌리오 세자르 아라나는 이키토스 북쪽의 푸투마요강에서 인디헤나 3만 명을 살해했다. 그의 감독관 가운데 한 명은 이런 좌우명을 지니고 있었다. "아비를 먼저 죽이고, 다음으로 그 딸들을 즐겨라." 호화주택, 타일로 장식된 벽, 강변 산책로가 들어섰지만, 부가 절정에 이르렀을 때에도 이키토스는 전혀 우아한 데가 없었다. 매춘부들은 피라냐처럼 날카롭게 이빨을 갈았다. 사육제 때 구역장들은 그해에 인디헤나를 가장 많이 살해했다고 자랑하는 사람을 위해 샴페인 축배를 들었다.

아라나의 잔혹성을 폭로한 것은 뉴욕 출신의 철도 엔지니어인 27세의 월트 하덴버그였다. 그는 런던에 본사를 둔 어느 주간지에 기고를 했다. 그 글은 세계적인 분노를 불러일으켰고, 결국 아마존 고무 호황의 종말을 1913년으로 앞당겼다. 그러나 오늘날, 대서양 서쪽까지 3700킬로미터 떨어진 이곳 강굽이에서 이키토스는 아직도 정글에서 훔쳐낸 생명액과 정글의 식구들—동물과 목재, 기름, 코카인—을 대서양으로 계속 유출하고 있다.

이키토스는 여전히 고립 상태에 놓인 변방 도시다. 이제 라디오와 전화가 있지만, 바깥 세계와 연결된 도로는 아직도 없다. 비행기나 배로만 이곳에 올 수 있다. 우리는 마나우스에서 타바팅가라는 작은 국경도시까지 경비행기를 타고 왔다. 타바팅가는 브라질과 콜롬비아, 페루가 만나는 국경도시다. 거기서 우리는 크리스티아나라는 작은 호텔에 묵었다. 방에는 모기가 우글거렸는데, 모기장을 걸 수 있는 고리도 없었다. 이런 비상시를 대비해 다이앤이 압정을 가져왔지만, 파란 페인트를 칠한 시멘트벽에는 압정을 꽂을 수 없었다. 모기가 꼬인 것은 변기 탓 같았다. 방 한쪽 구석에 낮게 자리 잡은 변기는 뚜껑도 없이 휑하니 뚫려 있었고, 당연히 이쪽으로 따로 출입문도 없었다. 새어나온 물이 변기를 둘러싸고 작은 웅덩이를 이루고 있었다. “우기에 와야 한다고 우기더니 이게 뭐야. **호텔 방**까지 물이 차 있잖아!” 다이앤이 툴툴거렸다.

우리는 새벽 4시 반에 로레토 라피두(빠른 로레토)라는 20인승짜리 배를 타고 떠났다. 230마력의 디젤 엔진 덕분에 시속

60킬로미터 이상의 속도를 낼 수 있어서 그런 이름을 붙였다고 한다. 10시간 후 이키토스에 도착했다. 여기서 우리는 모이세스 차베스를 만났다. 그는 내 친구인 폴 비버를 위해 일한다. 폴은 동업자인 수지 패거드와 함께 이 지역에 하나뿐인 숙소를 운영한다. 이키토스 시내에서 하루 거리에 있는 이 집은 타후아요강을 끼고 있는 3240제곱킬로미터 규모의 탐시야쿠타후아요 보호구역 가까이 있다. 이 보호구역과 주변 야생 생태계는 놀랍도록 풍요롭다. 남아메리카의 다른 지역보다 포유류가 14종 더 많고, 설치류는 26종이 더 많다. 돌고래도 많다고 폴은 장담했다. 그는 숙소를 값싸게 내주고, 모이세스에게 안내를 맡겼다.

모이세스는 이키토스의 라파스카나호텔 정원으로 우리를 찾아왔다. 체구가 작지만 튼튼하고, 광대뼈가 도드라진 38세의 남자였다. 목소리가 젖은 지푸라기처럼 부드럽다. 꿈꾸는 듯한 검은 눈동자는 항상 상대를 투과해서 머리 너머를 바라보는 것 같다. 특별한 과일나무, 한 무리의 원숭이, 혹은 눈에 잘 안 띄는 모습으로 웅크리고 잠든 나무늘보를 찾아 숲을 훑어보기라도 하는 듯 말이다. 그의 아버지는 교사였다. 정부에서는 고립된 부족들에게 교사를 파견했다. 8남 4녀 가운데 한 명으로 태어난 모이세스는 나포강 인디헤나들에게 정글에 대해 배우며 자랐다. 야구아족은 날마다 공들여 빨갛게 얼굴을 칠하고 풀치마를 입는다. 세코야족은 몸에 구멍 뚫기를 좋아한다. 그래서 코에 뚫은 구멍에는 편리하게 낚싯바늘을 걸고 다닌다.

“벨렌 시장이 들어서기 훨씬 전부터 이키토스에는 인디헤나

타후아요에서 우리를 안내해준 모이세스 차베스(촬영: 다이앤 테일러 스노)

들이 살았어요. 강둑에서요." 모이세스가 말했다. "옛날에 이런 일이 있었어요. 수많은 처녀 총각들이 토요일에 잔치를 벌이다가 그만 난장판이 되었죠. 모두가 술에 취한 거예요. 돌고래가 그걸 지켜보고 있었는데, 처녀 한 명이 강가로 다가갔어요. 돌고래는 계속 지켜보았죠. 하지만 그녀는 몰랐어요. 돌고래는 그냥 돌고래일 뿐이라고 말하는 사람이 있지만, 인디헤나들은 그게 아니라는 걸 다 알아요."

모이세스는 그런 이야기를 많이 알고 있었다. 수십 가지 이야기를 몇 번씩 되풀이해서 들었다고 한다. 아버지와 할머니에게, 야구아족과 세코야족의 친구들에게 말이다. 이야기의 도입부는 항상 아주 길고 빙빙 돌아간다. 구불구불 돌아가는 아마존 물길처럼 그의 문장 역시 빙빙 돌다 수로처럼 교차하며 과거와 미래, 필연과 우연을 한데 엮어낸다. 거의 황홀경 상태에서 시적인 운율에 맞추어 이야기를 암송한다. 그때 과거를 바라보듯, 검은 눈으로 아득한 곳을 응시한다.

"어느 날, 오늘과 같은 어느 날, 그들은 정말 큰 잔치를 벌였답니다." 모이세스가 말을 이었다. "어느 날, 이키토스에서 온 악단이 연주를 하는데……."

그날 밤, 모두가 취해 춤을 추고 있을 때 잘생긴 남자가 나타났다. 눈이 파랗고 피부가 하얀 젊은이였다. 아름다운 처녀가 젊은이에게 같이 춤을 추자고 했다. "처음 보는 분이네요. 집이 어디예요?" 그녀가 물었다. "여기 살아요. 당신이 이키토스 근처의 물가에서 수영하는 것을 본 적이 있어요." 그가 말했다. 그러나 그녀는 그를 본 적이 없었다.

처녀는 곧 낯선 젊은이와 사랑에 빠졌다. 바로 그날 밤 그는 청혼을 했다. "당신에게 선물로 금시계를 드리겠어요. 우리 아버지는 아주 부자랍니다. 집에는 금이 아주 많아요. 언제 꼭 우리 집에 초대할게요." 젊은이가 말했다. 그리고 그날 밤 정말로 금시계와 다이아몬드, 금반지를 선물했다. 처녀는 몹시 행복했다. 그런데 젊은이는 자기 선물을 부모나 형제자매에게도 보여주면 안 된다고 했다. "잘 숨겨둬요. 당신에게 행운을 안겨줄 거예요."

"그들은 새벽 2시 반까지 춤을 추었답니다." 모이세스가 이야기를 계속했다. "다음 주, 다음 잔치 때 다시 만나기로 하고, 작별 인사를 나누고 그는 사라졌죠."

허영에 들뜬 처녀는 부모와 형제자매, 친구들에게 부자 애인이 생겼다고 자랑하고 싶어 견딜 수가 없었다. 그녀의 이야기를 들은 사람은 모두 그를 만나고 싶어 했다. "새벽 3시쯤이었어요.

그들은 젊은이를 붙잡아두려고 했어요. 하지만 그는 이미 사라지고 없었죠. 그들 가운데 한 명이 첨벙하는 물소리를 들었지만, 아무도 신경 쓰지 않았어요."

다음 주 잔치 때, 젊은이가 다시 나타나 처녀를 찾았다. 이번에는 황금 단추가 달린 아름다운 옷과 멋진 구두, 황금 목걸이를 선물했다. 그리고 곧 결혼할 수 있을 거라며 다시 당부했다. "가족이나 친구들에게 제발 얘기하지 마세요." 그러나 그녀는 부자와 곧 결혼하게 될 거라고 이키토스의 모든 사람에게 자랑했다.

"돌고래는 그걸 알고 있었어요. 돌고래의 영혼이 항상 그녀를 지켜보고 있었으니까요." 모이세스가 말했다.

다음 주 다시 나타난 젊은이는 슬퍼하며 화를 냈다. "정말 슬퍼요. 당신을 만나는 건 오늘로 끝입니다." 그 말과 함께 물로 뛰어들어 사라졌다. 바로 그 순간, 그녀의 아름다운 신발은 커다란 갑옷메기로 바뀌었고, 반지는 거머리로, 시계는 게로 바뀌어 기어가버렸다. 목걸이는 아나콘다로 바뀌었다.

"그녀는 울부짖었어요. 하지만 무슨 일이 일어났는지는 누구에게도 털어놓고 싶지 않았죠. 그리고 석 달 후 입원을 했답니다. 미쳐버렸거든요. 그 무렵 사람들은 강가에 수백 마리의 돌고래가 나타난 걸 보았어요." 모이세스가 나직이 말했다.

"우리 할머니가 들려준 얘기랍니다. 그때 우리는 야구아족과 함께 나포 강가에 살았어요. 그래서 그게 사실이라는 걸 난 알아요."

모이세스는 상류로 여행할 우리의 장비를 꼼꼼히 살펴보았다. 그리고 한 가지를 빠뜨렸다는 것을 알아냈다. 각자 헤드랜턴과 고광도의 소형 손전등을 준비했지만, 대형 손전등 한 세트가 더 있어야 한다고 그는 주장했다. 한밤중에 정글에서 길을 잃을 경우에 대비해야 한다는 것이었다. 그래서 우리는 함께 벨렌 시장에 갔다.

물에 잠긴 선술집과 강 쪽으로 쏟아질 듯 경사진 거리에 매점이 늘어서 있었다. 카드놀이용 탁자보다 작은 좌판에 담배와 카세트테이프, 양말과 해먹, 낚싯바늘과 낚싯줄이 진열돼 있었다. 평균 자녀 수가 아홉 명에 이르는 벨렌 외곽에서는 경구피임약 한 달 치가 50센트에 팔린다. 옆 가게에서 파는 큼직한 중국제 머리핀 세 개 값이다. 미국의 약국용 상품들이 정글의 산물과 뒤섞여 있다. 말린 개구리와 물고기, 하얗게 표백한 커다란 아르마딜로 가죽, 피라냐 이빨, 모양이 육감적이고 이름이 멋진 낯선 과일들. 콩과의 커다란 열매인 잉가는 구아버 맛이 나고, 사포테는 오렌지 맛이 난다고 모이세스가 설명했다. 딸기 모양의 피하요는 야자열매인데, 복숭아씨 크기의 씨앗을 캐슈너트처럼 구워먹는다고 한다.

고기 굽는 냄새 탓에 공기가 텁텁했다. 탄불에 석쇠를 얹고 카이만의 머리와 다리를 굽고 있었다. 페커리 족발, 작은 안데스 칼새 꼬치구이가 나무 꼬챙이에 꿰어져 까맣게 타고 있었다. 한 매점에서는 껍데기가 사람 주먹보다 큰 아마존 달팽이를 팔고 있었다. 수프로 끓여먹으면 결핵을 고칠 수 있다고 모이세스가 말했다. 이웃 매점의 노인은 발효시킨 꿀을 팔았다. 이곳 정글에는 10종의 벌이 있지만, 한 가지 벌만 이런 묘약을 만들 수 있는 꿀을 생산한다고 한다. 샤먼은 꿀을 두 달쯤 땅에 묻어둔 다음, 여러 나무껍질과 수액을 섞어 약으로 만든다. 자궁이 찬 젊은 여자에게, 그리고 관절염에도 특효가 있다. 이 도시에서는 가장 서구화된 호텔, 상점, 레스토랑 주인들까지도 이 마법의 약을 구하러 정글로 찾아온다. 이키토스의 사업가치고 보아뱀의 머리와 돌고래 기름 단지를 어딘가에 모셔두지 않은 사람이 없다고 한다. 돈과 여자를 끌어들이는 마력을 지녔다고 믿기 때문이다.

실제로 가끔은 마력이 너무나 잘 발휘된다. 모이세스는 안토니오라는 지인의 이야기를 들려주었다. 그는 반코라는 샤먼에게 여자를 호리는 마법의 약을 얻었다. 안토니오는 이 돌고래 기름을 두 손에 발랐다. 이 손으로 만진 여자는 사랑의 포로가 된다. "나는 실제로 엄청난 마력을 목격한 적이 있어요." 모이세스가 말했다. 안토니오 주변에 여자들이 몰려들었고, 돌고래 기름은 그중 가장 아름다운 여자를 사랑의 포로로 만들었다. 석 달 후 안토니오는 그녀와 결혼했다.

그러나 어느 날, 안토니오가 출장을 갔다 돌아와 보니 아내는 사라지고 없었다. 모이세스는 안토니오가 얼마나 괴로워했는지 잘 기억하고 있었다. 그는 잃어버린 연인을 부르며 잠꼬대를 했다. 결국 다른 샤먼을 찾아가서야 아내가 왜 떠났는지 알게 되었다. 아내가 집 안에 있는 돌고래 묘약을 우연히 발견했던 것이다. 뭔지도 모르고 단지를 집어 들었는데, 어쩌다 한 손에 기름이 묻었다. 그리고 처음 본 남자에게 반하고 말았다. "돌고래의 힘을 사람이 통제할 순 없지요." 모이세스가 말했다.

그때 다이앤이 내 팔을 잡아당겼다. "사이, 저것 좀 봐!" 다이앤은 분홍 드레스를 입은 아담한 흑인 여자를 바라보고 있었다. 여자의 어깨에는 새끼 피그미마모셋이 매달려 있었다. 세계에서 가장 작은 영장류였다. 큼직한 눈망울의 요정 같은 이 영장류의 키는 10센티미터쯤밖에 되지 않았다. 반지처럼 동그랗게 말고 있는 짙은 황갈색의 꼬리만 빼면, 페키니즈를 초소형 원숭이로 변신시켜 놓은 것 같다. 들창코에 크고 동그란 머리, 커다란 두 눈까지, 피그미마모셋은 가히 사랑스러움의 화신이다. 전부터 우리는 이 영장류가 야생에서 살아가는 모습을 보고 싶었다. 이들은 일곱에서 아홉 마리씩 무리지어 산다. 고음의 소리로 의사소통을 하는데, 경고음이 휘파람 소리 같다. 밤에는 나무 구멍에 들어가 잠을 자고, 낮에는 수액을 빨아먹는다. 혹은 앙증맞고 야무진 오렌지색 손으로 곤충이나 거미를 잡아먹고, 과일이나 꽃망울도 따먹는다. 암수가 평생 짝을 이루어 살면서 헌신적으로 새끼를 키운다. 놀랍게도 아기 아빠가 출산을 돕는다. 직접 아기를 받아 씻겨주는 것이다. 보통 쌍둥이를 낳는데, 갓난것은 인간처럼 털이 없고 취약하다. 처음에는 부모의 배에 매달려 살다가, 나중에는 기수처럼 부모 등에 올라탄다. 흑인 여자의 어깨에 매달린 새끼를 손에 넣기 위해 누군가는 그 부모를 사살했을 것이다. 아마 쌍둥이 가운데 하나도 죽었을 것이다.

그 여자 옆에서는 검은 얼굴의 새끼 양털원숭이가 남자의 머

이키토스 벨렌 시장에서 만난 남자와 양털원숭이(촬영: 다이앤 테일러 스노)

희귀종인 타마린 새끼 한 마리가 불법으로 팔려가길 기다리고 있다.(촬영: 다이앤 테일러 스노)

리칼을 움켜쥐고 있었다. 또 다른 행상인의 팔에 매달린 티티원숭이는 놀란 기색으로 고개를 두리번거리고 있었다. 동물원에서 이 원숭이들을 본 적이 있었다. 친구나 배우자처럼 보이는 두 원숭이가 유연한 꼬리를 서로 칭칭 감고 앉아 있었다. 스무 명이 모여앉아 카드 게임을 하고 있는 매점에서는 한 남자가 새끼 흰목꼬리감기원숭이를 팔찌처럼 두르고 있었다. 겁에 질린 원숭이는 손발과 꼬리로 안간힘을 다해 팔뚝을 붙들고 매달린 채 남자의 팔이 움직일 때마다 비명을 질렀다. 이 어린 원숭이들 역시 피그미마모셋처럼 잡아왔을 것이다. 어린 것들을 오늘 여기서 팔기 위해 부모를 총으로 쏘아 죽이고 말이다.

노란볼앵무새와 노란날개앵무새, 작은 여러 영장류, 갈색망토타마린, 검은망토타마린 들이 우리에 갇혀 있는 게 보였다. 모두 멸종 위기에 처한 동물들이다. 두 마리의 새끼 카이만, 두 마리의 물거북, 두 마리의 또 다른 타마린, 새끼 아구티(머리는 토끼 같고 몸은 돼지 같은 습지 설치류)가 각각 45제곱센티미터 크기의 우리에 갇혀 있었다. 작은 타마린 두 마리는 겁에 질린 아이들처럼 서로 부둥켜안고 있었다. 그 모습에 다이앤은 가슴이 미어졌다. 그녀는 남편 페퍼와 프레즈노동물원에서 사육사로 일한 적이 있었다. 그때 두 마리의 아기 타마린을 길렀다. 무슨 이유에선지 어미가 젖을 먹이지 않았기 때문이다. 두 마리 다 활달하고 호기심이 많아서 여간 귀엽지 않았다. 아기들은 서로 끊임없이 재잘거리며 다이앤 부부의 집 주위를 뛰어다니고, 커튼을 기어올라가고, 램프 갓에서 뛰어내리며 항상 기쁨이 넘쳐흐르는 듯했다. 타마린이 정말 기쁨을 느낄까?

"그야 물론이지. 타마린이 된다는 건 황홀한 일인 게 분명해." 다이앤이 말했다.

타마린 우리 위에는 다른 타마린과 다람쥐원숭이가 더러운 끈에 허리가 묶여 있었다. "사이테스 부속서 1." 다이앤이 이를 갈며 말했다. 사이테스CITES란 멸종 위기에 처한 야생 동식물종의 국제 거래에 관한 협약Convention on International Trade in Endangered Species을 말한다. 이 협약은 해마다 위원들을 소집해 상거래를 금지할 필요가 있는 동식물 종들을 결정해 부속서에 추가하는데, 다이앤은 계속 이 회의에 참석해왔다.♠ 페루도 이 협약에 서명한 나라다. 아구티를 제외하고, 우리가 본 모든 종들은 이 협약에 따

♠ '사이테스 부속서 1'은 상거래 절대 불가 목록, '부속서 2'는 허가서 첨부 시 상거래가 가능한 동식물 목록이다.—옮긴이

라 거래가 엄격히 금지돼 있었다. 하얀 경찰 트럭이 20미터도 떨어지지 않은 곳에 주차돼 있었지만, 아무도 경찰을 두려워하지 않는 것 같았다. 실제로 이키토스 경찰은 이런 일에 아랑곳하지 않고, 돈이 생기는 일에만 관심을 두는 경향이 있다. 멸종이 임박한 타마린은 한 마리에 15누에보솔(5달러 미만)에 팔린다. 피그미마모셋은 20누에보솔(약 6달러)에 팔린다. 나는 저 아기 피그미마모셋을 공들여 씻겨준 아빠 피그미마모셋의 참혹한 죽음을 애도했다. 티티원숭이가 배우자와 함께 서로 꼬리를 칭칭 감고 정겹게 앉아 있는 모습을 상상하며, 또 저 거북들이 잡히지만 않았으면 40년, 아니 80년까지도 더 살 수 있었을 것을 생각하며, 나는 깊이 한숨을 내쉬었다. 그러나 이 동물들을 파는 사람들에게 그런 건 중요하지 않았다. 중요한 것은 그저 돈 몇 푼이었다.

우리는 쓰린 가슴을 안고 호텔로 향했다. 가는 길에 작은 좌판 위에 드러누운 여자 곁을 지났다. 그녀의 얼굴은 환희에 차 있었다. 우리에게는 보이지 않는 뭔가를 두 손으로 치켜들고 그걸 쳐다보고 있었다. 주렁주렁 매달린 가죽벨트가 커튼처럼 우리 시야를 가리고 있었다. 우리는 그녀가 아기와 놀고 있을 거라고 생각했다. 대체 뭘 그리 기뻐하는지 궁금해서 허리를 숙이고 바라보았다. 그녀는 동전을 세고 있었다. 하나씩 자기 배 위에 떨어뜨리며 짤랑거리는 소리를 음미하고 있었던 것이다. 모이세스가 들려준 이야기가 떠올랐다. 처녀의 금시계가 게로 바뀌었다는 이야기처럼 저 동전이 다시 동물로 바뀌어 게처럼 기어갔으면 싶었다.

이키토스의 수중도시에는 돌고래가 없다. 그러나 우리는 시내 광장 한복판에서 한 마리를 발견했다.

돌고래 조각상이다. 아르마스 광장의 둥그런 연못 한복판 3단 분수대 꼭대기에, 밝은 분홍색 유리섬유로 만든 2.4미터 크기의 조각상이 있다. 30도 각도로 치켜든 주둥이는 하늘을 가리키고, 커다란 가슴지느러미는 날개처럼 펼쳐져 있다. 이제 막 물에서 날아오르는 피터팬 같다고 다이앤이 말했다.

이 조각상은 꿈을 형상화한 것이다. 캘리포니아의 광물 거래업자였던 록샌 크레머는 40대 후반이던 1987년 어느 날 밤, 분수대 위에 분홍돌고래가 나타나는 꿈을 꿨다. 그녀는 꿈이 중요하다고 믿는 사람이었다. "꿈을 현실로 바꾸고 싶었어요." 록샌은 우리에게 이렇게 말한 적이 있다. 그녀는 캘리포니아 로즈미드에 있는 집 뒤뜰에서 친구들과 만든 이 돌고래 주형을 1988년 항공 배송을 이용해 이키토스로 실어 왔다.

이 조각상은 돌고래뿐만 아니라 록샌의 원정을 아울러 기념하는 것이다. 지난해 마이애미에서 만났을 때 그녀는 이런 얘기를 들려주었다. 처음 분홍돌고래를 만난 것은 마라뇽강 첫 지류인 야라파강을 따라 여행하며 광물과 크리스털을 수집할 때였다. 분홍돌고래가 카누에 다가왔을 때 록샌은 자지러질 듯 놀랐다. "검은 물 아래 분홍 구름이 지나가는 것 같더라고요. 네댓 마리가 카누를 에워쌌는데, 커다란 알몸의 인간 같았죠. 인어랄까! 그들은 내게 뭔가 말하기 시작했어요." 그녀는 절대 물속에 손을 넣지 말라는 말을 들었지만 참을 수가 없었다. 두 손으로 카누의 뱃전을 두드리자 돌고래가 물보라로 화답했다.

그날 오후 록샌은 돌고래들 곁을 떠나고 싶지 않았다. 그러나 가이드가 어서 떠나야 한다고 재촉하며 경고했다. 밤중에 이 강변에 있으면, 돌고래가 나타나 황홀한 수중도시로 유괴해갈 거라고 경고한 것이다. 그녀가 강을 떠날 때 하늘에는 커다란 무지개가 걸렸다. 그날 밤 숙소에 누워 있을 때 돌고래가 숨을 내뿜는 소리가 들려왔다. 어서 돌아오라고 부르는 것만 같았다. "돌고래들은 내 깊은 내면의 현을 울렸어요. 나는 혈연관계를 초월해 감응을 한 거예요. 돌고래들이 사람을 유괴한다는데, 정말 그랬어요. 몸뚱이를 유괴하지는 않았지만, 내 생애를 완전히 탈바꿈시켜 놓았거든요." 그녀가 우리에게 말했다.

이때부터 록샌은 15년 동안 성전에 나섰다. 분홍돌고래를 구하기 위한 성전이었다.

록샌은 분홍돌고래가 심각한 멸종 위기에 처해 있다고 확신했다. 그녀의 가이드가 한 말에 따르면, 사람들은 강물에 독을 풀고, 다이너마이트를 터트리고, 독침을 쏘아 잡은 분홍돌고래를 마법의 부적으로 팔았다. 그녀는 돌고래를 구하기로 마음먹었다. 그래서 광물 사업을 접고 야라파강으로 돌아가 국제열대우림보존협회International Society for the Preservation of the Tropical Rainforest를 설립했다. 이 협회에서 처음 한 일은 아마존강돌고래를 보존하는 것이었다.

그녀는 야라파강 유역의 땅 4제곱킬러미터를 사들여 돌고래 보호구역으로 선포했다. 지역민을 위한 무료 병원도 세웠다. 또 이키토스에서 '국제 돌고래와 생태환경의 날'을 제정해, 지금도 해마다 악대 연주 행진을 하고 아이들을 위한 미술경시대회를 열고 있다. 광장에는 돌고래 상을 세웠다. 지금은 동물과 가죽 밀수를 더욱 엄격하게 금지하고, 더욱 무거운 형벌을 받게 하려는 로비를 하고 있다. 야라파에 있는 집에서는 고아가 되거나 상처를 입은 원숭이와 새들을 돌보는데, 한때는 압수한 재규어를 돌보기도 했다. 그녀는 아마존 분홍돌고래 탐사라는 생태관광 사업도 한다. 분홍돌고래 멸종 위기에 대한 '국제적 인식을 고취'하는 한편, 돌고래 보존 사업을 위한 기금을 마련하기 위해서다.

이키토스로 돌아오기 전, 록샌은 마이애미에서 돌고래 분수처럼 활기차게 그동안의 업적과 향후 계획을 정리했다. 돌고래 보존과 생태관광 사업을 확대해 과학회의와 보존회의도 그곳에서 개최하고 싶어 했다. 그리고 관리인을 고용해 커다란 그물로 강을 훑는 어업을 단속하고 싶어 했다. 《국제 야생생물》에서 록샌을 소개하는 기사를 냈고, 다큐멘터리 영화사에서는 그녀의 활동을 영상에 담고 싶어 했다.

일을 극적으로 추진하는 재능을 지닌 록샌은 다큐멘터리에서도 분명 만만찮은 카리스마를 보여줄 것이다. 정곡을 찌르는 화술을 익히고, 놀라운 얘깃거리를 지니고, 카메라를 의식해 옷도 잘 입었으니 말이다. 우리가 만난 날, 공항으로 갈 예정이었던 그녀는 목이 V자로 깊이 파인 정글 무늬의 블라우스와 몸에 꽉 조이는 카키색 미니스커트에 굽 높은 샌들 차림이었다. 페루의 보석을 한껏 두르고 짙게 화장을 한 모습이 만화에나 나올 법한 여성 정글 탐험가로 보였다. 세월과 함께 조금 살이 붙었지만 여전히 매력적이다. 록샌은 인디헤나들이 자기를 "전설에서 튀어나온" 금발의 여신으로 여긴다고 말한다.

그런데 그 모든 것에도 불구하고 문제가 하나 있었다. 분홍돌고래가 멸종 위기에 처해 있다는 록샌의 견해에 동조하는 사람을 한 명도 만나지 못했다. 분홍돌고래는 방대한 지역에 널리 분포해 있다. 베라는 학생들과 함께 록샌의 주장대로 분홍돌고래가 사냥감으로 몰려 정말 고난에 처했는지 광범위하게 조사했다. 베라는 록샌의 주장이 사실과 다르다고 잘라 말했다. 돌고래를 잡으려고 했다가는 귀중한 어망만 버리게 된다는 것이다. 어시장에서는 돌고래 고기를 팔지 않는다. 아무도 먹지 않기 때문이다. 돌고래 기름과 눈(특히 왼쪽 눈), 생식기가 돈과 이성을 끌어들인다며 간혹 마법의 부적으로 팔리긴 한다. 그러나 비싸지 않다. 그나마도 가격 중 대부분은 어부가 아니라 부적에 주문을 걸어주는 샤먼의 몫이다. 베라의 조사에 따르면, 시장에서 팔리는 돌고래 신체의 일부는 죽은 채 발견된 돌고래에서 떼어낸 것이다. 서로 싸우다 생긴 상처 때문에 죽은 수컷, 어망에 달려들었다가 익사한 돌고래, 혹은 그 밖의 이유로 죽은 돌고래에서 얻은 것이다. 어부들은 대개 돌고래잡이를 두려워한다. 마법의 보복이 눈에 선한 탓이다.

그녀가 설립한 협회의 안내 책자에서는 록샌의 돌고래 연구를 격찬한다. 그러나 우리가 얘기를 나눠본 과학자들은 그녀의 연구 가치에 회의적이다. 록샌은 수중 스피커를 설치하고 돌고래에게 음악을 들려준 다음 반응을 연구했다. "유난히 핑크 플로이드를 좋아해요!" 그녀가 말했다. 베라도 다양한 소리를 들려주는 실험을 해본 적이 있었다. 베라는 이렇게 말했다. "나는 성모 마리아 송가도 들려주고, 롤링 스톤스의 노래도 들려주었어요. '투르시오프' 소리(대서양큰돌고래의 클릭음이나 휘슬음)♦도 들려주었죠. 반응은 한결같았어요. 어떤 소리에는 호기심을 보이며 수면에 모습을 드러내기도 하더군요. 핑크 플로이드는 나도 좋아하지만, 돌고래가 유난히 그걸 좋아한다고 할 순 없어요."

록샌의 활동에 대해서도 논란이 많다. 록샌은 과학적이기보다 '영적' 활동을 한다. 그녀에 관한 기사는 과학자들이 대체로 싫어하는《지구별》따위의 뉴에이지 소식지에 실렸다. 동물보호 단체의 비과학자들 가운데서도 록샌에게 등을 돌린 사람이 많다.

하지만 나는 록샌이 좋았다. 성실한 사람 같았고, 급박하지는 않아도 정당한 동기가 있었다. 다이앤과 나는 35달러를 내고 그녀의 협회에 가입했다. 하지만 소식지는 받아보지 못했다.(훗날 록샌의 말에 따르면, 딱해 보여 고용한 비서가 정서적 문제에 시달리느라 소식지를 발송하지 못했다고 한다.)

우리가 마이애미에서 록샌을 만났을 때, 그녀는 야라파 강변에 위치한 자신의 캠프 '돌고래 코너'에 와달라고 간청했다. 멋진

♦ 본디 투르시오프는 큰돌고래, 남방큰돌고래 등의 상위에 있는 큰돌고래속*Tursiops*을 가리킨다. 돌고래는 흔히 딸깍거리는 클릭음clicks과 휘파람을 부는 듯한 휘슬음whistles으로 신호를 전달하고 상대방을 부른다.

소책자도 만들어두었다고 했다. 우리는 그러겠다고 답했다. 그러나 우리가 방문하려던 그해 봄에는 그녀가 그곳에 있지 않을 거라고 했다. 어쨌든 다이앤과 나는 캠프에 들러 의약품을 전달해 주기로 약속했다.

나는 사실 록샌의 얘기에 감동받았다. 그녀는 계획한 일들을 추진할 기금을 마련하기 위해 위스콘신주에 있는 할아버지의 땅과 할머니의 집을 팔았다고 한다. 록샌은 나와 길게 전화 통화를 하곤 했는데, 한번은 프로젝트 때문에 5만 6000달러를 빚졌다고 했다. 그러나 돌고래를 위해서라면 그 정도는 아깝지 않았다. "돌고래는 정말이지 지구 최고의 동물이에요." 그녀는 돌고래를 사랑했다. 돌고래를 믿었고, 돌고래를 필요로 했다.

록샌은 돌고래가 자기를 홀린 게 분명하다고 고백했다. 이키토스처럼 어두운 지하세계에서는 얼마든지 그럴 수 있었다. 제이미가 말했듯이 "여기서는 원하는 어떤 존재라도 될 수 있다." 록샌은 토착민들의 전설에 등장하는 금발의 여신이 되었다. 그리고 둔갑을 하는 돌고래에게 홀린 여자가 되었다. 한 부족과 한 종의 구원자가 되기도 했다. 그들이 그녀의 도움을 필요로 하지 않을지도 모르지만 말이다. 어쩌면 그녀는 수많은 선교사와 자원봉사자들처럼 구원의 유혹에 사로잡힌 희생자인지도 모른다. 자기가 사랑하는 대상은 당연히 자기를 사랑하고 필요로 한다고 굳게 믿고 싶은 유혹 말이다.

록샌은 이키토스 사람들 대다수가 거짓이라고 생각하는 체험담 하나를 들려주었다. 야라파강에서 수영을 하던 어느 날, 물속에서 뭔지 모를 형체가 나타났다. 2미터가 넘는 황소상어였다. 황소상어가 곧장 그녀를 향해 다가오는데, '난데없이' 한 무리의 분홍돌고래가 나타나 황소상어와 맞서 싸웠다. 몇몇 돌고래는 안전하게 배가 있는 곳까지 주둥이로 록샌을 밀어주었다. "돌고래들이 은혜를 갚으려고 그런 게 아닌가 싶어요." 그녀가 덧붙였다.

우리가 이키토스를 떠나 정글로 향한 아침녘에 또 비가 내렸다. 이건 남자 비라고 모이세스가 말했다. 몇 시간쯤 억수처럼 쏟아지다가 그칠 것이다. 몸이 찌뿌드드하고 추웠다. 사흘 전 라피두호를 타고 올 때, 여덟 시간 동안 쏟아진 비에 흠뻑 젖어 감기에 걸린 탓이었다. 비닐을 씌운 창문 쪽 자리에 앉아 있었는데, 빗물이 배 안으로 들이쳤다.(다이앤은 변소에 들락거리며 담배를 피우려고 통로 쪽에 자리를 잡아서 비에 젖지 않았다. 변소는 배 뒤쪽 디젤을 실은 드럼통 위에 세워져 있었다.) 한나절 동안 상류로 우리를 실어다줄 이번 배에는 방수천 지붕이 있었다. 지붕에 장비를 실으며 나는 목이 쓰라려 동료 승객들과 제대로 인사를 나눌 수 없었다. 선장인 마리오 후아나키리는 잘생긴 젊은이였다. 곧고 검은 머리칼과 황금처럼 누런 치아에 인디헤나다운 이목구비를 지니고 있었다. "아마 저 친구는 돌고래 기름을 갖고 있을 거예요." 그가 두 번이나 결혼했다며 모이세스가 말했다. 다이앤과 나는 비디오게임 이름을 따서 그에게 '슈퍼마리오'라는 별명을 지어주었다. 그래서 그를 볼 때마다 열렬하게 "슈퍼마리오!" 하고 외쳤다. 그러면 그는 황금빛 함박웃음을 짓곤 했다.

플로리다의 한 진료소에서 생명의 전화 상담사로 일하는 31세의 스티븐 노들링거는 민첩하고 억센 남자였다. “당신의 이름이 사이라고요?” 그가 내게 관심을 보이며 물었다. “사이는 오키나와의 전통 무기인데…….”[*] 알고 보니 스티븐은 동양 무술 숙련자였다. 다른 사람들이 파티를 하려고 친구 집에 모이듯, 스티븐과 친구들은 무술 대련을 위해 모인다고 한다. 그는 고등학교를 졸업하고 대학에 진학하기 전 여름 동안 매사추세츠주의 유원지에서 경비원으로 일했다. 그때 대관람차 안에서 잠을 잤고, 저녁에는 검은 옷을 입고 순찰을 돌며 쌍절곤으로 도둑을 잡았다. 스티븐의 이야기는 너무 기상천외해서 처음에 다이앤과 나는 믿지 않았다. 그러나 그가 번개같이 손을 뻗어 딱정벌레를 잡는 모습을 보고는 생각이 바뀌었다. 뱀이 먹잇감에게 독니를 꽂는 것보다 빠르고 정확하게, 엄지와 검지로 딱정벌레의 흉곽을 안전하게 붙잡았던 것이다. 그때부터 우리는 스티븐의 말이 전부 사실이라고 믿게 되었다.

스티븐은 지난해 어머니와 함께 아마존에 다녀간 적이 있었다. 그의 어머니는 해외여행을 할 때 가끔 길에서 맹독을 지닌 타란툴라 거미나 전갈을 잡곤 했다. 그러고는 다른 어머니들이 자녀에게 초콜릿 쿠키를 보내듯 아들에게 우편으로 보냈다. 그는 이번 두 번째 여행에서 아마존의 거미와 개미 따위의 곤충을 연구하고 스페인어를 배울 작정이었다.

[*] 일본의 사이釵는 끝이 세 갈래로 갈라진 철제 무기로, 「닌자 거북이」의 라파엘이 사용하는 무기로도 유명하다.—옮긴이

헬스 트레이너인 마흔 살의 제리 고츠크지키는 근육질에 키가 크고 금발이었다. 페루에 있는 동안 그는 정글에서 '서바이벌 캠핑'을 할 작정이었다. 웃음 짓는 갈색 눈에 영어 실력이 뛰어난 25세의 가이드인 루디 플로레스와 함께, 제리는 몸소 뗏목을 만들어 강을 따라 내려가며 숲을 탐험할 거라고 했다. 제리 또한 경이로운 인물이었다. 그는 근육질의 아둔패기가 아니었다. 특히 대안요법에 관심이 많아, 그걸 배우기 위해 이번 가을에는 중국에 갈 거라고 한다. 그의 명함 앞면에는 역기를 든 두 사람 그림 옆에 이름과 주소가 적혀 있고, 뒷면에는 이렇게 적혀 있다.

행복에 이르는 길

마음에서 미움을 떨쳐버리고, 정신에서 근심을 떨쳐버리세요. 단순하게 살며 기대를 줄이고 베풂은 늘리세요. 삶을 사랑으로 채우세요. 햇빛을 뿌리세요. 나를 잊고 남을 생각하세요. 남이 베풀길 바라는 만큼 베푸세요.

제리는 이미 모험을 해본 적이 있다고 한다. 간밤에 춤을 추러 이키토스의 디스코장에 갔다가 '피라냐 여자'를 만났다. 그저 여자와 춤을 추고 싶었을 뿐, 그는 달리 바라는 게 없었다. 그들은 짧은 영어와 스페인어로 대화를 나누며 한동안 더없이 만족스러운 시간을 보냈다. 그러다 느닷없이 다정한 관계가 끝장났다. 여자가 예고도 없이 그의 목에 입을 맞추더니 이빨로 목을 물어뜯은 것이다.

여덟 시간 후 배가 폴의 집 앞에 정박했다. 이키토스에서 까마득히 멀리 떠나온 느낌이 들었다. 폴의 오두막 숙소는 물샐틈없이 이엉을 얹었고 방충망도 흠잡을 데가 없었다. 오두막은 나무 위에 지은 집처럼 기둥 위에 세워져 있었다. 매년 이맘때쯤엔 건물이 나뭇가지가 아니라 물에 에워싸여 있었다. 이곳에서 강물은 잠 속으로까지 흘러든다. 식당의 인공조명이라고는 기름등잔의 부드러운 불빛밖에 없다. 온갖 소리를 잡아먹는 발전기가 없다. 태양논병아리는 양철 컵에 물 떨어지는 듯한 소리를 내고, 비명올빼미의 부르르 떨리는 울음소리가 비에 젖는다. 청개구리의 거품 보글거리는 소리, 카이만이 꼬리로 물장구치는 소리, 물고기 튀어 오르는 소리가 들린다. 사다리꼬리쏙독새는 이곳 지명을 외친다. "투와이유! 투와이유!" 그 후로 우리는 밤이 되면 카누를 몰고 홍수림을 돌아다니며 손전등으로 나무를 살펴보았다. 그럴 때면 모이세스는 이 쏙독새가 어떻게 그 노란 눈을 번뜩거리는지 우리에게 알려주곤 했다.

그 한나절의 여행은 이키토스에 찌든 우리들의 영혼을 말끔히 씻어주는 듯했다. 한나절 쏟아진 비는 하늘을 티 없이 맑게 씻어냈다. 그날 밤에는 반달이 떴는데도 별빛이 찬란했다. 살면서 본 어떤 밤하늘보다 더 휘황찬란했다. 적도 근처의 밤하늘은 북반구에서 바라보는 하늘과 전혀 다르다. 별자리를 알아보기도 어렵다. 별자리 하나가 창공의 한 구역 전체에 걸쳐 펼쳐져 있었다. 나는 그게 용자리일 거라고 생각했다. 용이 아니면 그렇게 거대할 리가 없다. 그러나 아마존 우기의 물바다 세계에서 하늘을 지배하는 것은 불을 내뿜는 동물이 아니라 물의 동물이다. 용자리가 아니라 히드라, 곧 물뱀자리였다. 많은 아마존 부족들은 아나콘다가 모든 수생 동물의 어머니라고 믿는다. 아나콘다의 동맹자는 무지개와 돌고래다.

우림에서의 삶

며칠 후 나는 거대한 마키망고나무 위로 올라갔다. 건물 7층 높이에서 가느다란 밧줄에 매달린 나는 하릴없이 디룽거렸다. 발 아래 검은 물에서는 사람들이 피라냐 낚시를 했다. 나무 위로 올라간 사연은 디룽거리는 내 모습 못지않게 우스꽝스러웠다. 나무 위에서 돌고래를 찾으려고 한 것이다.

앞서 며칠간 우리는 모이세스와 마리오와 카누를 타고 여러 호수를 탐사했다. 폴의 말이 옳았다. 이곳에는 돌고래가 정말 많았다. 그러나 '물들의 만남'에서처럼 여기서도 돌고래를 관찰한다는 건 종잡을 수 없는 야바위 게임 같았다. 돌고래의 편린이 나타났다 이내 사라졌고, 다음에는 어디서 나타날지 종잡을 수 없었다. 다음에 보게 될 돌고래가 전에 본 돌고래인지 아닌지도 알 수 없었다. 카누에 앉아 마음을 졸이고 있는 동안, 수면은 마치 돌고래만이 열 수 있는 들창 같았다. 돌고래가 잠수하면 저절로 닫히는 그런 들창 말이다.

처음에 우리는 차로호의 들창을 들여다보려고 했다. 캠프에서 하류로 한 시간 가까이 내려가, 기둥 위에 근사하게 세워진 부에나비스타 마을을 지나면 4.8제곱킬로미터 규모의 호수가 나타난다. 차로호는 8자 모양으로 생겼다. 중앙에는 미모사가 왕관처럼 숲을 이루고 있다. 돌고래는 물이 가득 찬 이런 호수를 좋아한다고 모이세스가 말했다. 실제로 멀리서 여러 마리의 돌고래가 천천히 오르내리는 모습이 보였다. 모이세스는 여기서 수영을 해도 괜찮다고 했다. 피라냐가 없기 때문이다. 그럼 물속에 들어가서 보면 더 잘 보이지 않을까?

이때를 기다렸다는 듯이 다이앤과 나는 카누 뱃전을 넘어, 차갑고 어두운 물속으로 미끄러져 들어갔다. 호숫물이 묵직하고 육감적인 검은 공단처럼 우리 몸을 감쌌다. 나는 돌고래처럼 숨을 한껏 들이마시고 수면 아래로 몸을 가라앉혔다. 그리고 눈을 떴다.

나는 종종 연못이나 호수, 아니면 바다 속에서도 편안히 눈을 뜨고 헤엄치곤 했다. 그럴 때면 물고기와 수초가 또렷이 보였다. 그러나 이곳의 물속은 까만 밤처럼 어두웠다. 내 손발조차 보이지 않았다. 나는 수중에서 우주 비행사처럼 유영하며 별 하나 없는 밤하늘에 떠 있는 기분이 들었다.

돌고래들은 여전히 호수 저편에 있었지만 전혀 볼 수 없었다. 어쩌면 그들이 우리를 살펴보려고 다가올지도 모른다. 실제로 얼마간 시간이 흐른 후, 돌고래가 다가오고 있다고 모이세스가 외쳤다. 그들은 20미터 거리까지 다가왔다. 그러나 우리의 시야는 카누에서 바라볼 때보다 더 열악했다. 눈높이에서 출렁이는 잔물결 때문에 돌고래의 등마루조차 보이지 않았다. 두 귀가 물에 잠겨 돌고래의 숨소리를 들을 수 없었다. 우리는 그들을 가까이 끌어들이려고 물장구를 쳤다. 그들 쪽으로 가까이, 그리고 멀리 헤엄쳐보기도 했다. 수련처럼 고요히 떠 있기도 했다. 그러나 그들은 더 이상 가까이 다가오지 않았다.

별수 없이 우리는 그저 수영을 즐겼다. 한동안 수영을 하고 있을 때 모이세스가 나직이 말했다. "물속에서 쉬하지 마세요."

"**네?**" 다이앤이 놀라서 되물었다. 평소처럼 그녀는 새벽 4시부터 꾸준히 커피를 마셔댔고, 커다란 보온병에 가득 담아온 커피는 이미 바닥을 드러냈다. 오줌을 누지 말라고 모이세스는 말했다.

"흡혈메기?" 내가 물었다. 흡혈메기는 아마존에서 가장 무서운 물고기다. 피라냐보다 훨씬 더 무섭다. 작은 바늘 모양의 이 메기류는 오줌에 이끌려 요도 속으로 파고든다. 뾰족한 등침을 꽂고 요도에 자리 잡으면 수술을 해야만 제거할 수 있다. 영국의 저술가 레드먼드 오핸런은 흡혈메기가 페니스 안으로 파고들까 봐 겁을 먹은 나머지, 아마존에 오기 전에 미리 공들여 샅주머니를 만들어 왔다고 한다.

하지만 다이앤과 나는 걱정할 게 없었다. 검은 강물에는 흡혈메기가 살지 않는다. 적어도 책에는 그렇게 씌어 있다. 모이세스가 음흉한 미소를 짓고 있는 걸 보니 농담을 한 게 분명했다.

그러나 다른 것들이 있었다. 느낄 수 있지만 볼 수는 없는 것. 물고기일까? 전기뱀장어? 물뱀? 뭔지 모를 그것이 내 발바닥에 붙여 놓은 반창고를 물어뜯었다. 돌고래일 수도 있었다. 같은 물속에 있으면서도 우리 눈에는 보이지 않았다.

내가 나무 위에 올라간 것도 검은 물속을 꿰뚫어보기 위해서였다. 높은 곳에서 굽어보면 오히려 물속을 더 잘 들여다볼 수 있지 않을까 싶었다. 밑에서 헤엄치는 돌고래를 볼 수 있을지도 모른다. 산악인들이 암벽을 탈 때 쓰는 것과 같은 장비를 이용해 느릿느릿 나무를 타고 올라갔다. 두 허벅지 위쪽을 조이고 골반을 단단히 감싼 가죽 고리로 몸을 지탱한 채, 계단 오르듯 한쪽 발을 올가미에 걸친 후 발을 쭉 뻗으면 몸이 위로 올라간다. 그런 다음 두 손으로 한 보폭만큼 매듭을 끌어올려 새 계단을 만든다. 처음에는 불안하고 서툴러 덜덜 떨리고 힘이 들었다. 그러나 일단 몇 미터 올라가자, 나무 꼭대기가 어서 오라고 보채는 듯했다. 마키망고나무는 울퉁불퉁한 근육질의 생명체였다. 나무 밑동은 아주 우람해서, 둘레가 카누 길이보다 길었다. 나무의 살 속 구조에는 수십 년에 걸친 모든 삶의 활동이 고스란히 기록돼 있다.

북아메리카의 숲과 달리, 여기서는 식물도 동물처럼 움직이는 생명체처럼 보인다. 여기서는 나무의 팔다리가 뻗어가고, 뿌리가 땅을 움켜쥐는 힘을 느낄 수 있다. 칭칭 감긴 덩굴손의 아귀힘, 유혹적으로 꽃망울이 터지고 과일이 부풀어 오르는 힘도 느낄 수 있다. 동물처럼 식물도 사냥을 한다. 다름 아닌 빛을. 그리고 먹이를 사로잡아 거침없이 먹어치운다. 내가 오르는 나무의 왼쪽 줄기에 뿌리내린 '교살자' 무화과는 씨앗 상태로 이곳에 왔다가 거대한 나무의 아귀에 쐐기처럼 자리 잡았다. 수십 년 전에

이 아기 무화과는 나무줄기 아래로 공기뿌리를 내렸다. 햇빛에 굶주렸던 무화과 나뭇잎은 이제 하늘을 향해 넘실거리고, 뿌리는 녹은 촛농처럼 아래로 흘러내렸다. 몇 년 전에 뿌리가 서로 합쳐져, 조여진 가랑이 속에 파묻힌 보모 나무줄기는 교살당하고 말았다.

필로덴드론은 다른 전략을 쓴다. 땅에서 자란 어린 덩굴이 일단 나무를 찾아내면, 줄기에서 공기뿌리가 자라며 나무를 타고 올라간다. 그 후 아래쪽 줄기는 죽고 흙과 작별한다. 꼭대기에 이른 후에도 더 멀리 뻗어갈 수 있다. 자리 잡은 곳이 너무 그늘져 있으면, 앞부분 줄기가 뻗어가고 뒷부분 줄기는 죽으면서 더 좋은 자리로 이동한다. 자리 잡은 곳이 너무 건조하면 지상으로 새 뿌리를 내릴 수도 있다. 다른 대부분의 착생식물과 달리, 필로덴드론은 땅에 떨어져도 죽지 않고 다시 나무를 탄다. 이 덩굴식물은 숙주나무에 붙어살면서도 숙주의 영양분을 앗아가지 않는다.

나무 위로 오르며 나는 필로덴드론처럼 강인했으면 싶었다. 나는 더 위로 올라갔다. 나뭇잎 뒷면에 매달린 달팽이를 지나 더 위로. 미쳐 날뛰는 듯한 각다귀들을 지나 더 위로. 이웃의 더 작은 나무에 마른 담뱃잎 뭉치처럼 매달린 흰개미의 큼직한 진흙 둥지를 지나 더 위로. 잎사귀 끝이 뾰족하고 둘레가 폭스바겐만큼 널따란 브로멜리아드를 지나 위로, 더 위로 올라갔다. 거인의 활짝 펼친 손가락 같은 잎사귀를 매단 새 발 모양(콩과 식물) 필로덴드론을 지나 더 위로. 섬뜩한 말벌 둥지의 잔해를 지나 위로…… 더 위로, 들어 올린 발을 올가미에 걸고 쭉 뻗으며, 밧줄

마키망고나무 위에서 내려다본 풍경. 아래에서는 사람들이 피라냐 낚시를 했다.
(촬영: 다이앤 테일러 스노)

을 당기며, 매듭을 끌어올리며 위로 올라갔다. 이제 날개가 암청색인 앵무새가 눈높이에 보였다. 밑에서는 노란 나비들이 날아다녔다. 하지만 더 위로 올라갔다. 칭칭 감긴 리아나 칡덩굴을 지나 위로. 늙은 호박보다 더 큰 갈색 흰개미 집을 지나 위로. 모기 유충들이 헤엄치고 있는 게 보이는 찻잔 크기의 웅덩이를 이룬 또 다른 브로멜리아드를 지나 위로, 더 위로…….

이윽고 작고 하얀 풍란의 향기를 맡을 수 있는 나무우듬지에 이르렀다. 풍란에서는 바닐라 냄새가 났다.

이제 나는 물을 굽어보았다. 물은 잔잔했다. 그러나 밤처럼 어두워 속이 보이지 않았다.

아침에 다시 돌고래를 찾기 위해 호수로 향할 때 나무에서 빗물이 떨어졌다. 호수에서 물이 넘쳐 새로운 물길이 나 있었다. 모이세스는 이물에, 마리오는 고물에 앉아, 키가 작아진 나무들의 꼭대기 가지들 사이로 이리저리 카누를 몰았다. 새 둥지와 브로멜리아드가 눈높이에 보였다. 왕부리새와 앵무새가 둥지를 튼 나무 구멍 속을 들여다볼 수 있었다.

모든 나무마다 낯선 생명이 매달려 산다. 흰 줄무늬가 있는 주머니날개박쥐는 바람이 불어가는 쪽 가지 그루터기에 작은 말굽버섯 모양으로 매달려 산다. 암컷을 유인하기 위해 수컷 박쥐는 겨드랑이에 있는 특별한 주머니에 타액을 저장한다. 그것이 발효되면, 날개를 저어 장차 배우자가 될 암컷에게 냄새를 날려 보낸다. 털북숭이의 주먹만 한 짐승빛거미(흔히 타란툴라라고 부르는 거미)는 나무 구멍 속에 둥지를 튼 새를 잡아먹는다. 다른 거미와 마찬가지로, 먹이에 독을 주입해 살을 액체로 만든 다음 위장 속으로 빨아들이는데, 위장이 머릿속에 있다. 주위의 모든 가지, 모든 줄기, 모든 덩굴이 생명체로 그들먹했다. 원뿔 모양의 부리가 달린 오로펜돌라들이 나뭇가지 끝에 지갑처럼 매달린 둥지에서 날아갔다. 개미가 나무줄기에 도드라진 커다란 검은 혹에서 바글바글 기어 나왔다. 갈라진 나무껍질 틈에서는 갈색 지네가 몸을 비틀고 있었다. 나무를 감고 올라간 덩굴들은 회교사원의 광탑光塔이나 초가지붕, 혹은 굴뚝 모양을 이룬 다음, 다시 물속으로 축 늘어져 있었다.

날마다 카누를 타고 나가 돌고래를 관찰했다. 날마다 물의 모습이 달랐다. 같은 물길로 되돌아올 때면 다시 모습이 바뀌어 있었다. 하루는 차로호가 자수정처럼 자줏빛으로 바뀐 것을 보았는데, 또 하루는 은빛으로 빛났다. 하루는 어미와 새끼 돌고래를 관찰했던 티베호湖에서 잎사귀가 깔개만 한 수련이 타오르듯 붉고 흰 커다란 꽃송이를 펼친 것을 보았다. 버터스카치 향이 나는 꽃송이 속에는 번들거리는 딱정벌레들이 기어 다녔다. 다음에 다시 찾아갔을 때는 어느새 꽃송이가 시들어 있었다. 안개 낀 어느 날 아침에는 도밍고호에 갔다. 우기가 지난 여름철이면 물이 말라버린다는 2.7미터 깊이의 도밍고호에서 돌고래들이 메기 사냥을 하고 있었다. 거기서 우리는 아기 돌고래가 평소와 달리 멋지게 도약하며 전신을 드러내는 광경을 볼 수 있었다. 캠프로 돌아가는 길에는 위아래로 약 1.2미터, 옆으로 4.5미터나 펼쳐진 거미줄이 눈에 띄었다. 거미줄은 물에 잠긴 여러 그루의 아과비케 나뭇가지에 낮게 걸쳐져 있었다. 아마도 열 마리쯤의 닷거미들이 함께 이 거미줄을 쳤을 거라고 모이세스가 말했다. 여러 번 아침마다 이 길을 지나갔지만 전에는 본 적이 없었다. 묘하게도 안개가 낀 덕분에 거미줄이 눈에 띈 것이다. 이 역동적인 세계에서 유일하게 정적인 동물은 나무늘보였다. 도밍고호로 가는 길에 자귀나무에 매달린 세 마리의 나무늘보를 보았다. 털에 조류藻類가 자라 텁수룩한 외피가 초록색을 띠고 있었다. 모이세스가 휘파람을 불자 나무늘보가 황제처럼 느릿느릿 고개를 돌리고 모

모이세스는 밤새 닷거미 여럿이 이 거대한 거미줄을 쳤을 거라고 했다. 거미줄은 배드민턴 네트처럼 길게 이어져 있었다. (촬영: 다이앤 테일러 스노)

이세스를 응시했다. 사진을 찍고 싶은 다이앤은 나무늘보가 좀 더 좋은 자리로 옮겨가길 바랐다. 그러자 모이세스가 담담히 말했다. "내일까지 기다려보세요." 이튿날 나무늘보 세 마리는 여전히 같은 나무, 같은 자리에 있었다.

모이세스는 거울나라 같은 우림을 거쳐 지름길로 카누를 몰아 호수까지 우리를 데려갔다. 카누는 종종 물에 잠긴 아스트로카리움야자수 사이에 끼어버리곤 했다. 이 야자수에는 잔뜩 가시가 돋아 있었다. 움직이는 것은 우리의 카누였지만, 오히려 가시가 우리를 향해 돌진해오는 것 같았다. 그럴 때마다 다이앤과 나는 외쳤다. "가시!" 우리는 카누 안쪽으로 얼른 팔다리를 움츠렸다. 가시투성이의 야자수에서 벗어나는 순간, 우리 가운데 한 명이 낮은 나뭇가지가 얼굴 높이로 불쑥 나타난 것을 보고 또 이렇게 외치곤 했다. "가지!" 그러면 우리는 일제히 몸을 숙였다. 가끔은 쐐기풀과의 호리호리한 세크로피아 줄기를 들이받기도 했다. 이 나무는 수위가 가장 높을 때 갈대처럼 자라는데, 들이받는 순간 사람을 깨무는 작은 개미가 비오듯 쏟아졌다. 머리카락과 셔츠 속으로, 우리의 장비 속으로 개미가 기어들 때마다 우리는 외치곤 했다. "개미!" 세크로피아나무에서 아홉 개의 손가락처럼 뻗은 잎사귀가 줄기에 붙어 있는 잎자루가 텅 비어 있는데, 이 구멍 속에 개미가 산다. 이 개미들은 잎사귀에서 나오는 수액을 먹으면서 보답으로 숙주를 보살펴준다. 우리가 당했듯이 이 개미들은 나무를 건드리는 건 뭐든 사정없이 물어뜯는다. 우리가 몸부림치고 있는데도 모이세스는 태연했다. "독이 없어요." 그가 차분하게 노를 저으며 말했다. 그래도 우리는 허둥거리며 피부에 달라붙은 개미를 떼어내 카누 밖에 내던졌다. 개미들은 헤엄을 쳐서 다시 카누 위로 억척스레 기어올랐다.

모이세스가 조심하라고 말한 개미는 한 가지뿐이었다. 이 개미에 물리면 최소한 몇 시간은 불구가 되어버린다. 그중 한 종류는 속이 빈 탕가랑가나무에 산다. 길쭉한 타원형의 잎사귀를 펼친 나무가 바로 탕가랑가나무라는 것을 일찌감치 배워두었다. 모이세스는 커다란 총알개미도 배려한다. 2.5센티미터가 넘는 이 개미는 몸뚱이가 까맣게 반짝인다. 피하주사기 바늘 같은 침으로 몇 번이고 거듭 찔러댈 수 있을 만큼 독이 많다. 이 독은 튼튼한 남자도 하루 동안 마비시켜버릴 만큼 강력하다. 덫턱개미는 독침을 쏠 **뿐만 아니라** 살을 물어뜯는다. 이 개미는 모든 통나무 아래 잠복해 있다. 누군가 건드리면 상처에서 흘러나오는 피처럼 몰려나온다. 마른 낙엽을 밟으며 몰려올 때는 마치 종이를 구기는 듯한 소리가 난다. 그것들 가운데 하나를 가리키며 모이세스가 말했다. "이 친구들은 턱으로 물어뜯으면서 꽁무니로 독침을 찔러대요."

이처럼 모이세스가 우리를 데리고 요리조리 누비며 나아가는 물길에는 가시와 거미, 개미가 도사리고 있었다. 그래도 물길이 육로보다는 한결 안전한 것 같았다. 어느 날 오후 모이세스는 우리 네 명—다이앤과 나, 제리와 스티븐—을 데리고 우림으로 하이킹을 떠났다. 처음에는 한 걸음 뗄 때마다 지뢰를 밟는 기분이었다. 통나무만 보이면 그 속에서 살을 물어뜯는 개미나 독사가 튀어나올 것 같고, 나무에서 맹독성 애벌레가 떨어질 것 같았다. 덩굴에 발이 걸려 넘어지면 가시 돋은 야자수를 들이받을 것 같았다. 찌는 듯한 열기 속에서 걸음을 떼기 시작했을 때 다이앤이 말했다. "조심해. 특히 모든 곳을."

스티븐은 우리 넷 가운데 가장 잘 적응했다. 지난해 어머니와 함께 아마존에 와본 적이 있기 때문이다. 어머니는 강을 따라 내려가다 다리가 부러졌고, 그는 불개미의 공격을 받았다. 군대개미가 강물처럼 캠프로 밀려와 사흘 동안 점령해버리기도 했다. 다행히 스티븐은 개미를 좋아해서 이번 하이킹은 마냥 신나기만 했다.

종렬 대오를 이루어 전진하는 군대개미가 지난해 그를 사냥했을 때도 그랬다. 스티븐은 숲에 들어가 줄지어 지나가는 절엽

개미류를 관찰하고 있었다. 개미들은 베어낸 나뭇잎을 깃발처럼 쳐들고 행진했다. 벌목개미과 중에서 절엽개미류는 2속 39종이 있는데, 모두가 정원사다. 나뭇잎을 작은 조각으로 잘라내 지하로 가져가 거대한 균류 재배농장을 가꾼다. 아타속 개미는 이 균류만을 먹는데, 그런 농장이 아마존에만 있다. 아타속이 남아메리카 열대림에서 베어내는 나뭇잎의 양은 이 개미가 발견되는 지역에서 생산되는 전체 나뭇잎의 12~17퍼센트에 이르는 것으로 추산된다.

지난해 스티븐은 작은 일꾼들의 행렬을 넋 놓고 관찰하며 사진을 찍었다. "그때 내 시야의 왼쪽 모퉁이에 다른 개미 떼가 있다는 것을 알아차렸어요. 그것들도 촬영을 하려는데, 느닷없이 행렬을 무너뜨리고 내 발을 향해 몰려들기 시작하는 거예요." 그가 말했다.

"나는 얼른 물러섰어요. 그런데 어느새 사방에 군대개미가 즐비하게 깔려서 피할 곳이 없더라고요. 별 수 없이 녀석들을 뚫고 부리나케 오른쪽으로 도망쳤죠. 그러면서도 줄곧 셔터를 눌러댔어요. 어쩌면 죽을지도 모른다는 생각을 하면서도요. 훗날 누군가 내 사진기를 발견하면, 나를 먹어치운 게 뭔지 알 수 있을 거라고 생각했죠." 군대개미는 그를 물어뜯었지만, 다행히 바지 위로 올라오진 않았다.

스티븐은 머리만큼 긴 턱을 가진 개미의 공격을 받은 적도 있었다. 이 개미는 먼저 아래턱으로 살을 물어뜯어 구멍을 낸 다음, 구멍에 침을 꽂는다. 그리고 복부에 저장한 독을 상처 속으로 맹렬히 주입한다. 피부 속으로 털진드기가 파고든 적도 있었고, **나무**에 쏘인 적도 있었다.

스티븐은 생명체가 지닌 무기에 탄복해 마지않았다. 그래서 온갖 가시를 수집해왔는데, 어느 날 키세스 초콜릿 모양의 가시로 뒤덮인 나무를 발견했다. 가시를 떼어내려는 순간, 모이세스가 말리려고 나섰지만 벌써 때는 늦었다. 나무가 스티븐을 **쏜** 것이다. "나무가 어떤 독을 쏘아서 몇 시간이나 손이 욱신거렸어요. 나중에 상처를 절개해서 가시를 빼내긴 했지만, 나무가 어떻게 그럴 수 있는지 모르겠더라고요." 그가 말했다.

"아마존은 악몽을 닮은 데가 있어요. 너무나 뜻밖의 일들이 일어나거든요." 스티븐이 계속 말했다. 홀연히 나타난 새가 앞에 마주앉아 물끄러미 얼굴을 바라보다가 사라져버린 적도 있었다. 어떤 두꺼비는 펄쩍펄쩍 뛰지 않고 냅다 달렸다. 네 다리로 어찌나 빨리 달리던지 따라잡을 수가 없었다고 그는 강조했다. 아마존에서는 있을 수 없는 일들을 끊임없이 목격하게 된다는 것을 그는 알게 되었다. 스페인어 선생인 그라시엘라와 일꾼인 후안 살라스와 함께 카누를 타고 간 어느 날 아침, 스티븐이 수집하려는 타란툴라를 본 후안이 나무를 쳐서 떨어뜨렸다. 떨어진 거미는 종적이 묘연했다. "카누 안에 있을 리 **없어요**." 그라시엘라에게 걱정할 것 없다고 안심시켰다. 그러나 말이 떨어지기 무섭게, 거미의 거대한 털투성이 다리가 뱃전 위로 기어올랐다. 이렇게 체험한 일들을 꼼꼼히 일기장에 적어두었다는데, 첫 번째 탐사가 끝날 무렵에는 이런 글을 남겼다. "정말 위대한 여행이었다. 그러나 이제 휴가가 필요하다."

모이세스는 정글을 전혀 다르게 바라보았다. 그는 어릴 때 나포 강가에서 인디헤나들과 함께 자랐다. 에콰도르에 살다가 페루로 흘러든 아마존 부족 가운데 하나였다. 아나콘다처럼 굵고 껍질이 빨간 덩굴을 가리키며 그가 말했다. "이 친구는 우리가 정글에서 길을 잃었을 때 꼭 필요한 물을 준답니다." 모이세스는 칼로 덩굴을 내리쳤다. 그리고 잘라낸 줄기를 우리 머리 위로 들어 올려 아주 시원하고 신선한 물을 입속에 흘려 넣어주었다. 그는 잘라낸 덩굴 끝을 다시 땅속에 찔러 넣으며 다시 뿌리가 자라날 거라고 말했다.

모이세스는 몇 걸음 나아가 연녹색 나무줄기를 칼로 잘랐다. 처음에는 피처럼 빨간 수액이 흘러나왔다. 곧이어 하얀 수액이 매끄러운 나무껍질 아래로 크림처럼 줄줄 흘러내렸다. "이 친구를 우리는 '아르볼 데 레체árbol de leche'라고 불러요. 우유나무라는 뜻이죠. 이걸 먹으면 정글에서 이틀 동안은 배가 고프지 않아요." 그가 말했다. 강가의 사람들은 이 우유로 빈혈을 치료하고, 끓여서 만든 접착제를 나뭇가지에 발라 새를 잡기도 한다. 어떤 나무줄기에서는 혹처럼 작고 검은 돌기가 자랐는데, 모이세스가 성냥불을 대자 기름등잔처럼 불이 붙었다. 돌기 안에는 작은 딱정벌레가 산다고 했다. "이 친구는 나무한테 타르를 만들게 해요." 이 친구란 딱정벌레다. 주민들은 이 타르로 집 안에 불을 밝히거나 갈라진 독침 대롱의 틈을 메운다.

모이세스는 밀림의 모든 동식물을 '이 친구'라고 불렀다. 우리에게는 밀림이 너무나 당혹스럽고 변덕스러워 보였다. 그러나 모이세스가 보기에는 밀림이 인격체로 가득 차 있었다. 인격체들의 일부—탕가랑가 개미나 부시마스터—는 악당처럼 사람을 해치기도 한다. 그러나 다른 인격체들—우유나무, 코팔혹나무, 빨간 물덩굴—은 배가 고플 때 식량을, 어두울 때 빛을, 목마를 때 물을 준다.

내 친구인 민속식물학자 마크 플롯킨이 몇 해 전 뉴욕에서 강연한 내용이 떠올랐다. "서구인들이 정글을 바라보면 초록색만 보입니다." 그러나 마크는 서북부 아마존의 인디헤나들을 처음 만난 뒤 알게 되었다. "인디헤나들은 정글에서 식료품점과 철물점, 수리점, 약국을 봅니다." 그는 티리오족, 와야나족, 아쿠리요족, 와이와이족, 야노마미족 등 여러 부족민이 지닌 폭넓은 식물학 지식을 기록하며 10년 이상을 보냈지만 아직도 배워야 할 게 많다고 말한다.

우리가 매일 스쳐 지나간 여러 마을 사람들은 인디헤나가 아니었다. 물론 인디헤나의 피를 물려받았지만, 포르투갈인이나 더러는 아프리카인의 피도 물려받았다. 그들 역시 많은 식물을 일상생활에 이용한다. 야리나야자 잎으로 아름다운 이엉을 얹는데, 전혀 돈이 들지 않는 이 이엉의 수명은 10년이 넘는다. 참비라 잎으로는 몇 분 만에 배낭 하나를 만들어낸다. 50킬로그램쯤 나가는 페커리[멧돼지과에 가까운, 아메리카 대륙의 포유류]를 집까지 거뜬히 짊어지고 갈 수 있을 만큼 튼튼하다. 라피아야자수의 가시 돋친 뿌리를 함께 사용하면, 섬유질이 많은 카사바 덩이뿌리를 으깰 수도 있다. 거대한 야생캐슈나무를 죽이지 않고, 밑동에 받침대처럼 자란 부분만 베어내 카누 노를 만들기도 한다. 어린 아타레아 잎의 섬유를 꼬아서 곧바로 쓸 수 있는 낚싯줄을 만든다. 마키망고나무의 속껍질 섬유로는 옷을 지어 입는다.

그러나 아마 가장 놀라운 점은 주민들이 이 식물들의 화학적 속성까지 이해하고 있다는 사실이다. 열대식물은 온대식물보다 두 배나 많은 알칼로이드가 있다. 흔히 쓴맛이 나는 알칼로이드는 식물이 약탈자 곤충과 수억 년 동안 벌여온 화학전의 산물이다. 그런데 마크의 경이적인 책 『어느 샤먼 제자의 이야기*Tales of a Shaman's Apprentice*』를 보면, 이 유기화합물은 "인간의 문화만이 아닌 지구상의 모든 문화에 큰 영향을 끼쳤다." 사람을 흥분시키는 카페인 성분, 마비시키는 진통제 성분, 치명적인 독성분, 황홀경을 자아내는 환각제 성분 등이 모두 알칼로이드 화합물로 이루어진 것이다.

때로 이 식물들의 치유력은 인간이 실험실에서 합성한 어떤 약보다 뛰어나다. 이미 증명된 사실이라고 마크는 말한다. 먼저 식물들 자신이 증명했고, 다음에는 수천 년 동안 사용해온 인간이 증명했다는 것이다. 실제로 우리에게 가장 중요한 의약품 가운데 일부가 이미 열대식물로 만들어지고 있다. 최초의 말라리아 특효약인 키니네는 기나나무 껍질에서 얻은 알칼로이드다. 페루 인디헤나들이 처음 이 약을 발견한 것은 수천 년 전이었다. 아마존 사람들의 식물학 지식을 활용하면, 오늘날 불치병인 에이즈나 암 같은 병을 고칠 수 있는 약도 발견할 수도 있다고 마크는 굳게 믿고 있다.

모이세스의 말에 따르면, 이곳 사람들은 노랗게 꽃 피는 레타마로 황열병을 치유하는 차를 만든다. 에리트리나나무 껍질로는 신장을 깨끗하게 씻어주는 음료를 만든다. 인다노, 즉 요오드나무의 오렌지색 껍질로는 버짐과 뾰루지를 없앨 수 있다. 코끼리귀필로덴드론에는 치통을 가라앉히는 마취제가 들어 있다. 모텔로사낭고 뿌리 껍질에는 남성 생식력 재생 성분이 들어 있다.

이곳 사람들이 토착식물의 비밀을 미국 화학자들보다 더 잘 안다면, 분명 돌고래의 비밀도 잘 알 것이다. 그들은 분명 최고의 자연사 목격자다. 어쩌면 돌고래가 어디로 여행하는지도 알지 모른다. 무리지어 사는지 홀로 사는지, 협력해 사냥하는지, 어린것들을 어떻게 돌보는지도 알지 모른다. 직접 마을 사람들을 만나 분홍돌고래에 대한 지식을 배울 수는 없을까? 모이세스와 마리오에게 물어보았다.

물론 얼마든지 가능하다고 한다. 마리오의 아버지와 어머니가 산페드로에 살고 있는데, 그곳은 숙소에서 불과 몇 분 거리였다. 마리오가 모이세스를 통해 내게 말했다. 그의 아버지는 분홍돌고래에 대해 잘 알고 있으니 분명 뭔가를 가르쳐줄 수 있을 거라고.

물이 맑은 케브라다블랑코 강변에 있는 산페드로는 깔끔하게 이엉을 얹은 집들로 구성된 마을이다. 300명쯤 되는 주민의 대부분은 10킬로미터쯤 하류에 있는 마을인 치노 출신이다. 치노는 10

년 전 무렵부터 물에 잠기기 시작했다. 흔히 그랬듯, 그때 강이 물길을 바꾸어 마을을 삼키기 시작한 것이다. 지금은 해마다 점점 더 많은 사람이 산페드로로 이주하고 있다. 이제 치노는 거의 전부 물에 잠긴 상태다. 마른 야리나야자 잎 더미가 마당과 지붕 위에 수북이 쌓여 있는 것만 보아도 계속 새 집을 짓고 있다는 것을 알 수 있다.

마리오의 늙수그레하고 잘생긴 아버지 후안과 활달한 어머니 일다는 이곳에 최초로 터를 잡은 사람들이다. 그들은 강물 수위보다 높이 기둥집을 지었다. 건축 재료는 모두 숲에서 얻은 것이다. 5센티미터 너비의 탄력 있는 마루 널빤지는 카샤포나야자수로, 널따란 들보는 껍질이 빨간 카피로나나무로 만들었다. 집 안은 널찍한데, 사용하지 않는 물건들은 서까래 사이에 끼워놓아 실제보다 더 널찍하게 느껴졌다. 독침 대롱과 창, 요리용 양철 냄비, 춤을 추거나 잔치를 할 때 쓰는 북(페커리 가죽으로 만든 커다란 북), 작년에 닭을 노리려다가 후안에게 잡힌 스라소니의 가죽 따위가 서까래 사이에 끼워져 있었다. 한쪽 구석에서는 세 살배기 아이가 애완용 양털원숭이와 함께 조용히 놀고 있었다. '내 아들'이라고 마리오가 불쑥 영어로 말하고는 활짝 웃었다. 우리는 이키토스에서 사온 캔디를 아이에게 한 움큼 쥐어주었다. 아이가 답례로 머금은 미소가 마리오의 미소와 어찌나 닮았던지, 나는 웃음이 터질 뻔했다.

나는 후안과 악수를 나누고 모이세스에게 말했다. "내가 부페오 콜로라도에 대해 알고 싶어 한다고 말해주세요." 이곳에서는 이니아를 부페오 콜로라도라고 한다. 후안이 스페인어와 케추아어를 섞어서 말했고, 모이세스가 통역을 했다.

"이곳 사람들은 그게 사실이라고 믿어요." 후안이 말했다. 5~6년 전에 물이 높이 차올랐는데, 그때 돌고래가 집 아래를 헤엄쳐 다녔다고 한다. 우기가 되면 부모는 딸들에게 강에서 빨래를 하지 말라고 주의를 주었다. 수컷 돌고래가 처녀를 밝히기 때문이다. 수컷 돌고래는 엥캉치로 처녀를 데려가고 싶어 하고, 암컷 돌고래는 총각을 데려가고 싶어 한다.

작년에 돌고래 하나가 아내를 유괴하려고 했다고 후안이 말했다. 아내는 생리 중이었다.(60대의 여성에게는 그것이 아주 자랑스러운 일이었을 거라고 나는 생각했다.) 그녀는 피 묻은 속옷을 다른 빨랫감과 함께 뗏목 위에 올려놓았는데, 그것이 돌고래를 불러들였다. 이튿날 그녀는 배가 아팠다. 후안은 돌고래가 숨구멍으로 눈에 보이지 않는 독침을 쏘아 배가 아팠던 거라고 말했다. 그래서 돌고래 숨소리가 들리면 아주 조심해야 한다고 그는 경고했다. 부페오는 크게 숨을 내뿜어 독침 대롱보다 더 세게 독침을 날려 보낼 수 있다. 그 독침에 맞으면 '쿠란데이루'라고 불리는 샤먼만이 뽑아낼 수 있다. 샤먼은 정성스레 의식을 치르며 상처에 입을 대고 독침을 빨아들인 후 뱉어내야 한다. 돌고래 가운데 일부는 주술로 병을 고치는 사람들의 영혼과 합일하는데, 샤먼만이 돌고래의 마법을 이겨낼 수 있다고 했다.

"그 마법이라는 게 어떤 건데요?" 내가 물었다. 후안은 열 살 무렵 여기서 가까운 에스페란자에 살았다. 거기서 돌고래 한 마리가 할머니 세셀리아에게 마법을 걸었다. 할아버지는 일하러 정글에 들어가 있었는데, 때로는 몇 년씩 집을 떠나 있기도 했다. 그런데 예상보다 일찍 할아버지가 돌아왔다. 그 후 날마다 맛있는 물고기를 잡아왔고, 밤마다 정열적으로 사랑을 나누었다. 그런데 이상하게도 그녀가 아침에 깨어나면 항상 남편이 보이지 않았다.

그렇게 1년이 지났다. 그러다 어느 날 집에 돌아온 남편은 물고기를 가져오지 않았다. 대신 육상동물의 살코기를 가져왔다. 왜? 진짜 남편은 물고기를 가져온 적이 한 번도 없었다. 실은 1년 만에 집에 돌아온 것이다!

그 사실을 알게 된 세셀리아는 하얗게 질려서 몸져눕고 말았다. 더 이상 그녀는 사랑을 나누고 싶지 않았다. 날마다 병이 깊어졌고, 황홀경에 사로잡혀 정처 없이 돌아다니곤 했다. 뭐가 잘못된 건지 알 수 없었던 남편은 마침내 샤먼에게 도움을 청했다.

황홀경에 접어든 샤먼이 엥캉치를 방문했다. 그는 무슨 일이 일어났는지 알 수 있었다. 남편이 정글로 떠난 후, 돌고래 한 마리가 세셀리아와 사랑에 빠진 것이다. 그러나 사랑을 받아주지 않을 거라는 사실을 안 부페오는 남편과 똑같은 모습으로 변했다. 남편으로 둔갑한 돌고래는 밤마다 세셀리아의 사랑을 만끽할 수 있었다. 그러나 이야기는 거기서 끝나지 않는다고 후안이 말했다. 그녀의 자궁에서 자란 아기의 아버지가 바로 그 돌고래였다는 것이다.

숲에는 툼보라는 덩굴식물이 자란다. 하이킹을 할 때 그것을 본 적이 있었다. 리본처럼 꼬여 있는 이 식물은 탯줄을 연상시킨다. 바로 이 덩굴로 낙태약을 만들 수 있다고 한다. 세셀리아는 이것으로 태아를 지웠다. "태아의 머리 꼭대기에는 구멍이 뚫려 있었답니다. 돌고래의 숨구멍 말예요." 후안이 모이세스를 통해 말했다.

내가 알고 싶은 것은 허구가 아닌 사실이었는데, 판타지 같은 이야기만 들었다. 나는 물속을 들여다보려고 했는데, 정작 나무 위로 올라가서 공중의 식물계만 보았다. 아직 돌고래의 여행 경로를 알아낼 수 없었다. 그러나 돌고래들을 뒤따르는 동안, 그들은 내가 일찍이 상상도 하지 못한 세계로 나를 이끌어갔다. 나무 꼭대기의 세계, 검은 물속의 세계, 거울나라 같은 우림의 마법 세계로. 그리고 이제 다시 새로운 세계로 이끌었다. 주민들이 강물 아래 있다고 믿는 세계로. 동물과 인간, 물과 땅, 두려움과 갈망 사이에 있는 듯 없는 듯 가로놓인 경계선으로.

다시 나는 마키망고나무 위로 되올라간 기분이 들었다. 공중에서 디룽거리며 전혀 꿰뚫어볼 수 없는 신비의 표면을 맹인처럼 응시하는 기분 말이다. 차로호에서와 마찬가지로 그 신비는 여전히 포착되지 않았다. 다만 신비에 에워싸여 있을 뿐이었다. 내가 생각한 것보다 훨씬 더 깊은 신비에…….

우림에서의 죽음

이 무렵 다이앤과 나는 아침마다 버릇처럼 하는 일이 있었다. 잠자리에서 일어나면 신발 속에 들어간 거구의 바퀴벌레부터 털어낸다. 그리고 식당을 들쑤시고 다니며 생물체들의 이동을 점검한다. "타란툴라는 어디 있지?" 간밤에 현관에서 우리 방 쪽으로 타란툴라가 기어가는 것을 본 다이앤은 질겁했다.("네 방에서 타란툴라를 발견하는 것보다 더 심각한 일이 뭔지 알아?" 내가 다이앤에게 물었다. "그보다 더 심각한 일은 있을 수 없어." 그녀가 답했다. "천만에, 바로 네 방에서 타란툴라를 잃어버리는 거야." 내가 말했다.) 나중에 알고 보니, 타란툴라는 부엌 한쪽 구석에 숨어 있었다.

"흡혈박쥐는 어디 있지?" 스티븐이 제리의 방에서 날렵하게 맨손으로 잡던 흡혁발쥐는 이제 다시 식당에서 날아다니고 있었다. "채찍전갈은 어디 있지?" 실은 전갈이 아니라 거미인데, 크기가 타란툴라의 반쯤 되고 더듬이는 20센티미터가 넘는다. 이 거미는 접을 수 있는 털북숭이 앞발로 곤충을 낚아챈다. "채찍전갈이 **너무** 싫어." 다이앤이 진저리를 쳤다. 그러나 짓궂게 그걸 식당에 풀어놓은 스티븐이 말했다. "어딜 가든 제 맘이지 뭐."

"맹독성 애벌레는 어디 있지?" 나뭇잎을 갉아먹고 있는 애벌레를 본 스티븐이 막대기로 나뭇잎을 털어서 그걸 잡았었다. 그럴 때를 대비해 항상 플라스틱 채집통을 지니고 다녔다. 애벌레는 길고 노란 털과 흰 줄무늬가 있었다. 이 애벌레는 산호뱀만큼 무서운 독이 있다고 했다. '펠리그로소(위험)'라고 표시한 통속에 담아두었는데, 어찌된 영문인지 사라져버렸다.

이곳의 수많은 생물들은 아마겟돈에 대비해 무장하고 있는 것 같았다. 그들은 분명 언제 잡아먹힐지 모를 운명과 싸우고 있었다. 뭔가가 목을 조르고, 침을 쏘거나 물어뜯고, 피를 빨아먹고, 자기 살 속에 알을 낳을 수도 있다. 새를 사냥하는 커다란 타란툴라도 두려워하는 게 있다. 암컷 타란툴라말벌이다. 길이가 13센티미터쯤 되고 등이 자줏빛인 이 말벌은 커다란 털북숭이 타란툴라를 찾아다닌다. 독침으로 마비시킨 다음 몸속에 알을 낳기 위해서다. 부화한 애벌레는 여전히 살아 있는 거미의 몸속에서 살을 파먹으며 자란다. 그리고 충분히 자란 후에야 밖으로 뚫고 나온다.

하지만 그러한 사냥과 먹이 잔치에는 기묘하고 자극적인 아름다움이 깃들어 있다. 숙소 근처에는 물에 잠긴 가옥의 굴뚝처럼 물 밖으로 삐죽이 드러난 나무 구멍이 있었다. 우리는 밤마다 카누를 타고 구멍 속을 들여다보러 갔다. 대개는 타란툴라를 살펴보기 위해서였다. 거의 언제나 타란툴라가 구멍 둘레에서 사냥하는 모습을 볼 수 있었다. 어느 날 타란툴라가 느닷없이 두 앞다리를 쭉 뻗어 뭔가를 붙잡으려고 했다. 뭐였지? 사냥감은 커다란 나무줄기 반대편으로 다람쥐처럼 뽀르르 달아났다. 모이세스는 우리가 잘 살펴볼 수 있도록 카누를 돌렸다. 타란툴라가 잡으려고 한 것은 2.5센티미터쯤 되는 오렌지색의 침노린재였다. 침노린재는 피하주사기 같은 주둥이를 먹이에 찔러 넣고 독을 주입한다. 이 침노린재가 커다란 딱정벌레를 사냥했는데, 그 순간 타란툴라가 덮치는 바람에 주둥이에 딱정벌레를 꽂은 채 허겁지겁 달아난 것이다.

스티븐은 이런 드라마를 누구보다 더 재미있게 얘기할 줄 알았다. 그의 이야기는 흔히 이렇게 시작했다. “어느 날 내가 전갈한테 먹일 개미를 잡고 있었는데, 바로 그때…….” 혹은 “딱 한 번 내가 독사한테 물렸을 때, 뱀 관리소장이 전화를 해서…….” 스티븐은 미국 플로리다주 올랜도에 집이 있는데, 지금 우리의 숙소처럼 늪지에 지은 것이다. 거기서 그는 침을 쏘고 물어뜯고 독을 주입하는 포식동물을 잔뜩 수집했다. 뱀이나 전갈만이 아니라 혀가 파란 60센티미터의 테구도마뱀도 한 마리 잡았다. 스티븐은 이 도마뱀이 “죽이고 싶을 만큼 나를 좋아할” 거라는 사실을 깨달았다. 그가 수집한 동물 가운데 유일하게 떠받든 동물은 스컹크였다.(스티븐의 이야기 하나는 이렇게 시작했다. “어느 날 스컹크한테 뭐 좀 먹일 게 없을까 하고, 머리를 북북 긁으며 두리번거리고 있을 때…….”) 그가 이 스컹크를 산 것은 거미가 무서워서였다. 스컹크는 거미를 즐겨 먹는다. 그러나 동양 무술을 익힌 사람답게 정신수양을 꽤나 해본 스티븐은 처음에 두려워했던 거미의 사나움을 즐기면서 찬미하는 법을 터득했다.

스티븐은 태극권과 공수도의 우아한 동작을 익히며 자연의 사나움 속에 깃든 우아함을 바라보는 법도 익혔다. 아마존을 사랑하는 것도 그래서였다. 다이앤과 내가 아마존을 사랑하는 이유 중 하나도 그것이었다. 아름다움과 잔혹함이 새끼줄처럼 엮여 있는 아마존에서 웅장한 오페라처럼 펼쳐지는 삶과 죽음의 드라마. 나는 그것을 사랑했다. 거미의 턱, 침노린재의 독, 타란툴라말벌의 침에는 어떤 전체성wholeness이 깃들어 있다. 무의미하고 사악한 것은 아무것도 없다. 사실은 그 반대다. 만물은 제 본분을 다하고 있다. 그 본분을 위해 수백만 년에 걸친 진화의 과정을 밟아온 것이다.

물론 우리는 그 드라마의 관객이었다. 물어뜯고 독침을 찌르는 이곳의 온갖 동물들, 독 가시가 돋은 나무들, 날카로운 이빨과 독침을 지닌 보이지 않는 물고기들, 그 모든 생물에 둘러싸여 있으면서도 다이앤과 나는 편안하고 안전하다는 느낌을 잃지 않았다. 창백했던 내 피부는 볕에 심하게 그을렸다. 캘리포니아에 살면서 늘 그을려 있던 다이앤조차도 콧등의 살갗이 벗겨지고 있었다. 우리는 정말 수없이 곤충에 물렸다. 북북 긁어대는 것이 일종의 수동적인 오락이 될 정도였다. TV를 시청하는 것처럼 말이다. 때로 아침에 깨어보면, 잠을 자면서 긁어댄 탓에 이부자리에 피가 묻어 있기도 했다. 그러나 그뿐, 그 이상의 불행한 일은 일어나지 않았다.

여전히 분홍돌고래를 구별할 수 없었지만, 우리의 관찰은 얼마간 진척을 보였다. 눈부신 어느 날 아침, 차로호가 돌고래와 더

불어 살아 약동한다는 느낌이 들었다. 부페오가 열 마리 남짓, 투쿠시도 열 마리 남짓 살고 있는 것 같았다. 그들은 한 시간에 160번이나 수면 위로 모습을 드러냈다. 부페오 두 마리는 얕은 물을 가르고 우리에게 바짝 다가오기도 했다. 나중에 우리는 그들이 수심 1.2미터 정도에서 돌아다닌다는 것을 알게 되었다. 그런 수심에는 물에 잠긴 나뭇가지가 즐비하다. 부페오는 투쿠시를 무시하는 게 보통이라고 책에 씌어 있지만, 그날 아침에 본 두 종은 분명 서로 교류하고 있었다. 30분 동안 15회에 걸쳐 투쿠시와 부페오가 아주 가까이 모여 있는 것을 볼 수 있었고, 4회에 걸쳐 어른 부페오 옆에 아기 투쿠시가 모습을 드러냈다. 구근 같은 커다란 분홍빛 머리 옆에 작은 유선형의 회색 머리가 나타나곤 한 것이다.

그날 어느 땐가 분홍빛 얼굴이 불쑥 수면에 나타났다. 주둥이에 물고기 한 마리가 옆으로 물려 있었다. 그 돌고래는 양말을 물어뜯는 개처럼 주둥이를 내둘렀다. 개의 경우에는 그것이 작은 먹이의 목을 부러뜨리기 위한 살해 동작이다. 그러니 돌고래도 물고기가 몸부림치지 못하도록 뼈를 부러뜨리기 위해 그런 것인지도 모른다. 돌고래는 입에 문 물고기를 살짝 돌려 머리부터 삼켰다.

관찰된 시간 간격과 횟수를 세어보자 일정한 패턴이 있음을 알아낼 수 있었다. 대체로 부페오는 평균 30분 간격으로 활발한 움직임을 보였다. (때로 41분 만에 활발히 움직이기도 했지만) 그 주기가 거의 일정했다. 아침에 가장 활동적이었고, 정오에는 자취를 감추는 경우가 많았는데, 아마 강으로 돌아가는 것 같았다.

한번은 돌고래가 잠든 듯한 모습을 보았다. 오전 11시 29분에서 11시 37분까지 8분 동안 수심이 얕은 강둑 근처에 있는 부페오를 보았는데, 거의 1분에 걸쳐 아주 천천히 솟아올랐다. 부페오가 얕은 물에서 잠드는 걸 좋아한다는 사실은 나중에야 알았다. 아쿠아리움 사육사의 말과 달리, 부페오는 종종 몸을 뒤집고 누워서 잠든다. 사실 1950년에서 1976년 사이에 아쿠아리움에 들여온 100여 마리의 부페오 가운데 대부분은 오래 살지 못했고, 편안히 수면에 떠오를 수 있는 얕은 물도 없었다. 그러니 아쿠아리움 사람들은 그런 모습을 볼 수 없었을 것이다.

우리가 그런 모습을 본 것은 후아시라는 마을에서였다. 그곳은 두 물길이 빠르게 교차하는 곳이다. 거기서는 부페오와 투쿠시와 주민들이 종종 서로 마주치곤 한다. 그곳은 차로호와 더불어 가장 관찰하기 좋은 곳 가운데 하나였다. 거의 날마다 관찰 횟수를 기록할 수 있었고, 투쿠시와 부페오의 사냥 방법이 다르다는 것도 분명하게 목격할 수 있었다. 투쿠시는 항상 무리지어 사냥했다. 물고기 떼를 에워싸고 몰이사냥을 하는 것 같았다. 그러나 부페오는 혼자 사냥했다.

돌고래 외에 어린 아이들도 나타났다. 아이들은 항상 카누를 타고 기둥 위에 지은 왁자지껄한 학교를 오갔다. 어느 날 숙소로 돌아가는 길에 두 여자아이를 보았는데, 새끼 카이만을 바비 인형처럼 쥐고 있었다. 파충류 장난감에 싫증이 났는지 둘 중 더 씩씩한 아이가 제안했다. “바마노스 아 베르 로스 그링고스

(Vamanos a ver los gringos, 그링고 보러 가자)!" 그러고는 노를 저어 우리 쪽으로 다가와, 관찰 기록을 하는 우리를 30분 넘게 똘망똘망 지켜보았다. 학교 맞은편의 섬 정류장에는 어른들이 모여 있었다. 이키토스에 가기 위해 '수상버스'인 콜렉티보를 기다리는 사람들이었다. 배가 도착했을 무렵, 다시 우리는 부페오와 투쿠시가 다르게 행동하는 것을 목격했다. 여러 마리의 부페오가 배 가까이 다가가 무언가를 탐사하는 동안, 투쿠시는 멀리 떨어져 있었다. 수상버스가 떠나자 부페오들은 출렁이는 물살을 즐기며 요란스레 숨을 내뿜었다.

우리가 본 모든 것을 기록한 관찰일지가 두툼해지고서야 우리는 폴의 숙소로 배를 돌리곤 했다. 집으로 돌아가는 기분이었다. 훌륭한 음식, 편안한 잠자리, 강에서 끌어올려 샤워를 할 수 있는 시원한 물, 허물없는 사이가 된 자상한 직원들이 있는 숙소는 안락하고 안전한 누에고치 같았다. 여기라면 어떤 나쁜 일도, 무서운 일도 일어나지 않을 거라는 느낌이 들기도 했다.

그러나 캠프에서 1주일 기념 잔치를 하는 날, 우리가 잘못 생각했다는 것을 알게 되었다.

빗물이 똑똑 떨어지는 날 아침, 우리는 차로호로 향했다. 가는 길에 산페드로에서 이키토스까지 매주 세 번 운행하는 콜렉티보인 프란시스안토니오호 옆을 지났다. 6시 15분경이었다. 콜렉티보 지붕에는 통나무와 야리나야자 잎이 이미 높다랗게 적재돼 있었고, 석탄도 열두 포대가 쌓여 있었다. 후미에는 도살한 페커리가 해먹처럼 걸려 있었다. 승객들은 대부분 앞을 향해 앉아 창밖을 내다보았는데, 창밖에 수탉 세 마리가 횃대에 앉아 있었다. 황금색과 초록색이 섞인 꼬리 깃털이 가랑비를 맞아 젖은 리본처럼 축 처져 있었다. 날이 저물면 아마 통닭구이가 될 것이다. 나는 카이만이 안쓰러웠고, 페커리와 수탉이 안쓰러웠다. 그러나 물론 이곳에서는 동물만이 아니라 사람들 또한 사냥과 살해의 드라마에 몸담고 있는 출연자들이다. 그런 점에서 이 사람들도 타란툴라나 재규어와 다름없이 무죄다.

곧이어 우리는 수로로 접어들었다. 머리가 검은 도마뱀처럼 생긴, 목에 깃털이 없는 독수리들이 물에 잠긴 나무 꼭대기에 앉아 있었다. 그들은 죽음이 배를 채워주길 기다리며 물을 응시했다. 이 수로에서는 죽은 동물들이 떠오른다고 모이세스가 말했다. 이곳에서는 모든 삶이 잔혹하다는 생각이 들었다.

그러나 모이세스의 지름길 가운데 하나가 나타나, 곧 우리는 순진무구한 세계와 대면했다. 수면 위로 60센티미터쯤 튀어나온 자귀나무의 가시 돋친 왕관 속에서 벌새 둥지보다 조금 더 큰 컵 모양의 새 둥지를 모이세스가 발견했다. 그때 카누가 나무를 살짝 들이받았다. 순간 둥지에 하나뿐인 알이 카누 안으로 떨어졌다. 1.3센티미터 정도의 반점이 있는 알이었다.

작은 알을 우리가 깨뜨려버린 걸까?

물에 잠긴 관목 가장자리에서 고뇌 어린 외침이 들려왔다. 무엇인지 보이지 않았지만, 그 도토리만 한 알을 낳은 부모 새들인 게 분명했다. 그들은 그때 무슨 일이 일어났는지 보았고, 무슨 위험에 처했는지 알았다. 그들의 전 세계가 산산조각 날 위험이 눈앞에 닥친 것이다.

나는 불현듯 작은 알의 연약함과 완벽함에 울컥 눈물이 치밀 듯했다. "알들의 헤아릴 수 없고, 부드럽고, 오싹하고, 가슴 저릿한 아름다움과 엄숙함"에 대해 프랜시스 호즈슨 버넷은 『비밀의 정원』에 이렇게 썼다. "하나의 알을 잃거나 알이 다치면, 온 세상이 빙글빙글 돌고 와르르 무너져 끝장나고 말리라는 것을 마음속 깊이 깨닫지 못한 사람, 그걸 느끼지 못하고 그에 따른 행동을 하지도 못하는 사람이 저 정원에 들어왔다면, 저 황금빛 봄날의 대기에서조차 결코 행복을 느끼지 못했을 것이다."

정녕 알이야말로 생명의 첫사랑 자체다. 암수 배우자는 사라져도 생명은 알을 통해 꾸준히 이어져왔다. 사랑은 둥지에서 기원한 것인지도 모른다. 아마 2억 5000만 년 전쯤, 새와 악어의 공동 조상인 조치류가 만든 둥지에서 처음 사랑이 태어났을 것이다. 테코돈트는 티라노사우루스렉스보다 1억 8500만 년 더 일찍 둥지를 만들고 알을 낳은 것으로 여겨지는 원시파충류다. 온혈동물이었던 이 최초의 파충류는 분명 자신의 알이 다치는 공포를 알고 있었을 것이다. 사랑의 쌍둥이는 두려움이다. 사랑하는 이를 잃을지도 모른다는 두려움, 사랑하는 존재가 다칠지도 모른다는 두려움, 이 두려움은 사랑처럼 아득한 옛날부터 지속되어온 것이다. 두려움은 둥지의 건축가이기도 하다. 사랑하는 존재를 지키기 위해 둥지를 만들어온 옛날 옛적의 두려움은 지금도 우리와 더불어 존재한다. 너무나 유서 깊은 이 두려움은 가장 심오한 사랑, 가장 지속적인 사랑과 뗄 수 없는 관계를 맺고 있다. 한때는 그저 먹이에 탐닉하고, 짝짓기와 사냥에 골몰하는 것처럼 보이던 아마존 세계에서 부모들은 늘 죽음을 먹고살면서도 둥지를 만들고 알을 낳고 새끼를 기른다. 그러면서 적잖이 고뇌한다. 야만의 세계는 사랑의 세계인 동시에 고뇌의 세계라는 것을 나는 깨달았다.

다이앤이 알을 집어 들었다. 기적적으로 알은 깨지지 않았다. 완벽한 요람 속에 알을 되돌려놓으며 우리는 부모 새들을 보았다. 검은 방울새처럼 포동포동한 개미잡이였다. 검은 깃털에 가는 흰 줄무늬가 있었다. 우리가 접근하자 둥지를 떠난 그들은 20미터쯤 떨어진 우거진 나뭇잎 사이에서 서로를 소리쳐 부르며 애타게 포롱거리고 있었다.

그 후 우리는 뻐꾸기과의 애니류 둥지 곁을 지나갔다. 애니는 커다란 칼처럼 휘어진 부리에 하얀 눈이 두드러져 보인다. 그들은 이곳 사람들처럼 여럿이서 함께 집을 짓는다. 여러 마리의 암컷이 같은 둥지에 알을 낳고 품으며 함께 새끼를 기른다. 모기떼에 에워싸인 아기 새들이 울어대자, 수컷들이 노 같은 꼬리를 까딱거리며 대담하게 우리를 향해 위협하듯 지저귀기 시작했다.

그날은 비가 너무 많이 오는 바람에 돌고래를 관찰할 수 없어서, 하릴없이 숙소로 돌아가야 했다. 우리는 마리오의 어머니 일다가 오기를 기다렸다. 산페드로의 널따란 집에서 만난 적이 있는 일다는 점심을 먹고 바로 우리에게 와서 베 짜는 것을 보여주겠다고 약속했었다. 다이앤과 스티븐과 제리와 나는 즐겁게 책을 읽으며 시간을 보냈다. 날이 어두워 낮에도 불을 밝혀야 했다. 서재에는 정글 안내서와 소설 등 다양한 분야의 책이 있었다. 나는 멕시코 시골의 건강한 일꾼이 쓴 안내서인 『의사가 없는 곳*Where There Is No Doctor*』 중에서 「불결하거나 혐오스러운 처방은 도움이 되지 않는다」라는 장을 읽었다. 뱀을 삭혀서 만든 술로 나병을 고칠 수 없고, 독수리를 잡아먹는다고 해서 매독을 고칠 수는 없다고 씌어 있었다. 그 밖에도 많은 충고가 담겨 있었다. 갑상선종을 고치기 위해 혹에 게를 묶어두지 말라. 혹에 독수리의 뇌수를 바르지 말라. 인분을 바르지도 말라. 죽은 아이의 손으로 그걸 문질러서 고치려고 하지도 말라.

정오까지도 굵은 빗줄기가 멈추지 않았다. 대기는 젖은 플란넬 천처럼 후줄근했다. 마리오의 어머니는 감감무소식이었다. 이곳 사람들은 시계를 보며 사는 게 아니라서, 늦게라도 오긴 올 거라고 우리는 믿었다. 모이세스와 마리오는 왜 늦는지 알아보려고 카누를 타고 산페드로로 찾아갔다.

그동안 제리는 생명 에너지인 기를 쌓는다는 수련법을 가르쳐주었다. 양반다리를 하고 등을 곧게 펴야 한다는데, 그러기가 쉽지 않았다. 우리는 시시콜콜한 문제를 두고 입방아를 찧었다. 하루 24시간 가운데 우리 몸에서 개미가 기어 다니는 시간이 얼마나 될까? 짧게는 두어 시간(스티븐), 길게는 24시간 내내(제리)라고 우리는 추리했다.

2시 30분에 모이세스 혼자 돌아왔다. 씁쓸한 미소를 머금고 그가 나직이 말했다. "오늘은 운이 안 좋네요." 마리오의 어머니가 약속 날짜를 잊었거나 다른 급한 일이 생겼나 싶었다. 그러나 아니었다. 며칠 전 산페드로에서 양털원숭이와 함께 조용히 놀고 있던 세 살배기 사내아이, 한 움큼 사탕을 받고 담뿍 미소를 지어 보인 그 아이가 오늘 아침 강에 빠져 죽은 것이었다.

아이는 집 바로 바깥에 묶어둔 뗏목에서 놀다 떨어져 급류에 휩쓸렸다.

곧바로 카누에서 뛰어내린 마리오가 마을 사람들과 함께 시신 찾기에 나섰다고 모이세스가 말했다. 익사한 사람은 더러 시신을 찾지 못하기도 한다. 부페오가 엥캉치로 데려가기 때문이라고들 말한다. 사실 돌고래가 시신을 먹을 수도 있다. 잡식성이니까. 만수위라면 시신을 찾을 가능성이 더 높다고 모이세스가 말했다. 다른 먹이가 많아 동물이 시신을 먹을 가능성이 줄어들기 때문이다.

모이세스가 말을 마친 순간 빗줄기가 다시 굵어졌다. 하루 종일 우는 여자 비였다.

스티븐과 나는 넋 놓고 앉아 있었다. 다이앤은 밖에 나가 한참 울고 오더니, 멍하니 담배만 피워댔다. 나는 하염없이 되뇌었다. "그럴 리가 없어. 그럴 리가 없어." 우리는 슬픔을, 공포를, 혹은 죄책감을 떨쳐버릴 수 없었다. 우리는 위험으로부터 멀리 떨어져 있는 줄만 알고, 만만해 보이는 아마존의 위험을 즐겨왔다. 무대 위의 드라마나 예술작품처럼 위험을 구경했을 뿐, 이 땅의 어머니인 강이 우리 가운데 한 명을 삼켜버릴 수도 있다는 것을 꿈에도 생각지 않았다.

몇 분 후, 모이세스가 자리에 앉아 평소처럼 나직하고 꿈꾸는 듯한 목소리로 들려줄 이야기가 있다고 말했다. 그는 겁먹은 아이들을 달래는 아버지처럼 '돌고래와 야쿠루나[♦] 이야기'를 시작했다.

"내가 어렸을 적엔 마을이 4~5킬로미터씩 드문드문 떨어져 있었어요. 이키토스 근처에도 그랬고요. 강은 지금보다 훨씬 더 조용했어요. 강에는 수많은 동물이 살았죠. 강에 나타난 모터보트는 동물들을 겁먹게 했어요. 수많은 환상이 사라져버린 것도 모터 때문이라고 봐요." 그러고는 그림을 그리기 시작했다. 종이에 그린 것은 어떤 사람의 얼굴이었다.

모이세스는 아주 느릿느릿 말하며 이따금 그림을 그렸다. 어떤 일이 정확히 어디서 일어났는지를 보여주려고 가끔은 물길 지도를 그리기도 했다. 말소리가 연필 사각거리는 소리만큼이나 나직했다. 그는 그림책을 읽어주기라도 하듯, 그림과 이야기를 동시에 펼쳐보였다.

"여기 이 친구는 환상을 본답니다." 그림을 가리키며 모이세스가 말했다.

"우리 할머니는 브라질의 한 마을에 살았어요. 지금은 큰 도시가 되었지만, 그때는 두 가족만 살았답니다. 밤에는 아주 조

[♦] 케추아어로 물의 사랑, 물의 남자라는 뜻. 수중도시에 사는 존재를 일컫는 말.

용했죠. 할머니는 밤중에 커다란 악어나 돌고래 소릴 듣곤 했어요." 당시의 밤은 지금보다 훨씬 더 조용했고 더 어두웠다. 그때는 손전등도 없었다. 가족들은 큰 양동이에 담아둔 매너티 기름을 태워 불을 밝혔다.

할머니가 열네 살이었던 어느 날, 그녀의 아버지가 이키토스에 갔다. 사냥한 고기를 장에 내다팔려고 떠난 이 여행은 카누로 열흘은 족히 걸렸다. 그녀와 남동생만 집에 남아 있었는데, 집에는 카누와 엽총과 개 두 마리가 있었다.

나흘 후 밤에 달이 뜨지 않았다. 소녀와 남동생은 빗물로 불어난 강 가까이 현관에 앉아 있었다. 한쪽 구석에는 매너티 기름을 태우는 등잔불이 켜져 있었다. 그녀는 강을 바라보다가 뭔가 움직이는 것을 보았다. 순간 돌고래가 숨을 내뿜었다.

바로 그때 1킬로미터 이상 떨어진 하류 쪽에서, 다이아몬드처럼 빛나는 부드러운 빛이 물속에서 떠오르는 게 보였다. 남매는 어리둥절했다. 뭐지? 전에는 그런 빛을 본 적이 없었다. 눈을 떼지 못하고 지켜보는 동안, 집채보다 큰 배가 눈에 들어왔다. 배는 천천히 아주 위풍당당하게, 믿어지지 않을 정도로 기척도 없이 다가왔다.

웅장한 배는 점점 더 가까이 다가왔다. 마침내 배 안이 보일 정도로 가까워졌다. 안에는 사람들로 북적거렸다. 그들의 웃음소리와 음악 소리가 물가에 있는 두 아이에게 들려왔다. 남자들은 널따란 모자를 썼고, 검은 신발에 흰 바지 차림이었다. 아름다운 아가씨들은 공주처럼 드레스를 걸쳤고, 조타실에는 거구의 남자가 왕처럼 의젓하게 앉아 있었다. 그의 이빨은 순금이었고, 입 안에서 다이아몬드가 빛을 발했다.

개 두 마리가 짖어대기 시작했다. 모이세스의 할머니가 될 소녀는 겁에 질렸다. "총 가져와!" 소녀가 외쳤다. 동생이 총을 세 방 쏘았다.

배는 천천히 물속으로 가라앉기 시작했다. 그러나 이상하게도 다이아몬드 빛은 오히려 위로 솟아올랐다. 10분 후 배는 완전히 사라졌다. 그러나 바로 그 자리에서 분홍돌고래가 위로 솟구치며 숨을 내뿜었다.

이튿날 밤, 소녀와 남동생은 다른 마을 사람 집에서 함께 지내려고 카누를 타고 갔다. 가는 길에 돌고래들이 카누를 에워쌌다. 돌고래들은 뭔가 말을 건네는 듯했다.

그 말이 할머니의 꿈속에 들려왔다고 모이세스가 말했다. 야쿠루나는 이렇게 말했다. "너는 내 배를 보고 왜 겁을 냈느냐? 나는 부자란다. 네가 본 아름다운 여자는 내 아내인 공주이고, 다른 사람들은 고용인들이지. 흰옷을 입은 사람들은 돌고래들이야. 물속에는 커다란 내 도시가 있는데, 탑이 있고 궁전도 있단다. 나는 너에게 다이아몬드와 금을 주고 싶은데, 나와 함께 가서 살지 않겠느냐?"

아버지가 집에 돌아왔을 때, 그녀는 배와 빛과 꿈 얘기를 들려주었다. 아버지는 믿지 않았다. 그러나 얼마 후, 큰 호수 어귀로 낚시를 다녀온 다음부터는 철석같이 믿게 되었다.

그는 밤중에 잘 잡히는 표범메기를 찾고 있었다. 담배와 작살과 커다란 바늘이 달린 낚싯줄을 가져갔는데, 한밤중에 뭔가 낚시에 걸렸다. 힘껏 줄을 당겼지만 낚싯줄이 끌려오지 않았다. 있는 힘을 다해 줄을 당기다가 램프가 물에 빠지고 말았다. 카누가 물속으로 끌려들어갈 것만 같았다. 그는 허겁지겁 카누를 나무에 잡아맸다. 나중에 아들과 함께 돌아온 그는 다시 낚싯줄을 힘껏 잡아당겼다. 야쿠루나가 도리어 낚싯줄을 당기는 바람에 카누가 거대한 파도와 힘을 겨루는 것처럼 보였다. "되레 나를 잡으려고 해!" 아버지가 말했다. "알아요. 전에 그의 커다란 배를 본 적이 있어요." 아들이 말했다.

그 후 아버지는 병이 들었다. 아들은 브라질 타바팅가에서 샤먼을 불러와야 했다. 최고의 샤먼을 불러왔다고 모이세스가 덧붙여 말했다. 아는 게 많은 이 샤먼은 황홀경에 빠진 상태에서 답을 들었다. 꿈결에 야쿠루나를 만나 얘기를 나눈 것이다. 황홀경에서 벗어나자 자기가 알아낸 것을 말해주었다. "당신은 착한 사람이오. 그런데 야쿠루나가 따님과 같이 살고 싶어 해요." 샤먼이 아버지에게 말했다. 샤먼은 담배 연기를 그에게 내뿜고, 그의 배에 입을 대고 빨았다. 그러자 병이 나았다. 그러나 야쿠루나는 여전히 그곳에 있었고, 지금도 그곳에 있다. 일가족은 다른 곳으로 떠날 수밖에 없었다. 그들은 말루파라는 마을로 이사했다.

"야쿠루나와 돌고래들과 함께 살기 위해 할머니가 물속에 들어갔다면 어떻게 됐을까요?" 나는 궁금했다. "거긴 어떤 곳이죠?"

"샤먼들은 물속에서도 여기서처럼 살 수 있다고 말해요. 오히려 더 잘 살 수 있다고 말하죠." 모이세스가 말했다. 이키토스의 샤먼이 그에게 이런 말을 들려준 적이 있었다. "물속 세상은 훨씬 더 안락하단다. 여기선 말라리아와 콜레라 같은 전염병이 기승을 부리지만, 엥캉치에는 그런 게 없지. 거기선 사람들이 더 오래 산단다. 물속에서 한 달을 사는 것은 여기서 1년을 사는 것과 같거든. 하지만 엥캉치에도 위험한 일은 있지." 샤먼은 엥캉치에 간 젊은 남자 이야기를 들려주었다.

나포강 하구에서 한 젊은이가 배와 함께 사라졌다. 가족들은 깜짝 놀랐는데, 얼마 후 젊은이가 어머니의 꿈에 나타났다. "나는 아주 잘 지내요. 아름다운 공주와 결혼했어요. 지금 아름다운 물속 도시에 살고 있는데, 여긴 너무나 좋아요. 하지만 누이에게 강에서 빨래를 하지 말라고 전해주세요. 돌고래가 나타나 슬그머니 누이를 훔쳐갈지 모르니까요." 그가 말했다.

젊은이는 물속 세상에서 20년 동안 행복하게 살았다. 그러다 어느 날 공주인 아내에게 어머니와 누이를 만나러 뭍에 다녀오고 싶다고 말했다. 그러자 아내가 말했다. "돌멩이 하나를 드릴게요. 그건 당신의 목숨이에요. 나한테 돌아올 때까지 절대 잃어버리지 마세요." 그래서 젊은이는 어머니와 누이를 만나러 왔다. 강에서 물을 긷고 있던 어머니는 아들이 카누를 타고 오는 걸 보았다. 그들은 부둥켜안고 울음을 터트렸다.

그는 주머니에 계속 돌멩이를 넣고 다녔다. 강에서 수영을 하면 아내를 만날 수 있었다. 그러나 마을에서 술잔치가 벌어진 어느 날 그만 돌멩이를 잃어버렸다. 이튿날 그의 어머니는 아들이

해먹에 누워 죽어 있는 것을 발견했다. 머리칼이 노인처럼 하얗게 세어 있었다.

이야기가 끝났다. 우리는 등잔불을 밝힌 채 둘러앉아 죽음을 생각했다. 그때 갑자기 샤워실 쪽에서 날카로운 비명이 들려왔다. 여자의 목소리였다. 그라시엘라, 아니 글라디스? 나는 손전등을 챙길 겨를도 없이 샤워실 쪽으로 달려갔다. 반쯤 달려간 후에야 어둠 속을 내닫고 있다는 것을 알았다. 글라디스가 세면대 근처에 쓰러져 울고 있었다. "옹지 피카 페리구(Onde fica perigo, 위험한 거 어딨어요)?" 나는 글라디스가 스페인어를 말한다는 것도 잊어버리고 포르투갈어로 물었다. "세르피엔테(Serpiente, 뱀)." 그녀가 흐느끼며 스페인어로 말했다. 이번에는 내 입에서 엉뚱하게 벵골어가 튀어나왔다. "샤프 코타이(Shap kothai, 뱀 어딨어요)?" 그러고는 영어로 물었다. "물렸어요?"

다른 직원 몇 명과 함께 다이앤과 스티븐이 어둠 속에서 나타났다. 스티븐이 날렵하게 뱀을 잡아 쥐었다. 엄지와 검지로 부드럽게, 그러나 단단히 뱀 머리를 쥐고 있었다. 1미터 가까운 노란 나무보아뱀이었다. 머리가 삼각형이어서 독사처럼 보이지만 독은 없었다. 스티븐이 내게 뱀을 넘겨주었다. 뱀으로 나를 껴안듯, 사랑스러운 긴 뱀을 내 어깨에 걸쳐준 것이다. 나는 이 뱀이 너무나 고마웠다. 글라디스를 물지 않았다는 것이 고마웠고, 독이 없다는 게 고마웠고, 내가 겁내지 않고 만질 수 있다는 것이 고마웠다. 그 순간 나는 이 뱀을 열렬히 사랑했다. 뱀의 잔혹성이 무섭지 않았고, 그저 너무나 아름답다는 생각만 들었다. 마리오의 아들을 삼켜버린 아마존강과 달리, 나는 뱀을 온전히 찬미할 수 있었고, 거리낌 없이 온전히 사랑할 수 있었다.

우리는 선창으로 이어지는 현관 계단에 뱀을 놓아주었다. 이튿날 아침에 배 안에서 다시 만나길 기대하면서.

저녁식사가 끝난 후 모이세스가 소식을 듣고 왔다. 아이의 시신을 찾았다며, 저녁에 다들 그 집에 모일 거란다. 우리도 초대를 받았다.

다이앤은 우리가 가면 안 된다고 생각했다. 그녀와 남편 페퍼는 아들을 잃는다는 것이 무엇인지 잘 알고 있었다. 아들을 잃었을 때는 아무도 만나고 싶지 않았다. 명복을 비는 사람들에게 웃어 보여야 한다는 게 너무 싫었기 때문이다. "얼마나 가슴 아프실지 잘 알아요." 말만 그럴 뿐 실은 전혀 알지 못하는 사람들. 무엇으로도 크나큰 상심을 달랠 길이 없건만 "시간이 약이랍니다."라고 말하는 사람들에게 웃어 보인다는 게 너무 싫었다. 죽은 아들을 멀뚱히 바라볼 부자 여행객들에게 마리오의 가족이 뭘 기대할 수 있을까? 그녀는 우리가 괜히 나설 일이 아니라고 생각했다.

그러나 우리가 가지 않으면 더 상심할지 모른다고 나는 생각했다. 어쩌면 좋을지 모이세스에게 묻자, 그가 나직이 대답했다. "마리오의 가족은 우리가 참석하는 걸 명예롭게 여길 거예요."

그날 밤 우리가 도착했을 때 이미 집 앞에 대놓은 카누가 많았다. 모터가 달린 것은 우리의 카누뿐이었다. 엎어놓은 카누 위에 다섯 남자가 앉아 담배를 피우고 있었다. 사흘 전에 여기서 만난 후안이 반갑게 우리를 맞이했다. 우리는 미소와 악수를 주고받았다. "부에나스 노체스(Buenas noches, 안녕하세요?)." 우리는 몇 분 동안 말없이 집 밖에 서 있다가, 기둥집 계단을 올라 북적이는 집 안에 들어섰다.

집 안에는 50명쯤 되는 사람들이 모여 있었다. 남자들이 한쪽 구석에 모기장을 치고 가물거리는 등잔불 아래서 담배 내기 카드를 치고 있는 것이 보였다. 여자들은 한쪽 벽에 붙여놓은 나무벤치에 줄지어 앉아 있었다. 어떤 여자는 두 개의 해먹 위에서 잠든 두 아이를 흔들어주고 있었고, 나머지 아이들은 여자들 발치에 강아지처럼 웅크리고 잠들어 있었다. 페커리 가죽으로 만든 북이 여전히 서까래 사이에 끼여 있었다. 춤추고 있지 않다는 것만 빼면 잔치 때와 다를 게 없었다. 우는 사람은 아무도 없었다. 오히려 웃어대며 떠들고 있었다. 잠들지 않은 아이들을 포함한 모든 사람이 마사토를 마셨다. 큰 잔치 때 사용하는 술인 마사토는 카사바 뿌리로 만든다. 여자들은 카사바를 씹은 후 술 단지에 뱉어 발효시킨다. 죽은 아이의 할아버지인 후안은 미소를 머금은 채 모든 손님에게 담배를 권했다. 파티에서 술과 카나페를 권하는 서양의 안주인을 연상시켰다.

모든 이들의 중앙에 놓인 탁자에 마리오의 아들이 있었다. 작은 시신에 빨간 조화로 장식한 흰옷을 입혔고, 머리맡에는 십자가가, 발치에는 불붙인 양초 두 개가 놓여 있었다. 코에서는 주기적으로 점액 거품이 흘러나와, 다섯 살쯤 된 누나가 손수건으로 담담히 점액을 닦아내곤 했다. 전에도 수백 번 같은 동작을 반복해온 듯했다. 아마 동생이 살아 있을 때도 그랬을 것이다. 죽었다고 해서 그러지 말란 법은 없었다.

곧이어 목에 타월을 두른 마리오가 나타났다. '사랑을 나누자DO THE WILD THING[미국 학생들의 은어]'라는 문구가 박힌 티셔츠를 걸친 친구가 곁에 서 있었다. "정말 안됐어요, 마리오." 우리가 영어로 말하며 그의 손을 잡았다. 마리오는 우리 모두에게 웃음을 지어 보였다. 평소와 같은 황금빛 함박웃음이었다. 그는 우리를 반가워했다.

그 후 마리오는 탁자에 놓인 아들에게 돌아섰다. 그는 친구와 함께 줄자로 아이의 머리부터 발끝까지 길이를 쟀다. 몇 분 후 톱질하는 소리가 들려왔다. 관을 짜려는 것이었다.

우리는 벤치에 앉아 방 안을 둘러보았다. 임신이 가능한 거의 모든 여자들의 배가 불룩한 게 눈에 띄었다. 머리가 세고 등이 구부정한 할머니처럼 보이는 여자 한 명도 임신을 해서, 배에 무거운 바구니를 얹어놓은 것 같았다. "저 나이에 네가 임신했다고 상상해봐." 내가 다이앤에게 속삭였다. "나라면 자살하겠어." 다이앤이 대꾸했다. "낙태약 덩굴식물이 사방에 널렸는데?" 하고 내가 다시 소곤거렸다. 하지만 아이의 머리맡에 있는 십자가 때문에 덩굴식물은 이제 쓸모를 잃어버린 것 같았다.

저 임산부들이 친구의 초상집에서 밤을 새며 무슨 생각을 할지 궁금했다. 내 고향 친구들이라면 일종의 죄의식을 느낄 것이다. 그들이라면 자식 잃은 부모 앞에서 커다랗게 농익은 과일처럼 부풀어 오른 배를 차마 내밀고 앉아 있지 못하겠지. 건강한 아이를 갓 출산한 친구는 경미한 신체장애가 있는 딸아이를 둔 친구 앞에서 몸 둘 바를 몰랐다. 새로 임신한 또 다른 친구는 불임인 친구와 얘기할 때면 임신에 대한 말은 입도 뻥끗하지 못했다. 두 사람 모두 자신의 행운에 죄의식을 느낀 것이다. 그러나 이곳 사람들은 달랐다. 아마존에서 죽음은 이상 현상이 아니다. 죽음은 날마다 함께하는 길동무다. 두려움 없이 슬픔을 잊고 함께하는 게 아니라 평정심과 기품을 지니고 날마다 함께 걷는 동반자 말이다.

집 안에 있는 사람들 대부분은 아이 잃은 가족과 함께 밤을 지새울 것이다. 더러는 잠들겠지만, 나머지는 담배를 피우며 카드를 치거나 마사토를 마시며 긴 얘기를 나눌 것이다. 그들은 자신을 선물하듯 초상집에 나타났다. 상을 치르는 가족이 혼자가 아님을 증명해주기 위해 이들 곁에 머물렀다. 이것은 일종의 선물이었다. 그들은 죽음에 맞서 싸우기보다 외로움에 맞서 싸운다.

도처에 널린 죽음과 맞닥뜨리고 있는 사람들답게 모두가 먹을거리를 가져왔다. 먹을거리는 곧 생명이다. 어떤 사람은 수탉 한 마리를 가져왔다. 떠나기 직전에 우리는 마리오가 한 손으로 수탉의 다리를 움켜쥔 채 다른 손에 양철 냄비를 들고 부엌으로 가는 모습을 보았다. 곧이어 수탉의 비명이 들려왔다.

리카르도 피파

62살의 페루인 샤먼. 현지의 돌고래 신화에 관한 이야기를 주인공 일행에게 들려준다.

데이비드 올리브

록샌 캠프의 관리인. 1980년대 페루의 한 호텔에서 일하다가 록샌을 알게 됐고, 그 인연으로 그녀의 캠프에서 일하게 됐다.

존 그린

루스벨트대학교 열대생물학 교수. 사이와 탐시야쿠타후아요 보호구역을 함께 탐사한다.

그레그 네이즈

열대우림보존기금 회장. 대학을 나오지 않았지만 독학으로 익힌 디자인 기술로 돈을 모아 페루를 비롯한 열대지방 곳곳을 여행한 경험이 있다.

개리 갤브레스

열대우림보존기금 회장을 역임한 노스웨스턴대학교 고생물학 교수. 선사시대 남아메리카의 동물들에 대한 이야기를 사이에게 들려준다.

짐 펜

탐시야쿠타후아요 보호구역 농림 계획의 현장 소장으로 10년 넘게 일하며 자연환경 보호에 힘쓰고 있다.

돈 호르헤 소플린

토착식물에 박식한 71세의 페루인 남성. 주인공 일행에게 현지 원주민들의 세계관을 일러준다.

3부
숨결

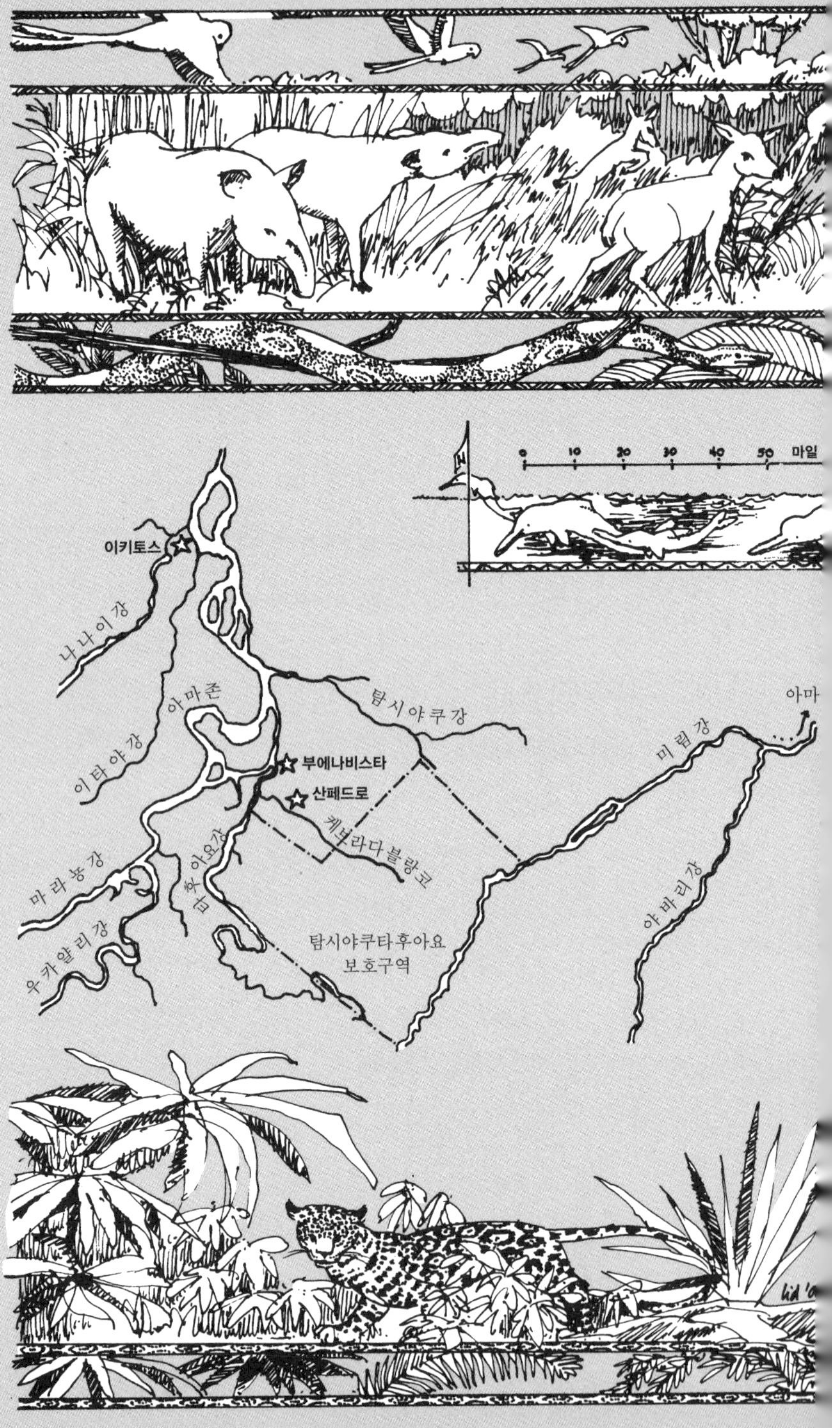

탐시야쿠타후아요 공동 보호구역

거울처럼 매끄러운 차로호에서 우리는 달이 나타나길 기다린다. 박쥐 한 마리가 한 주먹 어둠처럼 우리 옆으로 쏜살같이 날아간다. 어둠 속의 개구리들이 대나무 차임벨 소리를 내고, 팽팽한 고무줄 퉁기는 듯한 소리도 들린다. 남쪽 하늘에서는 번개가 두근거리듯 소리 없이 번쩍인다. 달은 검게 소용돌이치는 비구름 뒤에 숨어 있다. 우리는 하염없이 달을 기다린다.

깊은 밤, 여성들의 후견자이자 유혹자인 달은 여성의 몸과 마음을 활짝 열어 사랑을 나누게 한다. 아마존 신화에 따르면, 달은 식물의 성장 주기와 여성의 월경 주기를 조절한다. 시피보족 사람들은 여성이 달 밝은 밤에 유난히 돌고래의 마법에 걸리기 쉽다고 말한다. 달은 지하세계의 태양이다. 달은 엥캉치를 밝히며 어둠의 세계를 가로질러간다. 다이앤과 내가 지금 이곳에 온 것도 그 때문이다. 모이세스와 그라시엘라, 제리, 스티븐과 함께, 우리는 카누에 앉아 돌고래가 달빛에 드러나기를 기다린다.

6시 40분, 달빛이 구름을 가르고 나타난다. 6시 45분, 이 글을 쓸 수 있을 만큼 달빛이 밝다. 우리는 계속 기다린다.

주위의 차임벨 소리, 휘파람 소리, 경적 소리, 끼룩거리는 소리, 숲이 들먹이며 한숨을 내쉬는 소리가 들린다. 음악으로 충만한 꿈결 같다. 7시 4분, 이윽고 숨소리가 들린다. "솨아—!" 1분 후 또 다른 숨소리.

다시 1분이 지나자, 사방에서 작은 거품이 솟기 시작한다. 뒤에서, 앞에서, 우현과 좌현에서. 돌고래들이 내뿜는 숨결이다. 팔을 뻗으면 닿을 만큼 가깝다.

나는 자료 수집을 멈춘다. “어떻게 이럴 수가. 이럴 순 없어.” 내가 다이앤에게 말한다. “있잖아, 지금. 그냥 믿어.” 다이앤이 답한다. 나는 호숫물에 손을 담그고 보글거리는 거품을 피부로 느껴본다. 감미로운 애무 같다. 어쩌면 유령의 입맞춤 같기도 하다. 입맞춤이 이어진다. 4분에 걸쳐 돌고래들이 축복하듯 카누를 숨결로 감싸고 있는 동안, 우리는 만질 수 없는 것을 만져보고, 볼 수 없는 것을 바라본다.

이러한 교감은 현대 서구인들이 오래전에 잊어버린 마법 같다. 과거 인류는 늘 이런 교감을 해왔다. 영혼, 정신을 뜻하는 고대 그리스어 ‘프시케psyche’는 숨이나 광풍을 뜻하기도 한다. ‘(바람이) 불다’를 뜻하는 ‘프시케인psychein’에서 파생한 말이다. 공기, 바람, 숨을 뜻하는 또 다른 고대 그리스어 ‘프뉴마pneuma’는 라틴어 ‘스피리투스spiritus’와 마찬가지로 혼령을 뜻하는 말인데, 영감inspiration을 뜻하기도 한다. 고대 산스크리트어인 ‘아트만atman’은 영혼을 뜻하는데, 공기나 숨을 뜻하기도 한다. 데이비드 에이브럼이 『감각적인 것의 마력*The Spell of the Sensuous*』에서 지적했듯이, 숨과 공기와 영혼은 아주 깊은 원초적 관계를 맺고 있다. 그는 우리 모두가 “살아 있는 감각적인 신성한 공기”에 의해 활기를 띠게 된다고 썼는데, 활기animation의 어원인 라틴어 ‘아니마anima’ 역시 숨, 공기, 바람, 영혼을 뜻한다.

이럴 순 없어! 주변에서 거품이 보글거리는 동안, 나는 계속 되뇌었다. 숨은 공기이고, 공기는 보이지 않는 것이기 때문이다. “시체에는 부재하는 것으로 알려진 그것……. 그 공기는 결코 우리 눈에 띌 수 없고, 명백히 드러날 수 없다."라고 에이브럼은 썼다. 그러나 에이브럼은 북아메리카 나바호 인디언들이 그것을 볼 수 있다고 주장하는 것에 주목했다. 그들은 우리 손가락 끝마디의 소용돌이꼴 지문이 바로 활기를 띤 생명의 바람이 남긴 흔적이라고 말한다. 발가락 끝마디의 소용돌이 바람은 우리를 땅과 이어주고, 손가락 끝마디의 바람은 우리를 하늘과 이어준다. 우리가 꼿꼿이 서 있을 수 있는 이유가 그래서라고 그들은 말한다. 우리를 삶에 정박시키는 것이 바로 숨이고, 우리를 육체에 정박시키는 것이 바로 영혼이다.

거품이 사라진다. 이후 17분 동안, 달빛 아래 반짝이는 분홍빛 머리가 물속에서 너울거리는 것이 보인다. 그러나 우리에게는 정작 눈에 보이는 것보다 보이지 않는 숨결이 더 생생하게 느껴진다. 한바탕 숨소리에 이어 꼬리로 물을 튀기는 소리가 들린다. 이어 또다시 한바탕 숨소리가 들리고 물 튀기는 소리가 들린다. 숨결의 발레랄까. 어느덧 돌고래들이 사라지며 숨소리가 차츰 잦아들고 점점 멀어진다.

돌아가는 길에, 촌락에서 자란 그라시엘라가 말한다. 가끔 달이 질 때, 작은 별들이 천천히 움직이는 것을 보곤 했다고. 우리도 그걸 볼 수 있을까? 다이앤과 나는 그것이 인공위성이었을 거라고 말해준다. 하지만 그라시엘라에게는 말도 안 되는 이야기일 뿐이다.

영혼의 덩굴

"간밤에는 비가 오지 않았어."

아침마다 내가 다이앤에게 건네는 첫마디 말은 비에 대한 것이었다. 몇 시에 비가 왔을까? 얼마나 오랫동안 왔을까? 간밤의 비가 돌고래를 관찰하는 데 어떤 영향을 미칠까? 비는 우리의 동반자가 되었다. 동반자가 날마다 어떻게 행동하는가는 우리 자신의 행동만큼이나 중요했다. 강변의 기둥 위에 지은 산페드로의 초상집에 들른 지도 벌써 여러 날 지났는데, 거의 날마다 비가 왔다. 그러나 오늘만큼은 애타게 비가 기다려졌다. 전날 낮에도 간밤에도 비가 오지 않은 탓이다. 간밤에는 잠을 자면서도 비가 그리웠다. 왠지 내 꿈이 메마르고 낯설었다. 비가 없는 꿈은 현악기 없는 오케스트라 같았다.

"물이 줄고 있어요." 모이세스가 아침식사 때 말했다. 캠프 주변의 수위도 5센티미터나 낮아졌다. 물고기는 아마존강으로 돌아가고, 돌고래도 뒤따라갈 거라고 했다.

그래서 우리는 "가시! 가지! 개미!" 하고 외치며, 물에 잠긴 숲을 이리저리 가로질러 북쪽으로 나아갔다. 짙은 갈색으로 출렁이는 바다 같은 아마존강으로. 거기서 우리는 또 하염없이 기다렸다. 그러나 돌고래는 보이지 않았다. 아마존의 눈을 가진 모이세스도 돌고래를 찾지 못했다. 그래서 모이세스는 카누를 몰아, 나무들 대부분이 물에 잠긴 세크로피아 숲을 지나, (점점 더 자주 "개미!" 하고 외치며) 이엉을 얹은 작은 기둥집으로 갔다. 집 옆에는 포도송이 크기의 초록빛 열매가 주렁주렁 매달린 빵나무가 물에 잠겨 있었다. 파란 옷을 입은 아름다운 젊은 여성이 현관에서 아기를 그네 태우고 있었다.

"돌고래가 모두 어디로 간 거예요?" 모이세스가 그녀에게 케추아어로 물었다.

두 사람은 손짓을 해대며 오래 얘기를 나누었다. 모이세스는 돌고래가 여기서 한 시간 거리에 있는 이름 없는 호수로 몰려갔다고 했다. 오늘 그곳에 가기에는 연료가 모자랐다. 하지만 이날 밤 우리는 다른 방식으로 돌고래를 만났다.

전에 이 지방의 샤먼인 리카르도 피파를 캠프에 초대한 적이 있었다. 몸이 여윈 62세의 샤먼은 늘 겸손하고 환한 미소를 머금고 있었지만 심하게 기침을 해댔다. 페루에 도착한 직후 다이앤과 나는 숙소 근처의 라미레스라는 벌목지에서 그를 만난 적이 있었다. 다이앤이 다람쥐원숭이와 놀고 있는 동안, 나는 돌고래의 영혼에 대해 그와 얘기를 나누었다.

리카르도는 아주 자상했다. 하지만 모이세스가 열심히 통역을 해주었는데도 이때처럼 의사소통이 어려운 인터뷰를 해본 적이 없었다. 제3세계의 강에서 부릉거리는 수많은 낡은 모터보트

소리 때문에 말소리를 새겨듣기도 어려웠다. 모이세스의 목소리는 너무 나직해서, 그가 언제 스페인어를 끝내고 언제 영어 통역을 시작했는지조차 아리송했다. 게다가 이날따라 그의 영어가 갈팡질팡했다. '남자'와 '여자', '그'와 '그녀', '주일'과 '개월'을 혼동했고, 낱말이란 그저 벗겨서 내버려야 할 과일 껍질에 지나지 않는다는 듯 말을 뱉어냈다. 확실히 짚고 넘어가려고 모이세스에게 철자를 불러달라고 했다가 일이 더 커졌다. 예컨대 모이세스가 A라고 말한 것은 E였고, E라고 말한 것은 I였던 것이다. 게다가 얘기를 나누는 동안, 우리가 앉아 있는 마루 아래 물에서 우글거리는 말파리가 연신 공습을 해댔다. 삼각말파리는 사람을 물어서 전염병을 퍼뜨린다. 우리는 말파리가 허벅지와 엉덩이를 깨물 때마다 손바닥으로 후려치느라 리카르도의 얘기를 놓치곤 했다. 더구나 리카르도와 나는 자주 기침 발작을 했다.(모이세스의 말에 따르면 "정글 기침은 족히 한 달은 간다.") 나중에 이 면담을 녹음한 테이프를 들으며 다이앤과 나는 배꼽을 잡고 웃어댔다. 내가 영어로 질문할 때마다 모이세스가 스페인어와 케추아어로 웅얼거렸는데, 그와 동시에 손바닥으로 철썩철썩 후려치는 소리와 함께 세 가지 언어의 욕설이 난무했고, 주기적인 기침 소리가 이중주로 깔렸다.

어쨌든 이삭줍기하듯 낱말을 모아, 리카르도가 25년 전에 돌고래의 마법을 어떻게 익혔는지 알아낼 수 있었다.

리카르도는 그때 수많은 식물들의 비밀을 배우며 샤먼이 되기 위한 공부를 하고 있었다. 어느 날 밤 아마존강으로 낚시를 하러 갔을 때였다. 어두운 숲속에서 그를 부르는 소리가 들려왔다. 목소리를 따라가 보니 늘씬하고 창백한 여인이 긴 금발을 휘날리고 있었다. 두 사람은 함께 물가로 걸어갔다. 거기서 그는 달처럼 환하게 빛나는 돌 하나를 보았다. 리카르도는 돌을 집어 들었다. 순간 수많은 돌고래가 물에서 솟구쳐 올랐다. "내 마법의 돌이에요. 마법의 힘을 당신에게 주고 싶어요." 금발의 여인이 그렇게 말하고는 홀연히 사라졌다.

여인은 꿈속으로 리카르도를 찾아왔다. 그들은 여러 돌고래와 함께 거대한 수중도시 엥캉치로 갔다. 여인은 돌고래를 부르는 주문인 이카로를 리카르도에게 가르쳐주었다. 그 후 여섯 달 동안 돌고래들이 낮에는 물속에서 그를 따라다녔고, 밤에는 꿈속에 나타났다. 돌고래들은 그에게 마법의 힘을 보여주었다. 리카르도는 그들이 물속의 모든 동물—물고기와 카이만, 가오리, 보아뱀—을 지켜주는 수호자라고 말했다. "돌고래는 사람들이 물고기를 너무 많이 잡아가는 걸 좋아하지 않아요. 그래서 그물을 찢기도 하는 겁니다." 모이세스가 통역 뒤에 자기가 아는 이야기를 덧붙였다. 한번은 모이세스의 형이 대나무 작살을 던져 커다란 물고기를 잡은 적이 있었다. 물고기가 힘이 빠졌을 때 돌고래가 나타나더니, 대나무 작살을 두 동강 내버리고 물고기를 카누에서 멀리 밀어냈다. "그리고 멧돼지가 강을 건널 때 돌고래가 화를 내는 걸 보았어요. 돌고래는 그런 육상동물도 거뜬히 죽일 수 있죠. 물속에서는 맞설 자가 없거든요."

돌고래들은 묘약의 제조법과 주문과 노래를 가르쳐주기도

했다고 리카르도가 말했다. 방언과 여러 가지 이카로를 가르쳐 준 것도 돌고래였다고 한다. 돌고래들에게 배우는 동안 육상동물 사냥은 금지되었다. 그러나 돌고래 덕분에 낚시를 할 때마다 행운이 뒤따랐다.

지금도 리카르도는 아름다운 여인이 준 마법의 돌을 간직하고 있다. 어디에 두었을까? 집 안에 둔 게 아니라 마음속에 간직하고 있다고 했다. 그런데도 다른 수많은 샤먼들이 그것을 훔쳐가려고 한다. 메기와 카이만도 훔쳐가려고 한다. 그러나 돌고래들이 항상 그를 지켜준다. 그는 필요할 때마다 돌고래의 영혼을 불러들일 수 있다. '아야후아스카'라는 강력한 약물을 마시고 황홀경 속에서 그들을 부른다. 이 약물은 숲에서 자라는 가장 신성한 두 식물인 아야후아스카와 토에로 만든다.

아야후아스카에 대해서는 들어본 적이 있었다. 케추아어로 '영혼의 덩굴'이라는 뜻이다. 많은 아마존 부족이 이것으로 강력한 환각제를 만든다. 비밀 의식을 치를 때 황홀경으로 이끌어주는 것도 바로 이것이다. 에콰도르 히바로족은 이것을 야헤yagé라고 부른다. 브라질 투카누족은 카피caapi라고 부른다. 영국 식물학자이자 탐험가인 리처드 스프루스는 이 약물의 강력한 효과에 대해 이렇게 썼다. "풍경이 교란되며 빠르게 환상이 펼쳐진다. 보고 들은 적이 있는 모든 장관과 환상이 조합되는 것 같다. [……] 그러나 곧 환상이 바뀐다. 야수들이 덮치는 환상을 보게 되는데, 이때는 서 있을 수조차 없어서 바닥에 쓰러지고 만다."

모이세스도 아야후아스카를 세 번 마셔본 적이 있다는데,

다시는 마시고 싶어 하지 않았다. "10분쯤 지나면 몸속에 뼈가 없는 듯한 느낌이 들어요. 그리고 너무나 많은 일들, 나쁜 일들과 화나는 일들이 떠올라요." 소름끼치는 환각 상태에 빠질 수도 있다고 그는 말했다. 한번은 흡혈박쥐들이 공격을 해댔다. 그 약을 복용한 사람은 거의 모두가 구토를 해댄다. 위장이 텅 빈 후에도 오랫동안 구토가 계속된다. 어떤 사람은 걷잡을 수 없는 공포에 시달리기도 한다. 대부분 방광과 창자의 자율 기능을 잃어버린다. 그러나 샤먼은 다르다고 한다. 모이세스는 리카르도가 대단히 강한 사람이라고 장담했다. 리카르도는 한 달에도 예닐곱 번씩 아야후아스카를 마신다. 그는 토하지 않는 방법을 익혔다. 구토를 하면 '신성한 덩굴의 어머니'가 떠나버리는 탓에 수중 세계의 영혼들에게 이끌어줄 수 없기 때문이다.

우리가 라미레스를 떠나기 전, 리카르도와 나는 한 가지 약속을 했다. 우리가 야라파 강변에 있는 록샌 크레머의 캠프로 떠나기 전날 밤, 리카르도가 숙소로 찾아와 의식을 치러주기로 한 것이다.

그는 아야후아스카 덩굴의 도움을 받아, 바로 오늘 밤 돌고래의 영혼들이 우리를 찾아오게 할 작정이다.

저녁 8시 30분에 의식이 시작되었다. 의식은 대개 밤에 치러진다고 했다. 조용할 때 더 수월하게 영혼과 얘기를 나눌 수 있기 때문이다. 우리는 둥글게 원을 그리고 앉았다. 나는 리카르도 왼쪽에, 다이앤은 내 왼쪽에, 모이세스는 다이앤 왼쪽에 앉았다. 중앙의 마룻바닥에는 등불을 밝혀놓았다.

이보다 앞선 초저녁, 제리의 행운을 비는 작별 의식을 치를 때, 리카르도는 "영혼을 불러오기 위해" 파란색과 황금색 금강앵무 깃털로 만든 장식을 머리에 이고, 빨간 콩과 대나무 씨앗과 호저의 가시털로 만든 X자 모양의 상의를 걸쳤다. 리카르도는 등불을 밝히고 의식을 진행하는 동안 얘기를 나누어도 좋고, 사진을 찍어도 좋다 했다.

그러나 이번에는 리카르도가 하얀 반팔 면옷을 입고 갈색 식물만 몸에 걸쳤다. 일단 등불이 꺼지면 손전등을 켜서는 안 되고, 말도 하면 안 된다. 이번에는 화려한 몸치장이 아니라 신성한 덩굴의 어머니가 가장 강력한 영혼들을 불러오게 된다. 우리는 영혼들을 방해하지 않도록 주의해야 한다.

리카르도가 담뱃대에 불을 댕겼다. 대통 안에는 담배가 아니라 몰약과 비슷한 식물로 만든 방향제가 들어 있었다. 그는 아야후아스카를 담은 작은 알루미늄 단지 위에 달콤한 연기를 내뿜었다. "이카로를 읊는 거예요." 모이세스가 설명했다. 세 모금을 깊이 들이쉬고 내쉰 리카르도는 잠깐 밖으로 나가 난간 너머로 침을 뱉었다.

다시 돌아와서는 한 무더기의 샤카야자 잎을 흔들며 영혼을 부르기 시작했다. 리카르도는 내 정수리에 연기를 후욱 내뿜었다. 그곳은 돌고래의 숨구멍이 있는 곳이라고 나는 생각했다. 리카르도는 돌아가며 각자의 머리 위로 축복의 야자수 잎을 흔들었다. 첫 대상은 나였다. 야자수 잎 더미는 의식 전에 탁자 위에 올려뒀는데, 그때 숨어든 각다귀들이 축복과 함께 내 머리에 쏟아져 내렸다. 리카르도는 등불을 끄고 어둠 속에서 휘파람을 불기 시작했다.

여름날 어린 학생들이 흥얼거릴 만한 소박한 가락의 휘파람이었다. 휘파람은 곧 노랫소리로 바뀌었다. 노랫말은 오논다가 인디언 말처럼 들렸다. 대학 시절 학교 근처에 있는 인디언 보호구역에 가서 버펄로에게 사과를 먹이며 오논다가 인디언의 말소리를 들어본 적이 있었다. 그들의 평온한 말소리는 방향제처럼 향긋했다. 나는 눈을 감은 채 애벌레 환상을 보았다. 그리고 나비 떼와 나뭇잎들, 새 떼를 차례로 보았다. 완만한 생성의 계단이 눈앞에 펼쳐지는 듯했다. 친절하고 점잖은 남자가 우리를 엥캉치로 이끌고 있다는 생각이 들었다.

의식을 치르는 동안 시간의 흐름이 멈추었다. 야자수 잎을 흔드는 소리는 빗소리를 연상시켰다. 야자수 잎 소리와 최면을 거는 듯한 휘파람과 노랫소리가 리듬에 맞춰 흐르는 동안 잠 속으로 미끄러지는 듯했다. 잠은 물과 같고, 꿈은 강과 같다는 생각이 들었다. 나는 깨어 있기 위해 벌레에 물린 자리를 손톱으로 할퀴었다. 예사롭지 않은 평화가 몸을 감싸는 듯했다.

몇 시간인지 몇 분인지 알 수 없는 시간이 흐른 후, 우리는 뭔가 달라졌다는 것을 느꼈다. 닫혀 있던 무더운 실내가 갑자기 서늘해졌다. 이제 야자수 잎 소리는 물 튀기는 소리로 바뀌었다. 실제로 비가 오기 시작했다는 것을 알 수 있었다. 낱말 하나가 뇌리를 스쳤다. 어머니. 힘을 그러모으듯 빗줄기가 점점 굵어졌을 때

리카르도가 낯선 언어로 말하기 시작했다. 나는 팔을 뻗어 다이앤의 손을 잡았다.

천둥 번개와 함께 의식이 끝났다. 리카르도가 쉴 수 있도록 혼자 남겨둔 채 우리는 방 밖으로 기어 나갔다. 그동안 무슨 일이 일어났는지 모이세스가 우리에게 전해주었다.

리카르도는 신성한 덩굴의 어머니와 얘기를 나누고, 돌고래의 영혼들을 만났다. 그리고 그들이 기꺼이 우리와 얘기를 나누고자 한다는 답을 들었다.

"그들이 두 분에게 찾아오고 싶어 해요." 모이세스가 리카르도의 말을 통역했다. "돌고래들은 두 분에게 마법을 가르쳐주고 싶어 한대요. 두 분이 마법의 힘을 얻게 되면 언제 어디서든, 심지어 고국에 돌아가서도 돌고래 영혼이 두 분과 함께 있을 거랍니다."

"그들이 두 분에게 찾아오고 싶어 해요." 그가 거듭 말했다. "여러분에게 영어나 프랑스어, 스페인어, 케추아어로 말할 거예요. 그들이 직접 말입니다."

"오늘 밤 그들이 꿈속에서 두 분에게 말할 거예요." 그가 장담했다. "내일 리카르도가 꿈풀이를 해줄 거랍니다. 돌고래들은 사흘 밤 꿈을 보내줄 텐데, 무슨 뜻인지는 나중에 리카르도가 풀이해줄 거예요. 하지만 덩굴의 비밀을 알게 되면, 두 분이 이해할 수 있는 말로 돌고래가 직접 이야기할 거예요."

"돌고래가 아주 오랫동안 두 분과 얘기를 나누고 싶어 해요." 모이세스가 말했다. "그리고 두 분이 돌고래의 도시인 엥캉치를 보고 싶다면 기꺼이 보여줄 거예요. 거기로 데려가서요."

그러나 그러기 위해서는 우리가 덩굴을 마셔야 한다고 했다.

모이세스가 잠시 쉬어가며 그런 말을 하는 동안 여전히 천둥 번개가 쳤다. "비가 오면 집중이 잘 돼요." 리카르도는 과거에 모이세스에게 이렇게 말한 적이 있다고 한다.

밤새 비가 내렸다. 아침 6시에 다이앤이 나를 깨웠을 때도 계속 비가 내렸다. 돌고래에 대해 많은 것을 배우도록 신성한 어머니가 우리 두 여자에게 여자 비를 보내준 것은 길조인 게 분명하다고 다이앤이 말했다.

잠이 깬 후 무슨 꿈을 꾸었는지 돌이켜보았다. 내 꿈은 좀 실망스러웠다. 환상이라기에는 너무 단순하고 모호했다. 그저 이런 꿈이었다. 다이앤과 모이세스, 마리오와 내가 카누를 타고 리카르도의 집에 갔다. 우리는 커다란 달걀 모양의 물건을 그에게 건네주었다. 생각해보니 그 물건은 전날 우리가 발견한 달팽이의 알집이었다. 연초록색의 알집은 아름다웠다. 그것을 건네주자 그가 받아들였다. 꿈속에서 말이 오가지는 않았다. 그 밖에 다른 물건은 보이지 않았다. 꿈의 의미는 빤해 보였다. 그저 이튿날 아침에 하고 싶은 일을 꿈꾼 것이다. 새로운 시작의 씨알이 담긴 알집을 꿈꾸었지만, 이미 예전부터 그것을 리카르도에게 줄 생각이었다.

다이앤의 꿈은 극적이고 길고 생생하고 복잡했다. 잘생긴 구애자와 노인, 결혼반지, 관, 죽음을 슬퍼하며 울부짖는 사람들이 꿈에 나타났다. 분명 내 꿈보다 훨씬 좋아 보였다. 나는 아침식사 때 질투로 가라앉은 기분을 숨길 수가 없었다.

리카르도는 그날 밤 우리 캠프에서 묵었다. 이튿날 자기 마을인 에스페란자로 가는 길목에 있는 후아시까지 우리와 같이 가서, 함께 돌고래를 관찰하고 꿈풀이도 해주기로 약속했었다. 가는 길에 마리오가 풀이 무성한 강둑에 배를 댔다. 모이세스가 먼저 내 꿈을 물어보았다. 그는 리카르도와 얘기를 나눈 후 말했다. "꿈속에서 당신은 돌고래의 영혼을 보고 싶어 하지만, 그 영혼을 알아보진 못할 거예요. 친구나 남편 혹은 아내의 모습으로 나타날 테니까요. 꿈속에서는 많은 것들이 모습을 바꾼답니다."

그는 내 꿈속에서 우리가 타고 간 카누가 돌고래의 배라고 풀이했다. 우리를 엥캉치로 데려가려는 배였다는 것이다. 그렇다면 커다란 알집은? "리카르도가 당신의 머리에 연기를 내뿜었을 때, 그는 신성한 덩굴의 어머니와 돌고래 영혼에게 빌었답니다. 당신에게 마법의 힘을 주라고. 그게 조가비나 총, 창, 칼일 수도 있는데, 배 안에 있던 게 바로 돌고래가 당신에게 주고 싶은 것이랍니다."

"덩굴을 마시면 큰 힘을 얻게 될 거예요. 돌고래의 영혼이 수호자도 보내줄 거고요." 리카르도가 장담했다. "재규어와 독수리, 큰 신령과 큰 박쥐들이 당신을 도와주고, 항상 뒤에서 지켜줄 거예요."

이제 다이앤이 나서서 자기 꿈 얘기를 했다. "잘생긴 젊은 애인을 보았는데, 나한테 반한 노인도 봤어요." 그녀가 꿈 얘기를 시작하자 나는 기분이 씁쓸했다. 아름다운 다이앤을 차지하려는 애인이 두 명이나 꿈에 나타났다는데, 내 꿈에 나타난 건 고작 달팽이 알집이라니.

“나는 노인을 사랑하지 않았지만, 젊은 애인 대신 노인을 택했어요.” 다이앤이 얘기를 계속했다.

다이앤은 노인과 함께 보석상에 가서 결혼반지를 골랐다. 보석상 주인은 커다란 다이아몬드가 담긴 상자들을 차례로 보여주었다. 노인은 미소를 머금은 채 다이앤에게 가장 큰 것을 고르라고 권했다. 그러나 그녀는 가장 작은 것을 갖겠다고 말했다. 그때 리카르도가 꿈에 나타나, 다이아몬드로 가득 찬 다른 상자를 건네주었다. 그들은 반지를 보기 위해 옆방으로 갔다. 옆방은 침대로 가득했고, 침대마다 죽은 사람이 누워 있었다. 다이앤이 반지 하나를 고르자, 그 반지는 잿빛 고릴라가 그려진 노란 플라스틱 반지로 바뀌었다. 이럴 수가! 다이앤이 깜짝 놀랐지만, 리카르도가 걱정하지 말라며 다이아몬드 반지가 준비될 때까지 플라스틱 반지를 껴야 한다고 말했다.

그 후 다이앤과 노인은 밖으로 나왔다. 바깥에는 검은 옷을 입은 사람들이 울부짖고 있었다. “하지만 우리는 아랑곳하지 않았어요. 우린 아주 행복했으니까요. 그 후 노인은 혼자 정글로 걸어갔어요.” 다이앤이 말했다.

리카르도는 꿈 얘기를 듣고 아주 흐뭇해했다.

“잘생긴 흑인 젊은이는 회색 돌고래랍니다.” 그가 말했다. “결혼반지를 준 키가 큰 백인 노인은 분홍돌고래지요.” 이러한 해몽에 우리는 얼떨떨했다. 다이앤의 꿈에 나타난 젊은 애인은 흑인이 아니었고, 노인은 키가 크지 않았기 때문이다. 모이세스가 통역을 하다가 말이 바뀐 게 아닌가 싶었다.

리카르도가 계속 말했다. "반지는 돌고래의 마법을 나타내는 거랍니다. 노란색은 행운을 나타내지요. 훗날 혹시 병에 걸리면 황금색이 도움이 될 거예요. 다이아몬드는 당신을 수호해주는 물건이랍니다. 투명한 것은 당신에게 행운을 줄 거예요. 맑은 물도요."

"돌고래가 당신에게 보여준 방들은 그의 집이랍니다. 침대는 병원 침대고요."(엥캉치에는 아주 훌륭한 병원이 있다고 모이세스가 전에 강조한 적이 있었다.) 그렇다면 울부짖는 사람들은? 그것 역시 좋은 징조라고 리카르도가 말했다. 실은 우는 게 아니라 돌고래들이 기도하는 것이고, 다이앤을 만나서 기뻐하는 거라고.

"당신은 아주 좋은 꿈을 꾸었어요." 그가 말했다. "당신이 본 모든 사람은 돌고래랍니다. 돌고래들은 당신에게 많은 것을 주고 싶어 해요. 간밤에 돌고래들은 사이보다 다이앤을 더 많이 찾아왔군요."

나는 참담한 기분이 들었다. 이제까지 나는 물속의 돌고래들을 추적할 수 없었다. 나무우듬지에 올라서도 보지 못했다. 그런데 이제는 꿈에서조차 나를 피했다. 나는 스스로 놀랄 정도로 자신이 미웠다. 한 달 반 동안 먹어온 말라리아 예방약 때문에 머리가 돌아버린 게 아닌가 하는 생각까지 들었다. 훗날 다이앤과 나는 실제로 그 약에 그런 부작용이 있다는 사실을 알게 되었다.

자상한 모이세스가 내 얼굴에 드러난 좌절감을 엿본 모양이었다. 그가 부드럽게 덧붙여 말했다. "사이, 당신은 다음에 좋은 꿈을 꿀 거예요."

다음에 꾼 꿈을 기록해두어야 한다고 그가 말했다. 그래야 리카르도가 해몽해줄 수 있기 때문이다. 우리는 미리 약속한 약품들을 가지고 야라파 강변에 있는 록샌 크레머의 캠프에 가서 묵을 예정이었다. 하지만 다시 타후아요강으로 돌아올 무렵에는 영혼들이 우리에게 직접 말을 건넬 거라고 한다. 그때 거기서 리카르도가 이끄는 대로 다이앤과 내가 덩굴을 마실 테니까.

록샌의 캠프까지 가는 데 아홉 시간이 걸렸다. 먼저 아마존강, 곧이어 마라뇽강까지 가는 데 50분이 걸렸다. "마라뇽강은 아마존의 위대한 어머니 강"이라는 뜻이라고 모이세스가 설명했다. 이 강은 운무림[습기가 많은 열대 삼림]에서 발원한다. 거기서 우리는 우카얄리강으로 접어들게 될 것이다. 이 강의 발원지는 안데스산맥에 있는 고대 잉카의 유적지인 마추픽추다. 우카얄리강에서 작은 샛강을 거쳐 동쪽으로 가면 야라파강이 나오고, '돌고래 코너'라는 이름의 록샌의 캠프가 나온다.

아마존강은 고대의 짙은 포도주색 바다처럼 붉게 출렁거렸다. 강둑처럼 보이는 곳에는 카냥브라바라는 대나무가 창끝처럼 술을 대롱거리며 늘어서 있었다.(실제로 그 대나무로 창을 만들기도 한다고 모이세스가 말했다.) 강폭이 1.6킬로미터에 이르는 이곳에서는 맞은편 강둑이 아득히 멀어 보인다. 그러나 그것은 강둑이 아니다. 출렁거리는 물살처럼 생긴 수천의 섬 가운데 하나일 뿐이다. 뱀 같은 강은 땅을 먹어치우고 소화시켜 이렇게 재창조한다.

“내가 3년 전에 여기서 일할 때는 야라파강과 우카얄리강이 나란했어요.” 모이세스가 말했다. 이제는 두 강이 일정한 각도를 이루고 있다. 야라파강 하구에는 물에 잠긴 마을이 있다고 그가 말했다. 3년 전에 그는 강이 마을을 삼키는 것을 지켜보았다. 마을은 한 달 만에 수몰되고 말았다. “아버지가 말씀하셨죠. 물은 스스로 존재하는 것이어서 인간이 아닌 신만이 멈출 수 있다고.” 모이세스가 회상에 잠긴 채 말했다.

다이앤과 나는 고개를 주억거렸다. 여기서는 그럴 수밖에 없을 것이다. 그런데 오늘날은 더 이상 그렇지 않다. 돌고래와 관련해 베라가 가장 걱정하는 일 하나가 수력발전 계획이라는 것을 우리는 기억하고 있었다. 브라질은 이 강에 수력발전소를 세우려고 한다. 1980년대에 입안된 이 계획은 약 80개의 댐을 세워 연간 5828메가와트의 전기를 브라질 남부에 공급한다는 것이다. 댐은 물고기의 이동을 가로막게 된다. 브라질 북부의 파라주에 있는 작은 댐 하나 때문에 어종 77퍼센트가 멸종했다. 이제 다섯 종만 남아 있는데, 과거처럼 개체 수가 많은 물고기는 두 종밖에 없다. 50여 종의 물고기를 잡아먹던 돌고래는 두 종의 물고기에 적응하지 못하고 거의 사라지고 말았다.

베라의 말은 아마존강에 대한 인간의 지배력이 날로 커지고 있다는 증거였다. 예인선이 두 대의 거대한 바지선을 끌고 가는 것을 본 적이 있었다. 바지선에는 기계공룡 같은 노란 불도저가 잔뜩 실려 있었다. 그것들이 파스타사강으로 향하고 있다고 모이세스가 일러주었다. 거기서 미국 회사들이 석유를 채굴하고 있었다. 파스타사강은 에콰도르에서 발원한다. 1930년대에 네덜란드의 한 유전회사가 안데스 동부 산자락에서 기름이 떠 있는 웅덩이를 발견했다. 1938년에 이 회사는 파스타사 협곡의 벼랑에 길을 냈다. 이것이 에콰도르에서 안데스산맥을 가로지르는 최초의 도로였다. 이어 안데스산맥을 가로지르는 500킬로미터의 송유관을 깔기 시작했고, 에콰도르 전역의 숲과 페루까지 파헤치며 석유를 굴착하기 시작했다. 하루 약 30만 배럴에 달하는 에콰도르의 석유 채굴량은 대부분 아마존 유역에서 뽑아내는 것이라서 아마존강은 시름시름 앓게 되었다. 브라질 리우데자네이루에서 지구정상회담(유엔환경개발회의)이 열린 지 한 달 뒤인 1992년 7월, 에콰도르에서는 2만 7000갤런의 석유가 유출되었다. 이것은 모이세스가 자란 나포강으로 흘러들었다. 수서동물에게 미친 영향은 문서화되지 않았다. 베라와 남편 로빈은 「이니아의 생태, 상황, 보존」이라는 보고서에 이렇게 썼다. "우리가 파악한 돌고래 사고사의 사례는 전적으로 석유 채굴과 관계가 있다." 주앙 페나의 말에 따르면, 브라질 정부 석유청과 계약을 체결한 미국 회사들은 아마존의 주요 지류에서 대량으로 다이너마이트를 터트렸다. 폭발로 인해 물고기, 거북, 돌고래의 시체가 마치 엥캉치에서 떠오른 유령들처럼 수면을 뒤덮었다고 한다.

그러나 관광객들은 그런 사건들을 알지 못한다. 그저 야생과 경이의 성지를 순례하듯 아마존강에 몰려올 뿐이다. 우리와 같은 부류의 방문객들도 무심코 야생 생태계를 파괴하곤 한다. 록샌의 캠프에 거의 다 왔을 때, 사방에 금발의 외국인들을 잔뜩 태운 모터보트가 보였다. 모터보트는 마을 사람들의 카누를 전복시킬 만큼 빠른 속도로 물을 가르고 지나다녔다. 이곳의 강변 8킬로미터 안에는 숙소가 여섯 군데 있다. 숙소가 몰려 있는 탓에 관광객들이 산발적으로 뿌리는 돈에 이끌려 이주해오는 지역민이 점점 늘고 있다. 포르투미구엘이라는 마을은 숙소들의 중심부에 위치해 있는데, 10년 전에 150명 정도였던 인구가 지금은 1000명 이상으로 늘어났다. 인구가 늘자 사냥과 농사도 증가해, 이제는 가녀린 세크로피아가 강변에서 가장 큰 나무가 되었다. 아름드리나무가 홍수로 쓰러지거나 벌목된 후 세크로피아만 자란 것이다.

돌고래 코너에서 우리는 록샌 캠프의 관리인 데이비드 올리브를 만났다. 몸이 수척하고 흰머리가 난 데이비드는 일에 시달려 지친 기색이 역력했다. 그런데도 방문객이 찾아온 것을 반가워했다. 그의 젊은 아내는 현지인이었다. 그녀는 캠프 사람들과 동물을 돌보는 일을 맡고 있었는데, 지금은 친정에 가 있었다. 팔다리를 쓰지 못하고 청각장애인이기도 한 라몬이 데이비드를 도와 고아 동물들을 보살피고 있었다. 그 밖에 모터보트를 수리하는 와일더와 목수인 새뮤얼이 이곳에 살았다. 이엉을 얹은 식당에는 고아가 된 왕부리새 한 마리와 노란날개앵무 두 마리가 살고 있었다. 밖에는 더 많은 새들이 살았는데, 일부는 새장 속에 있고 나머지는 밖에 풀어놓았다. 봉관조류인 구안은 우아한 학

붉은 우아카리원숭이
(촬영: 다이앤 테일러 스노)

같은 다리로 활보하고 다녔다. 이 새는 보행로 양쪽의 높은 난간에 앉길 좋아했다. 그래서 높은 곳에서 근엄한 빨간 눈으로 사람들을 굽어보곤 했다. 카를로타라는 이름의 양털원숭이 한 마리가 개를 뒤쫓아 마당의 풀밭을 달려가다가 팔다리와 긴 꼬리로 느닷없이 나를 와락 껴안았다. 카를로타의 몸은 열병에 걸린 듯 뜨거웠지만 그게 정상 체온이었다. 카를로타의 정상 체온이 섭씨 39도 안팎이라고 나중에 데이비드가 가르쳐주었다. 나는 카를로타의 포옹을 좋아했다. 카를로타는 억지로 떼어놓을 때까지 포옹을 풀지 않았다.

우리가 식당으로 돌아갔을 때, 귀여운 아기 우아카리원숭이 두 마리가 나타났다. 이 원숭이는 털이 없는 붉은 얼굴에, 다갈색의 길고 텁수룩한 털, 우스꽝스럽게 짤막한 꼬리를 지니고 있어서 작은 오랑우탄처럼 보였다. 하지만 이곳에는 오랑우탄이 살지 않는다. 지역민들은 우아카리원숭이가 햇볕에 그을린 관광객을 닮았다고 말한다. 아마데우스와 루트비히라는 이름을 가진 이

원숭이 두 마리는 뭐든 핥아보길 좋아했다. 먼저 입술을 대보고 혀로 날름 핥는다.

아기 동물들이 식당 안을 휘젓고 돌아다니는 동안 데이비드가 자기 이야기를 들려주었다. 미국 출신인 그는 37년 전 페루에 와서 이키토스의 홀리데이인호텔에서 일했다. 거기서 록샌을 만난 것이 1980년이었다. 호텔 프런트로 다가온 록샌은 아기 오실롯을 안고 있었다. 그녀가 식당에서 구해낸 고아 오실롯이었다. 구경거리 삼아 쇠사슬에 묶어두고 있던 걸 구해낸 것이다. "내가 록샌에게 그랬죠. 오실롯을 데리고 있을 순 있지만 욕실에만 풀어놓아야 한다고." 데이비드가 회상했다. 그들이 다시 만났을 때 홀리데이인호텔이 폐업을 한 상태라 데이비드는 아마존빌리지라는 숙소에서 일하고 있었다. 데이비드가 미 육군에서 의무병 교육을 받았다는 것을 알게 된 록샌은 새로 사들인 캠프 관리와 무료 병원 운영을 맡아달라고 부탁했다. 보수가 변변치 않고 시설도 열악했지만, 그는 기꺼이 일을 맡았다. 그 이유를 그는 이렇게 설명했다. "한국에서 우리는 꽤나 못된 짓을 했어요. 베트남에서도요. 이제 빚을 갚고 싶어요."

병원에서는 주위 열네 곳의 마을에서 온 환자들을 돌보았다. 작년에 그는 온갖 질병에 걸려 찾아온 환자를 1260명이나 보았다. 당뇨병과 결막염, 난산, 골절, 발진, 말라리아, 기생충 감염 외에 독사에 물린 환자도 있었다. 주민들은 무료로 치료해준다는 것을 믿지 못했다. "치료비로 뭘 드릴까요?" 그들은 늘 묻는다. 그러면 데이비드는 가끔 이렇게 답하곤 한다. "오늘은 치료비를 두 배로 받아야겠어요. 아주 환하게 웃어주세요." 고맙게도 주민들은 어떻게든 보답을 하려고 한다. 한 아이는 그에게 달걀 한 보따리를 안겨주기도 했다.

환자는 많은데 약품이 항상 모자랐다. 마취제도 없고, 해독제는 1995년 7월에 바닥났다. 이제 항생제 아홉 병, 관장제 여섯 병, 마그네시아유[궤양 등에 사용하는 제산제] 한 단지만 남아 있었다. 그는 우리가 가져온 약품을 받으며 몹시 고마워했다. 약품은 다이앤이 병원에서 일하는 이웃 사람에게 얻은 것이었다.

저녁식사를 하는 동안 데이비드가 우리에게 여러 가지 재미있는 이야기를 들려주었다. 캠프에 자주 나타나는 돌고래들에 대한 얘기도 들려주었다. 아기를 데리고 2미터 이내까지 다가오곤 하는 돌고래 새디, "내 아내처럼 늘 사방을 오락가락, 오락가락"한다는 이사벨, 등에 하얀 흉터가 있는 다프네, 흉터만 빼면 다프네와 똑같아 보이는 마리, 데이비드가 던져준 콩을 모두 먹어치운 후 유난히 큰 소리로 숨을 내뿜는 방귀쟁이. 이런 돌고래들 이야기에 이어, 우리가 록샌에게 들은 적이 있는 이야기를 들려주었다. 록샌이 황소상어에게 잡아먹힐 뻔했을 때 돌고래가 구해주었다는 이야기인데, 데이비드도 직접 목격하지는 못했다고 한다. 그는 록샌이 하지 않은 이야기도 들려주었다. 어느 날 록샌이 수영을 하고 있을 때 수컷 돌고래가 그녀를 들이받았다. 왼쪽 가슴을 주둥이로 세게 들이받았다고 한다. 아마도 번식기였을 것이다. 그래서 록샌을 다른 수컷 돌고래로 착각했을 수도 있다. 수중 음파탐지 기능을 사용하는 돌고래는 록샌의 가슴이 있는 정확한 위치를 알 수 있었을 것이다. "정말 대단한 동물이에요. 얕잡아보면 안 돼요." 데이비드가 말했다.

록샌은 기금을 모으기 위해 대부분의 시간을 미국에서 보낸다고 데이비드가 말했다. 대신 데이비드가 이곳에 남아, 날마다 일어나는 온갖 궂은일을 처리하느라 정신이 없다. 한번은 아나콘다가 닭을 모두 먹어치워버렸다. 대나무 숲에는 독사가 우글거린다. 데이비드는 틈만 나면 대나무를 베어내는데, 록샌은 대숲이 아름답다며 더 많이 심어놓는다. 얼마 전에는 흡혈박쥐 때문에 애를 먹었다. 바깥 새장에 있는 초록얼룩앵무가 한 마리뿐인 것도 흡혈박쥐 때문이다. 배우자가 흡혈박쥐에게 당한 것이다.("이건 안내 책자에 나오지 않는 얘기네?" 내가 다이앤에게 소곤거렸다.)

바로 그때 바퀴벌레가 내 얼굴에 달라붙었다. 바퀴벌레는 곧 내 팔뚝으로 달려갔다. 내가 바퀴벌레를 패대기치자, 하필이면 다이앤의 접시에 떨어졌다. 이때부터 곤충 배드민턴을 치듯이, 바퀴벌레가 사방으로 날아다녔다. 그때 어떤 젖먹이동물이 내 발치로 달려왔다.

"쥐예요." 데이비드가 말했다.

나는 슬그머니 두 발을 의자 위에 올려놓았다.

우리가 잠자리에 들려고 할 때 데이비드가 말했다. "한 가지 더 있어요. 어쩌면 타란툴라가 있을지 몰라요." 언젠가 체스 게임을 하고 있을 때 체스판 위에 타란툴라가 떨어진 적이 있다고 한다.

"어머나, 그건 내가 가장 싫어하는 건데." 다이앤이 말했다.

"**혹시** 모른다는 말이에요." 데이비드가 달래듯 말했다.

"우리 방에요?" 다이앤이 물었다.

"글쎄요, 아무튼 모기장을 단단히 여미고 주무세요."

그날 밤 타란툴라가 우리를 괴롭히진 않았다. 대신 다른 무척추 동물 침입자와 마주쳤다. 양털원숭이 카를로타와의 포옹이 남긴 진드기들이었다. 나는 새벽 3시에 몸을 벅벅 긁어대다가 잠이 깼다. 그러나 어쩔 도리가 없었다. 우리는 바깥에 나가 돌고래를 찾아보았다. 작고 깊은 호수 둘레에는 케이폭나무가 자랐고, 수면은 커다란 수련과 물상추로 덮여 있었다. 수련 꽃의 노란 수술에는 구릿빛 딱정벌레가 우글거렸다. 우리는 해가 저물도록 돌고래들을 관찰했다. 그들은 너울처럼 몸을 출렁이며 수은 같은 물결을 일으켰다. 수면의 물결은 이른 아침의 꿈처럼 몽롱하게 일렁였다. 호수에는 뿔떠들썩오리의 묘한 울음소리가 울려 퍼졌다. 흰색과 검은색이 섞인 토실토실한 이 새들은 원숭이와 거위를 교배시킨 잡종 같은 소리를 냈다.

저녁 무렵, 진드기에 물린 자리가 벌써 감염되었다. 물린 자리마다 뜨끈한 빨간 뾰루지가 동전만 한 크기로 자리 잡았고, 부풀어 오른 뾰루지의 복판에 고름이 들어찼다. 꼭 젖꼭지 같은 모습이어서 마치 내 온몸에 젖꼭지가 돋아난 것처럼 보였다.

큰 구경거리가 났다는 듯이 캠프의 모든 사람이 내 상처를 보며 저마다 다른 처방을 내렸다. 데이비드는 세양제洗羊劑[양을 씻기는 살충 살균 용액]나 매니큐어를 바르면 사흘 후 없어질 거라고 말했다.("아이쿠, 세양제는 집에 두고 왔지 뭐예요?" 내가 시니컬하게 응수했다.) 안타깝게도 다이앤은 매니큐어를 가져오지 않았다. 평소에는 발톱에 매니큐어를 발랐지만, 여기서까지 바를 생각은 없었던 것이다. 다이앤은 방충제인 디트로 고칠 수 있을 거라고 생각했다. 모이세스는 레몬으로 상처를 문지르면 24시간 안에 없어질 거라고 말했다. 하루 온종일 고문을 당하는 듯한 가려움증에 시달린 후 마침내 기다리던 순간이 왔다. 레몬 한 접시와 디트 한 병이 마련된 것이다. 그걸 상처에 바르고 진드기와 전투를 벌이기 위해 다이앤과 나는 어둡고 썰렁한 샤워실로 향했다.

샤워실 문지방을 넘는 순간, 발판에 60센티미터 길이의 검붉은 뱀이 자리 잡고 있는 게 보였다. 나는 슬쩍 뱀을 건너뛰며, 바로 뒤에 있는 다이앤이 그걸 보지 못하기만 바랐다.

"**헉!**"

그녀는 보고 말았다.

"사이, 빌어먹을 **이무기**가 길을 막고 있어!"

"네가 못 봤으면 했는데." 내가 말했다.

"젠장, 독사 같아! 망할 **독사**인 게 분명해!"

"독이 **있을지도** 모르지." 나는 순순히 인정했다. "하지만 우리를 물려는 자세가 아냐. 어서 이리 와! 나는 지금 까무러칠 지경이란 말이야. 그냥 건너뛰어! 네가 없으면 등에 난 상처는 어쩌라고!"

그러나 다이앤은 건너뛰려고 하지 않았다. 그녀는 모이세스를 데리러 갔다. 뱀은 뭔가 마땅찮은 일이 일어나고 있다는 것을 감지한 모양이었다. 뱀은 현명하게도 발판 아래로 기어가 물속으로 뛰어들었다. 곧이어 모이세스가 기세등등하게 칼을 들고 나타났다. 뱀 색깔이 그랬다면 아구아제 마차카인 게 분명하다고 했다. 독이 있는 물뱀이었다.

마침내 다이앤이 문지방을 넘어 욕실로 들어왔다. 어두운 샤워실 수채에 모기가 바글거렸고, 천장 모서리에는 커다란 거미가 벗어놓은 허물이 주렁주렁 매달려 있었다. 나는 알몸으로 샤워실에 서서, 성난 피부에 디트와 과일즙을 바르고 찬물을 끼얹는 동안 오들오들 떨었다. 하지만 다이앤에게는 이렇게 말했다. "네가 알까 몰라. 지금 이 순간을 내가 얼마나 애타게 기다렸는지……."

다시 타후아요강의 숙소로 돌아가는 내내 가렵고 기운이 없었다. 아야후아스카를 복용하기로 한 것이 내심 꺼림칙하기도 했다. 다른 일행들도 하나같이 불안해하는 것 같았다. 스티븐이 의식에 참석해주겠다고 흔쾌히 약속했다. 나는 반가웠다. 그는 미친 사람을 제압하는 방법을 잘 알고 있었다. 다이앤과 나는 환각제에 어떤 반응을 보일까? 학창 시절에 들은 온갖 얘기가 뇌리를 스쳤다. LSD를 복용한 사람이 높다란 빌딩 창문에서 뛰어내린 이야기도 떠올랐다.

의식을 치르는 동안 모이세스와 그라시엘라, 글라디스도 곁에 있어주기로 했다. 두 여자는 현명하게도 아주 커다란 플라스틱 대야를 방 안에 미리 준비해놓았다. 대야에 대고 구토를 하라는 것이었다. 우리는 방을 떠나서도 안 되고, 어떤 빛에 노출되어서도 안 된다는 경고를 받았다. 자칫 영원히 실명을 할 수도 있다는 것이다. 말을 해도 안 된다. 그러나 말을 하지 않아도 우리에게 일어나는 문제를 리카르도가 죄다 알고 있으니 걱정하지 말라고 모이세스가 우리를 안심시켰다. "겁에 질리거나 구토를 하게 되면 리카르도가 머리에 연기를 내뿜어 도와줄 거예요. 신성한 덩굴의 어머니가 두 분을 지켜줄 거고요. 사흘 동안 계속 지켜줄 거예요. 그 후엔 아무렇지도 않아요." 모이세스가 장담했다.

"준비됐나요?" 리카르도가 의식을 시작했다. 그는 알루미늄 단지에 방향제를 내뿜은 후, 우리에게 아야후아스카를 건네주었다.

그것은 피처럼 따스하고 걸쭉했다. 맛은 담즙처럼 쓰디썼다. 우리는 세 모금을 깊이 들이켰다. 매번 들이켤 때마다 몸이 부들부들 떨렸고, 파도처럼 일정한 간격으로 욕지기가 밀려왔다. 나는 마음을 진정시킬 만트라 같은 말을 되뇌며 결과를 기다리려고 했다. "신성한 덩굴의 어머니여, 내게 와주시옵소서." 따위의 만트라 말이다. 그러나 막상 속으로 외쳐댄 말은 달랐다. "토하지 마, 토하지 마, 토하지 마, 토하지 마……."

리카르도가 등불을 끄고 휘파람을 불기 시작했다. 환각제 때문에 몸이 빙빙 도는 것을 느끼며 왼쪽에 앉은 다이앤의 손과 오른쪽에 앉은 스티븐의 손을 그러쥐었다. 그리고 환상이 밀려오기를 기다렸다.

곧바로 첫 번째 환상과 마주쳤다. 닫힌 눈꺼풀 속에서 환상이 육화되었다. 휘영청 밝은 달 아래 서 있는 재규어였다.

나는 그것이 강력한 징조라는 것을 알았다. 콜롬비아의 바라사나족은 재규어가 하늘과 땅의 중재자이자 삶과 죽음, 성령과 인간 영혼, 물과 땅의 중재자라고 생각한다. 그건 하등 이상할 게 없다. 아메리카에서 가장 큰 고양이과의 맹수인 재규어는 세상의 지배자나 다름없기 때문이다. 재규어는 놀라운 속도로 헤엄칠 수 있고, 표범처럼 나무를 탈 수 있고, 밤낮을 가리지 않고 활동적이다. 카야포고로티레족은 재규어가 원래 불의 주인이었다고 믿는다. 그런데 지금은 눈에서만 불이 빛나는 것을 볼 수 있다고 한다. 실제로 카야포족은 처음 손전등 불빛을 보았을 때 그것을 '재규어의 눈'이라고 불렀다. 내 친구 마크 플롯킨은 티리오족과 함께 지낸 적이 있었는데, 그들의 샤먼은 재규어 흉내를 내곤 했다. 그럴 때면 샤먼은 이루 말할 수 없이 잔혹한 모습을 보여준다. 시피보족은 재규어가 자신의 항문 속으로 들어가 입으로 나오는 환상을 본 사람이라야 강력한 샤먼이 될 수 있다고 말한다. 그런 샤먼이 건 마법은 아무도 깨뜨릴 수 없을 만큼 강력하다.

몇 분이나 흘렀을까? 오랫동안 재규어를 지켜본 기분이었다. 이글거리는 은빛 두 눈이 내 눈을 꿰뚫어보았다. 재규어의 눈동자는 전혀 움직이지 않았다. 나는 호랑이가 그렇게 노려보는 것을 본 적이 있었다. 맹수가 노려본다는 게 무슨 의미인지 잘 알고 있었지만 나는 조금도 두렵지 않았다. 그것이 재규어의 영혼이라고 생각했기 때문이다. 재규어가 나를 삼킨다 해도 저항하지 않을 것이다.

재규어는 내게 뭘 말하기 위해 나타난 것일까? 머릿속으로 어떤 말, 어떤 메시지도 들려오지 않았다. 하지만 재규어가 존재하는 것만으로 충분했다. 그 후 재규어의 두 눈이 내 눈 속으로 녹아 들어갔다. 나는 내 눈으로 나 자신을 응시했다. 그것은 오싹한 환상이었다.

또 몇 분이나 흘렀을까? 다이앤이 내 손을 놓는 느낌이 들었을 무렵에는 오싹한 환상도 녹아 사라진 뒤였다. 다이앤은 구토를 하려고 했다. 그녀는 필사적으로 토하지 않으려고 했다. 구토는 우아하게 할 수 있는 게 아니어서 다이앤은 대야를 지나 바깥에 나가 남몰래 난간 너머로 토하려고 했다. 그러나 바깥으로 나가자 두 여자가 그녀를 따라갔다. 물에 빠지는 걸 막기 위해서였다. 나는 일어서려고 했지만, 다리가 내 몸에 붙어 있지 않았다.

이후 세 시간 이상을 오로지 토하지 않겠다는 일념으로 버텼다. 리카르도가 그것을 알아차린 게 분명했다. 최악의 욕지기가 밀려왔을 때, 그가 내 머리 위로 연기를 내뿜어주었다. 그가 샤카야자 잎을 흔드는 리듬도 빨라졌다. 나중에 스티븐과 다이앤은 내가 약효를 잃지 않으려고 안간힘을 쓰는 동안 몸이 부들부들 크게 떨렸다고 했다. 실은 돌고래가 찾아오길 바랐고, 엥캉치를 보고 싶었다. 어떤 메시지, 어떤 환상을 애타게 기다렸던 것이다.

마침내 더는 견딜 수 없었다. 난간 너머로 토하려고 비틀거리며 문밖으로 기어갔다. 구토를 해도 기분이 나아지지 않았다. 이 무렵에는 이미 환각제가 위장을 떠나 혈관으로 스며들어서 머리가 아픈 거라고 나는 추리했다. 어쩌면 더 많은 환상이 밀려올지도 모른다. 나를 도우러 달려온 두 여성의 부축을 받아 작은 방으로 돌아왔다.

의식은 하염없이 계속되었고, 욕지기도 그칠 줄 몰랐다. 나는 평생 앓았던 병에 대한 모든 기억을 되짚어보기 시작했다. 분명 지금보다 더 아파본 적이 없었다. 생물학자 친구와 함께 바다에서 상어에 추적장치를 달려고 할 때 느꼈던 것보다 더 심한 멀미가 느껴졌다. 불규칙한 삼각파도 때문에 안색이 파랗게 변했을 무렵, 친구는 이제야 시작이라는 듯이 행동했다. 그는 비로소 상어를 유인할 때가 되었다고 판단한 뒤 한 양동이의 물고기 피를 뱃전 너머로 쏟아부었다. 이번의 아픔은 네 차례 인도 여행을 하며 설사병을 앓을 때보다 더 심했고, 뎅기열을 앓았을 때보다도 더 심했다. 나는 다이앤과 함께 보르네오섬의 다야크족 마을에 간 적이 있었다. 그때 마신 쌀술에서는 인간의 두개골에서 꺼낸 사슴 태아의 시체 맛이 났다. 그 직후 뎅기열에 걸렸지만, 사흘 동안 혼수상태에 빠져 있었던 탓에 별 아픔을 느끼진 못했다. 당시에 다이앤이 나를 돌봐주었는데, 나는 정신을 잃기 전에 미리 다짐을 받아두었다. 내 몸에서 악취가 나기 시작하면 남편에게 전화해서 내가 죽었다고 전해달라고…….

마침내 리카르도가 노래를 멈추었고, 의식이 끝났다고 모이세스가 선언했다. 리카르도는 아침에 우리의 환상과 꿈을 해석해주기로 했다.

"기분이 어때요?" 모이세스가 물었다.

"데이지 꽃처럼 싱그러워요!" 내가 답했다.

"환상적이었어요!" 다이앤이 종알거렸다.

"내가 방금 죽을 맛이라고 말한 거 맞지?" 다른 사람이 모두 방을 떠난 후 내가 다이앤과 스티븐에게 물었다. "아마 그랬을 거야." 다이앤이 답했다. "그렇다면 꽤 좋아진 셈이네." 내가 말했다. 그리고 우리 세 사람은 한바탕 깔깔거렸다. 말 그대로 웃길 정도로 비참한 기분이었다.

몇 시간 후, 잠자리에 누워 여전히 욕지기의 험한 파도에 휩쓸리고 있을 때 나는 마지막 환상을 보았다.

"다이앤, 뭐 안 보여?" 내가 물었다.

그녀는 두서없이 계속 꿈만 꾸었다고 말했다. 땅콩버터 빛깔의 수면을 가르며 신나게 카누를 타고 미끄러져 가는 꿈과 분홍 돌고래의 꿈을 꾸었다고 했다.

"그렇다면 방금 내 모기장 안에 뭐가 나타났는지 알면 꽤나 놀라겠네." 내가 말했다.

"뭐가 나타났는데?"

그곳에는 마치 「스타트렉」이 방영되고 있기라도 하듯 우주선 엔터프라이즈호를 꼭 닮은 복제품이 내 머리 위를 맴돌고 있었다.

과수원이라는 요새

"그래서, 그 모든 환상의 **의미**가 뭐라던가요?"

3주 후 내가 아야후아스카 체험담을 늘어놓자, 식당에 있던 사람들은 뜨악한 표정을 짓고 물었다. 세 명은 생물학자였고 한 명은 변호사였는데, 이들 모두 시카고에서 온 영향력 있는 전문가들이었다. 생물학 박사인 내 친구 폴 비버는 이 사람들을 뭉뚱그려 '과학자들'이라고 부르며 거물로 간주했다. 그는 내가 이 사람들과 친분을 쌓아둘 필요가 있다고 생각했다. 이들은 모두 시카고에 본부를 둔 열대우림보존기금Rainforest Conservation Fund, RCF의 위원들이었다. 이 기금은 1991년에 창설된 이후, 폴의 캠프 옆에 있는 3240제곱킬로미터 규모의 탐시야쿠타후아요 보호구역을 지원해왔다. 이는 페루에 처음 생긴 보호구역으로, 식물과 동물만이 아니라 인근에 사는 주민들의 이익까지 보호하기 위한 것이다. 이런 보호구역은 몹시 이례적인 시도이자 분홍돌고래의 세계를 보존한다는 현실적 소망을 드러내는 시도이기도 했다.

열대우림보존기금 임원들은 현재 회장을 제외하고 아무도 이 보호구역을 방문해본 적이 없었고, 지원 대상 주민들을 만나

본 적도 없었다. 여태까지는 말이다. 그래서 위원들은 이번 6월에 이 보호구역을 탐사하며 2주일을 보내기로 결정했다. 나는 위원 과학자들에 대한 호기심 외에도, 이들에게 우림에 대해 더 많이 배우고 싶다는 열망으로 기꺼이 초대를 받아들여 자리를 함께하게 되었다.

내가 페루에 있는 폴의 숙소 식당 긴 탁자 한쪽 끝에 새 친구들과 함께 앉아 있는 동안, 다이앤은 볼일 때문에 잉글랜드에 가고 없었다. 나는 새 친구들과 등불을 밝히고 맥주와 콜라를 마시며 체험담을 주고받았다.

무척추동물 생리학을 전공한 열대생물학자이자 시카고 루스벨트대학교의 교수인 존 그린은 아야후아스카 복용이 무모하고 위험한 일이라고 생각했다. 그렇다고 존이 소심한 남자인 것은 아니었다. 그는 발달생물학자인 아내 조이 쇼셋과 함께 태국과 말레이시아에서 꼬박 2년을 보낸 적이 있었다. 거기서 악어와 독사들의 옆을 기어 다니며 진흙 속에서 벌레와 게를 채집했다. 내가 겪은 환상의 의미를 물은 사람이 바로 존이었는데, 그는 내 환상에 무슨 의미가 있다고는 믿지 않았다. 그에게 환상이란 그저 약물로 인해 정상적인 두뇌 화학작용이 생리학적 교란 상태에 빠진 것에 지나지 않았다. 그런데 존은 나와 마찬가지로 「스타트렉」 팬이었다. 그는 샤먼이 난데없이 우주선 엔터프라이즈호의 환상을 불러일으켰다는 말을 듣고 신기해했다.

리카르도는 먼저 재규어의 의미를 풀이해주었다. 돌고래 영혼이 내 여행의 수호자로 재규어를 보냈다는 것이다. "어디서든,

당신의 집에서든 카누에서든, 땅에서든 물에서든 재규어가 샤먼처럼 당신을 지켜보며 수호해줄 겁니다." 모이세스를 통해 그가 말했다. "재규어는 아주 강한 힘을 지녔죠. 아마존에서는 날마다 수많은 사람이 죽어가요. 하지만 이제 당신에게는 수호자가 생긴 겁니다. 신성한 덩굴의 어머니는 아마 호랑이도 잘 알고 있을 거예요." 그는 내가 인도에서 호랑이와 마주친 적이 있다는 얘기를 의식하며 이런 말을 했다. "그래서 덩굴의 어머니는 재규어를 보내주셨을 겁니다."

리카르도는 내 눈으로 나 자신을 응시한 환상은 무시했다.(나중에 미국에 돌아갔을 때, 주술적 황홀경을 연구한 적이 있는 신디 토마쇼라는 친구가 말했다. "그런 환상은 누구에게나 일어나는 것인데, 더 깊은 내면 성찰의 여행을 하기 전 집중할 때 나타나는 현상"이라고.) 그러나 우주선 엔터프라이즈호는 달랐다. 모이세스가 우주선이 무엇인지를 리카르도에게 설명할 때, 스페인어와 케추아어가 장황하게 이어졌다. 하지만 리카르도가 일단 이해하자, 그 의미는 명백했다. 보통의 경우 돌고래 영혼은 자기 세계로 여행하기 위해 카누를 보낸다고 그는 풀이했다. 그러나 나는 과학기술이 발달한 나라에서 온 외국인이기 때문에 돌고래 영혼이 카누 대신 우주선을 보낸 것이다. 아니면 내가 갈 길이 멀기 때문에 우주선을 보낸 거라고 풀이할 수도 있을 법했다.

시카고의 의료사고 전문 변호사이자 유능한 박물학자인 데이브 메이어는 내 얘기에 귀를 기울이고 있다가 헛웃음을 짓고 물었다. "하지만 당신은 그걸 전혀 믿지 않을 거예요, 그렇죠?"

내가?

“돈 리카르도가 내게 거짓말을 했다고는 생각지 않아요.” 내가 조심스럽게 말했다. “그가 말하려는 것, 사람들이 돌고래에 대해 믿고 있는 것, 그리고 그들이 세계를 바라보는 방식에는 거짓이 없다고 봐요. 물론 그걸 문자 그대로 받아들일 수는 없겠지만…….”

“하지만 엥캉치에 대한 얘기나 돌고래가 사람으로 둔갑한다는 얘기는 엉터리예요.” 존이 끼어들었다. “돌고래는 하나의 생물학적 종일 뿐이에요. 그들이 무슨 마법의 힘을 갖고 있겠어요?”

“돈 호르헤는 돌고래가 물 밖으로 나온 걸 보았다고 내게 말했어요.” 그레그 네이즈가 말했다. 열대우림보존기금의 젊은 회장인 그레그는 전에 이곳에 와본 적이 있는 유일한 위원이었다. 그레그는 자주 이곳에 머물며 호르헤 소플린과 함께 여행했다. 연로한 호르헤는 토착식물의 사용에 관한 전문가였다. “호르헤는 돌고래가 물 밖에 나와 꼬리로 서서, 어떤 인간보다도 더 매혹적인 여성으로 변한다고 말하더군요. 케브라다블랑코에서 실제로 그런 여성이 앞에 나타났는데, 호르헤는 겁이 나서 부리나케 도망쳤대요. 그는 그게 정말 돌고래였다고 생각해요.”

“나 원 참.” 데이브가 한숨을 내쉬었다.

“아무튼 여기서는 아주 이상한 일들이 일어나요.” 그레그가 말했다.

그레그는 우리 가운데 대학을 나오지 않은 유일한 사람이었다. 그가 아는 것은 모두 경험으로 배운 것이었다. 30대 중반에 덩치가 크고 턱수염을 기른 그는 긴 금발 머리를 뒤로 묶어 늘어뜨리고 있었다. 시카고의 갱들과 잠깐 인연을 맺은 기념으로 가운뎃손가락에는 십자가 문신이 새겨져 있었다. 그레그는 독학으로 사진과 컴퓨터 디자인을 익혔다. 컴퓨터 디자인으로 돈을 벌어 열대지방을 폭넓게 여행할 수 있었는데, 특히 코스타리카와 페루 여행을 자주 했다.

"나한테 이런 일이 일어난 적 있어요." 그레그가 이야기를 계속했다. "나와 돈 호르헤를 비롯한 몇 사람이 케브라다블랑코 강변을 걷고 있을 때였어요. 우리는 다른 일행이 무슨 생각을 하는지 환히 알 수 있었어요! 그때 호르헤는 나를 가장 험난한 곳으로 안내하고 있었는데, 전혀 입을 열지 않았죠. 그런데 누군가 한 명이 어떤 동물을 먼저 발견하면, 다른 사람들도 그걸 이심전심으로 볼 수 있었어요. 도시에서 느껴보지 못한 어떤 지각 상태에 놓여 있었던 겁니다. 일종의 텔레파시였죠. 전에는 그런 일이 가능하다고 생각해본 적이 없었고 믿은 적도 없어요. 나는 스페인어를 몰랐고 케추아어도 전혀 몰랐으니 대화를 나눌 수도 없었어요. 그런데 마치 우리가 대화를 나누고 있기라도 한 것처럼, 서로 무슨 생각을 하는지 환히 알 수 있더라고요. 무슨 수신호를 주고받은 것도 아닌데 말예요."

그레그 이전에 회장직을 맡았던 개리 갤브레스는 노스웨스턴대학교에서 생물학을 가르치는 고생물학자였다. 그는 미신을 혐오했는데, ESP(초감각적 감지)와 같은 유사과학의 정체를 폭로하는 잡지인 《스켑티컬 인콰이어러》를 구독했다. 그러나 개리에게는 외교적 처세술이 있었다. 그는 평소에 늘 그랬듯이 그레그의 얘기를 진화적 관점에서 바라보았다. 그래서 아마도 그레그가 보디랭귀지를 읽었을 거라고 그는 말했다. 협동 사냥을 한 우리 조상들은 아득한 옛날부터 서로 말없이 의사소통을 했다. "비상시에는 우리가 아직도 말없이 의사소통을 할 수 있다고 나는 굳게 믿어요." 개리가 말했다.

그레그가 이야기를 계속했다. "그런 일이 일어나고 있음을 내가 알아차린 것은 이키토스로 돌아온 후였어요. 갑자기 그런 현상이 중단된 뒤에야 알아차린 거예요. 짐도 전혀 모르는 사람들과 함께 있을 때 그런 걸 경험한 적이 있다더군요." 짐 펜은 이 보호구역 농림 계획의 현장 소장으로 일하고 있었다. 여기서 일한 지 벌써 10년이 넘었는데, 때로는 여름에 시카고에 가서 가옥 페인트칠을 해서 번 돈으로 생활했다. 아내인 도리스 카타슝가는 페루인이었고, 보호구역 인근 마을에 사는 사람들이 그의 가장 친한 친구들이었다. 강렬한 그의 두 눈은 이곳의 흙빛과 같았고, 현장에서 힘들게 일하며 그을린 피부 빛깔도 흙빛이었다. 짐은 우리와 함께 긴 식탁의 끄트머리에 앉아 있었다.

이제까지 조용히 듣기만 하던 짐이 그레그에게 말했다. "자네가 잊지 말아야 할 게 있어. 이곳 사람들이 자네나 나보다 더 멍청한 사람들이 아니야. 그들이 뭔가를 믿는 데에는 그만한 이유가 있어. 그들이 말하는 것을 자네가 아무리 내쳐도, 그들은 그걸 바로 다시 집어 들 거야."

아침에 우리는 보호구역을 향해 출발했다. 우리는 모터가 달린 두 척의 알루미늄 카누에 나눠 타고 타후아요강을 거슬러 올라, 우기에 흰 물이 흐르는 지류인 케브라다블랑코로 접어들었다. 일행은 모두 14명이었다. 열대우림보존기금 임원 외에, 데이브가 10대 아들과 조카를 데려왔고, 존이 제자 두 명을 데려왔다. 그리고 사진작가 짐 로언을 비롯한 열대우림보존기금 회원 몇 명이 더 있었다.

강폭이 좁아지자 숲이 활기를 띤 것처럼 보였다. 아랫도리가 물에 잠긴 나무들은 덩굴을 커튼처럼 드리웠고, 앵무새 소리가 숨결처럼 후끈한 대기를 흔들었다. 잠자리가 날개를 반짝이며 날아다니고, '교살자' 무화과는 녹은 촛농처럼 숙주 위에서 흘러내렸다. 양치류들은 도르르 말린 몸을 풀고 춤꾼처럼 몸을 흔들어댔다. 나뭇가지에는 개미와 말벌과 흰개미 둥지, 새 둥지가 묵직하게 매달려 있었다.

"이곳에는 식물학자가 찾아온 적이 없어요." 그레그의 말소리가 요란한 모터 소리를 넘어 들려왔다. "우리는 아주 많은 종을 발견하게 될 겁니다!"

실은 라틴아메리카 식물 연구의 대가인 알 겐트리가 이곳에 온 적이 있었다. 1993년, 그러니까 그가 에콰도르에서 비행기 추락으로 사망하기 직전이었다. 그때 그는 그레그에게 이곳이 너무나 이상하다고 말했다. 페루에 존재하지 않는 줄 알았던 식물을 다수 발견했던 것이다. 조류학자 테드 파커도 같은 반응을 보였다. "저 새들이 이곳에 산다는 건 말도 안 돼!" 그가 그레그에게 말했다. 그가 발견한 일부 종은 브라질에만 존재하는 것으로 알려져 있었다. 보호구역에는 700종 이상의 조류가 서식하는 것으로 기록돼 있다. 현재까지는.

그레그와 나는 실제로 만나기 전에 미국에서 이에 대해 통화한 적이 있었다. "정말 이상한 곳이에요." 그레그가 말했다. "땅이 팬케이크처럼 평평한데, 서로 반대 방향으로 흐르는 강들이 있답니다. 24시간 동안 강 수위가 10미터 이상 높아졌다가 다시 낮아진 것을 본 적도 있어요. 나무양치류가 그늘진 작은 나무 위에서 자라기도 하는데, 저지대 우림에서는 볼 수 없는 현상이죠. 그런 건 정말 생전 처음 봤어요. 신생대[6600만 년 전~현재]에 생긴 것 같아요."

대부분의 아마존 유역과 달리, 탐시야쿠타후아요 지역은 두 강이 태어나기 전부터 우림 지역이었다. 화석을 살펴본 고고학자들은 아마존 유역이 지난 5만 년 동안 적어도 네 번은 춥고 건조해져서 대부분의 우림이 대초원으로 바뀐 적이 있다고 믿는다. 전체 아마존 유역의 열 곳 정도—현재 넓이의 15퍼센트—는 그래도 여전히 따뜻하고 습해서 신생대 여명기인 에오세[5580만 년 전~3390만 년 전]때 우거진 숲에서 살았던 고생물들이 살아남을 수 있었다고 한다.

"보호구역은 어딨죠? 이미 보호구역 안으로 들어온 건가요?" 모터 소리 때문에 나는 버럭버럭 소리를 질렀다. 그레그가 껄껄 웃었다. "이곳에 온 사람들은 더러 이렇게 말해요. '당신네 보호구역에 가봤는데 보호하고 있는 건 하나도 못 봤어. 순전히 숲밖에 없더라고.' 그러면 내가 말하죠. '잘 보셨네.'"

페루에는 파카야사미리아라는 더 큰 보호구역이 있다. 로레토주 서쪽에 있는 이 보호구역은 넓이가 2만 230제곱킬로미터에 달해서 탐시야쿠타후아요보다 여섯 배 더 넓다. 그러나 그곳이 여기보다 자연 그대로의 모습을 더 간직하고 있는 건 아니다. 파카야사미리아가 1940년대에 보호구역으로 지정된 것은 아름다움과 생물 다양성 때문이었다.(그곳에는 700마리 이상의 분홍돌고래가 있었다. 그것을 밝혀낸 것은 세계보존연맹♦ 고래류 전문 그룹의 의장인 스티븐 레더우드였다. 그는 1997년 암으로 타계할 때까지 연구를 계속했다.) 그러나 대부분의 제3세계와 마찬가지로, 페루에서도 단지 보호구역을 설정하는 것만으로는 생태계 보호가 보장되지 않는다. 법을 만들어놓았다고 해서 정부가 반드시 그 법을 발효시킨다거나 지킨다는 보장이 없는 것이다.

파카야사미리아 지역의 대부분은 그저 서류상으로만 보호되고 있다. 1970년대에 석유회사들은 이 보호구역 경계를 넘어 들어가서 일곱 군데 이상을 굴착했고, 그 가운데 하나는 지금도 굴착을 계속하고 있다. 1991년 국제자연보호협회The Nature Conservancy를 비롯한 미국 환경운동가들은 강도 높은 환경운동을 전개했다. 그래서 페루 정부가 보호구역 내의 추가 석유 탐사와 채굴 허가증을 미국 기업인 텍사스크루드에 내주는 것을 막을 수 있었다. 페루 수산업부는 어업 업체들이 거대한 자망으로 이 보호구역 안의 강에서 예인망 어업을 할 수 있는 허가증을 내주

♦ World Conservation Union. 국제자연보전연맹International Union for Conservation of Nature, IUCN의 전신.

었다. 예인망 어업은 분홍돌고래와 투쿠시, 매너티, 큰수달 등을 익사시킨다. 보호법이 있고, 그것을 뒷받침하기 위한 감시원 초소가 20군데나 있지만, 보호구역 안에 약 1만 명, 주변 마을에 약 6만 명이 가축을 기르며 살고 있다. 게다가 코카인을 만드는 코카나무를 기르기 위해 후알라가강 유역에서 서쪽으로 불법 벌목을 하고 있다. 730제곱킬로미터 규모의 벌채된 우림에서 흘러드는 빗물로 강물은 날이 갈수록 더 혼탁해지고 있다.

그러나 탐시야쿠타후아요 보호구역에는 그처럼 훼손된 곳이 없다. 상업 벌목을 하는 일도 없고, 석유 채굴도 없고, 방목된 가축도 없다. 보호구역의 경계를 나타내는 표지판조차 없다. 우리가 보호구역 안으로 들어가는 것을 지켜보는 감시인도 없었다. 다만 피그미마모셋 한 마리가 가시로 뒤덮인 참비라야자 가지를 오렌지색 손으로 붙들고 매달린 채 우리를 바라보았다. 피그미마모셋은 검은 고리 무늬가 있는 황갈색 꼬리를 도마뱀처럼 늘어뜨리고 있었다.

모이세스와 마리오가 카누를 물가에 댔다. 우리는 카누에서 내려 진창을 헤치고 걸어갔다. 마리오가 칼을 휘둘러 길을 내며 앞서갔고, 우리는 그 좁은 길을 따라 어스름의 세계로 들어갔다. 강에서는 햇빛이 눈부셨지만, 이곳 숲에서는 부드러운 초록빛을 띠었다. 아직 한낮이었는데 저물녘이나 동틀 녘이라도 되는 듯이 귀뚜라미가 울어댔다.

우리는 천천히 걸었다. 두려워서가 아니라 경이로워서였다. 우리는 생물학자들이 결코 본 적 없는 생물들이 사방에 널려 있는 것을 보았다. 10센티미터의 가시가 달린 나무양치류, 갈색 포자로 테두리를 두른 은행잎 같은 잎을 달고 있는 허브.(믿기 어렵겠지만 그건 야자수라고 모이세스가 말했다.) 존과 조이는 땅에 떨어진 마키망고 열매에서 자라고 있는 섬세한 흰곰팡이를 골똘히 바라보았다. "조지 루카스가 이곳에 와봤더라면 구태여 상상력을 발휘할 필요가 없었을 거야. 이 곰팡이를 그냥 확대해놓기만 해도 될 테니까." 존이 말했다.

마크와 그레그, 짐, 데이브, 그리고 소년들은 모이세스와 마리오의 도움을 받아 개구리와 거미, 노래기, 딱정벌레 따위를 열심히 채집했다. 이날 채집용 비닐봉지를 열한 개나 채워 캠프로 가져갈 수 있었다. 이 동물들은 종류별로 분류해서 사진을 찍은 후 이튿날 아침 다시 놓아주었다. 채집한 동물 가운데 5센티미터의 초록색 개구리와 흑색 개구리는 어떤 도감에도 나오지 않는 것이었다. 모이세스는 학명을 몰랐지만 그래도 이 개구리를 잘 알고 있었다. 나포 강가에 사는 사람들이 화살이나 독침에 바르는 독이 바로 이 개구리의 독이었다. 독개구리과에 속하는 이것은 전신에 분포된 독샘에서 세상에서 가장 무서운 독을 만들어낸다. 특히 황금독화살개구리의 독에 닿으면 사람의 피부가 타버릴 정도다. 이 개구리 한 마리만 있으면 화살 50개에 독을 바를 수 있고, 1년 내내 독성이 지속된다. 또 다른(마요루나족이 '다브 키에트!'라고 부르는) 개구리의 독으로는 사포sapo라는 것을 만드는데, 사포는 화상을 치료하는 연고로 이용된다. 처음에 사포를 바르면 심장이 터질 것처럼 맥박이 빨라지며 심한 통증을 느끼게 된다. 그러나 고통을 보상하고 남을 만큼 효과가 탁월하다. 또 이 약을 쓰면 감각이 예민해지고 몸이 튼튼해진다. 밤눈이 밝아지고, 식물의 힘을 느낄 수 있고, 동물의 마음을 읽을 수도 있다고 한다. 사람들은 이러한 힘을 주는 개구리를 사흘 동안 잡아두고 부드럽게 등을 긁어서 독액을 채취한다. 이것을 풀어줄 때 마을 아이들은 뒤를 쫓아가며 집에 잘 돌아가기를 빌어준다.

다른 사람들이 개구리와 버섯을 찾아다닐 때 나는 개리를 따라다녔다. 언젠가 이키토스에서 숙소까지 배를 타고 올 때, 개리는 수백만 년 전 선사시대에 남아메리카에 살았던 동물들 이야기를 내게 들려주었다. 분홍돌고래가 태평양에서 아마존강으로 들어온 것은 1500만 년 전으로 추정된다. 당시 남아메리카 대륙을 지배한 포식동물은 보리아에나과의 유대류有袋類였다. 늑대와 같은 이빨을 지닌 이 유대류는 캥거루처럼 육아낭에 새끼를 넣고 다녔다. 공룡이 멸종한 후 5000만 년이 지나 본질적으로 깃털 달린 공룡이라고 할 수 있는 1.8미터의 맹금류가 나타났다. 고고학자들이 네 발 달린 거대한 새의 화석을 발견한 것은 불과 몇 달 전이라고 개리가 말했다. 정말 충격적인 발견이었다. 그것은 명백히 조류였다. 깃털과 부리가 있었기 때문이다. 그런데 날개가 없었다. 이 조류는 발가락이 세 개인 앞발로 먹이를 붙잡았다. 개리의 이야기를 듣고 있으면 장엄한 과일나무 아래 서 있는 기분이 든다. 이 나무 아래서는 너무나 맛있고 이국적인 열매, 이야기와 사실과 가설들의 열매로 샤워를 하는 것만 같다. 이 열매는 탐욕스럽게 삼킬수록 더욱 기갈이 들어 더 많이 먹고 싶어진다.

제자들이 개리를 너무나 사랑하는 것도, 개리가 해마다 미국 서북부 최고의 교수로 뽑히는 것도 하등 이상할 게 없다는 생각이 들었다.

그런데 이제 이 교수는 그답지 않게 말이 없었다. 개리는 늪지 가장자리에 서 있었다. 먼 과거의 무엇인가에 초점을 맞춘 초록 눈동자는 내면의 빛으로 반짝였다. 나는 그의 팔을 툭 치고 말했다. "뭘 그리 골똘히 생각해요?"

"석탄기요." 개리가 나직이 답했다.

그의 목소리는 3억 년 전의 과거에서 메아리로 울리는 것 같았다. 당시 남아메리카 대륙은 아프리카와 호주, 인도, 남극 대륙과 함께 남극 근처에서 한 덩어리의 초대륙[곤드와나 대륙]을 이루고 있었다. 석탄기[3억 5920만 년 전~2억 9900만 년 전]에 이 대륙은 추웠고 가끔 빙하시대도 있었다. 그러나 적도 너머로 이동하며 장차 유럽과 북아메리카 대륙을 이루게 될 땅덩어리[로라시아 대륙]에는 거대한 늪지가 포함돼 있었는데, 그것이 지구 최초의 우림이다. 식물이 꽃을 피우는 방법을 터득하기 전, 동물이 딱딱한 껍데기로 감싸인 알을 낳는 방법을 터득하기 전, 4심실로 이루어진 심장이 박동하기 전에, 종일 여명에 에워싸여 있는 듯한 이 세상에서 키가 9미터에 이르는 석송石松[상록 양치식물]은 초록색 비늘잎을 반짝였다. 최초의 풀(초본)이 진화하기 2억 5000만 년 전인 그때, 석송 외에도 속새라고 불리는 대롱 모양의 식물이 규산염을 축적하며 자랐고, 키가 15미터에 이르는 양치류가 너울거렸다. 양서류의 시대라고도 하는 석탄기에는 1.8미터의 키에 머리가 납작한 양서류들이 얕은 물에서 피를 데우며 어슬렁거렸다. 우리의 채집 봉투에 담긴 노래기의 조상은 당시 길이가 1.8미터에 이르렀고, 잠자리 날개는 너비가 40센티미터에 이르렀다.

석탄기는 에덴동산의 요람이었다. 오늘날 지상을 지배하는 척추동물은 석탄기 6000만 년 동안 여러 방향으로 진화하기 시작했다. 처음으로 육상 생활을 시작한 척추동물인 양서류가 발달해 장차 도롱뇽과 개구리가 태어나게 된다. 또 처음으로 파충류가 발생해 훗날 조류로까지 진화하게 된다. 이때 단궁류單弓類에 속하는 네 발 달린 도마뱀 비슷한 파충류가 태어났는데, 장차 포유동물로 진화해 돌고래가 되고 과학자가 된다.

개리는 그 생명의 여명기를 바라보고 있었다. 여명기는 초록으로 빛나는 이 우림의 늪지에 고스란히 보존돼 있었다. 그저 낯선 고대 동물인 분홍돌고래만 보존돼 있는 것이 아니다. 석탄기에 이런 얕은 늪지에 출현한 조상 동물들의 유전 물질 속에는 장차 돌고래 등의 포유동물이 출현하게 될 거라는 사실이 암호화돼 있었다. 그처럼 과거가 이곳에 고스란히 보존돼 있는 것이다.

양치류와 노래기는 대륙의 이동과 충돌을 견디고 살아남았다. 잠자리는 건기와 소행성 충돌과 지각 변동을 견디고 살아남았다. 그러나 인간의 탐욕으로 인한 대격변을 이겨내고도 살아남을 수 있을까? 불도저와 유전의 시대, 예인망 어업과 가축 방목의 이 시대를 견뎌내고 미래에도 살아남을 수 있을까?

열대우림보존기금이 하고자 하는 일이 바로 그것이었다. 짐펜은 이 지역을 보호해야 한다는 생각을 가지고 이 기금의 사람들을 만났다. 과거에 그들은 코스타리카와 뉴기니 지역을 보호하기 위한 기금을 모으고 있었다. "우리가 하지 않으면 아무도 맡지 않을 계획을 찾고 있었습니다." 개리가 말했다. 짐이 찾아왔을 때는 개리가 회장직을 맡고 있었다. 열대우림보존기금은 감시원을 둔다거나 사무실을 열고 직원을 채용할 여유 자금이 없었다. 그러나 짐은 차라리 그게 더 좋다고 지적했다. "미국식 보존이 여기서는 통하지 않아요." 짐이 그들에게 말했다. 사실 미국에서 효과가 있는 것으로 여겨진 거의 모든 생태계 보존 방법이 페루에서는 참담하게 실패했다. 이곳에서 여러 해 일을 해온 짐은 법을 제정한다고 생태계가 보호되는 것은 아니라는 사실을 잘 알고 있었다. 이곳 관료들은 너나없이 뇌물을 챙기고, 감시원은 보호구역을 지키지 않는다. 사실 감시원들이야말로 가장 악명 높은 밀렵꾼이다. 생태관광 사업도 땅을 보호하지 않는다. 폴의 숙소 직원들은 정규직으로 고용돼 의료와 노후 대책을 마련해두고 있지만, 다른 곳의 직원들은 대부분 성수기에만 급여를 받는다. 뜨문뜨문한 수입을 벌충하기 위해 시간제 벌목꾼으로 나서고, 밀렵으로 식량을 보충하거나 이키토스 장터에 내다판다.

탐시야쿠타후아요 주민들이 보기에 "보존이란 외국인들이 멋진 차를 타고 다니며 여행하기 위한 명분이다. 그래서 보존이란 이키토스와 워싱턴의 사무실에서 커다란 마호가니 책상 앞에 앉아 있는 사람들이나 하는 것이다. 보존은 사업이다." 다시 말하면, 과학자와 관료들이 월급을 받으면서 주민들이 뒤뜰에서 하면 안 되는 일과 해도 괜찮은 일이 무엇인지를 시시콜콜 지시하는 게 보존이다.

그처럼 판에 박힌 보존계획을 추진하는 대신 열대우림보존기금에서 주민들의 옛 방식—겉보기에는 전혀 보존 같지 않은 방식—을 뒷받침해줌으로써 실질적으로 생태환경을 보호할 수 있다고 짐은 제안했다.

오늘날 이 보호구역의 일부는 여전히 취약하다. 그러나 보호구역에 의지해 사는 주민들 덕분에 경계선만큼은 안전하다. 보호구역의 남쪽 절반은 전쟁 중인 두 인디헤나, 마요루나족과 레모족이 지키고 있다. 그곳은 너무 위험하다는 이유에서 벌목꾼이나 가축 방목자, 유전 탐사자들이 발을 들여놓지 못한다. 다이앤과 내가 날마다 지나다닌 서쪽 경계선에는 여섯 마을에 175세대가 살고 있는데, 과수원이 요새처럼 보호구역을 지키고 있다.

"이건 상그레데드라곤sangre de dragón이에요." 돈 호르헤가 하트 모양의 잎사귀가 달린 어린 나무를 가리키며 말하자 짐이 통역했다. "용의 피라는 뜻이죠. 이 나무의 빨간 수액으로 화상을 치료한답니다. 베인 상처와 이질, 궤양도 치료하고요. 조직 재생을 촉진하거든요."

호르헤는 호리호리하고 억센 체구에 원기 왕성한 노인이다. 개구쟁이 같은 얼굴로 미소를 필 때면 누런 이빨이 반짝인다. 어깨 위에서 찰랑이는 머리칼은 아기 천사의 머리칼처럼 곱슬곱슬하고 부드러운데, 묘하게도 뒷머리만 하얗게 셌다. 71세라는 게 믿어지지 않을 만큼 젊어 보인다.

60센티미터쯤 되는 이 어린 나무는 뭐지? 짐은 그 나무의 이름이 오헤ojé라고 했다. 일종의 무화과나무인데, 유액을 발효시켜 만든 약으로 여섯 종의 기생충을 없앨 수 있다. 가시가 돋은 덩굴은 고양이발톱이라고 부르는데, 네덜란드 과학자들이 이것을 이용해 에이즈 환자들의 면역 체계를 구축하기 위한 연구를 하고 있다고 짐이 덧붙였다. 또 주민들은 예르바산토yerba santo, 즉 성자의 잡초라고 부르는 나무껍질을 이용해 죽은 태아를 분만시키는 약을 만든다.

"이곳은 모든 게 쓸모가 있답니다. 지금 눈앞에 있는 식물만 해도 60종이 넘어요." 짐이 말했다.

짐과 호르헤를 따라 오솔길을 걸을 때, 호르헤는 옛 친구를 소개하듯 식물들을 하나하나 간략히 설명해주었다. 우림에서 다이앤과 나에게 모이세스가 설명해주던 방식과 같았다. 지금 우리가 있는 곳은 우림이 아니었다. 우리는 보호구역 가장자리에 있었는데, 모든 것이 우림 식물이었다. 어린 숲처럼 보이지만 한때 정글이었던 이곳은 호르헤의 과수원chacra이었다.

세드로나무는 가구를 만드는 중요한 나무다. 마늘덩굴이라는 관목으로 만든 차는 마늘 냄새가 나는데, 열을 내리거나 감기를 낫게 한다. 가시털이 난 카사포나야자수로는 대문을 만든다. 그러나 또 다른 쓸모도 있다. 페니스를 키워주는 게 바로 그거라고 호르헤가 말했다. 어떻게? 먼저 가시를 떼어내야 한다. 그리고 나무껍질을 15분 동안 페니스에 붙여놓는다. 초승달이 뜰 때 사흘 밤 동안 계속 그래야 한다. 왜? 초승달은 사물을 가늘고 길게 성장시키는데, 보름달은 사물을 짧고 넓게 성장시키기 때문이다.

나무를 기를 때도 마찬가지다. 호르헤는 맛있는 열매[스타애플]가 열리는 카이니토나무를 보름날 밤 꼼꼼히 가지치기한다. 그래야 좋은 과일나무로 자라기 때문이다.

그의 과수원에 있는 수많은 나무에 열리는 과일은 이름조차 달콤하게 들린다. 망고, 구아버, 아구아헤, 아라자. 웅구라후이의 자줏빛 열매 씨앗으로는 초콜릿 맛이 나는 음료를 만든다. 나뭇가지 하나에 달팽이 껍데기로 만든 목걸이가 걸려 있었다. 왜 이렇게 해놓은 거냐고 내가 물었다. "달팽이는 1톤쯤의 알을 낳는답니다." 돈 호르헤가 짐을 통해 말했다. 그러니까 그만큼 많은 열매가 열리라는 뜻에서 매달아놓은 것이다.

이 대목에서 과학자들이 이죽거릴 거라는 생각이 든다. 그러나 돈 호르헤의 행동에는 우아하고 사랑스러운 데가 있다. 그의 행동은 성당에서 촛불을 밝히는 것과 다를 게 없다. 실제로 달팽이 껍데기가 중요한 양분인 칼슘을 토양에 보충해줄 수도 있다. 그러나 달팽이 껍데기를 매다는 것이 잔디밭에 석회를 뿌리는 것과 같은 작용을 한다는 것을 호르헤가 믿는다고 보기는 어렵다. 그가 좋아하고 존중하는 생물과 신성한 대화를 나누며 선물을 주는 행위라고 보는 것이 더 옳을 것이다. 돈 호르헤와 이곳 식물들 사이의 관계는 서구인과 식물들 사이의 관계와 사뭇 다르다.

나중에 호르헤는 내게 정신이 흐리멍덩할 때는 절대 과수원에 들어가선 안 된다고 말했다. 예를 들어 술 취한 사람은 과수원에 들어가면 안 된다. 호르헤는 데이브의 조카에게 후추 열매를

카누를 모는 돈 호르헤 소플린. 과거에 그는 하마터면 돌고래를 따라갈 뻔했다.
(촬영: 그레그 네이즈)

하나 건네주었다. 데이브의 조카가 무심코 주머니에 넣자 호르헤가 버럭 화를 냈다. "그런 식으로 그걸 가지고 다니면 안 돼." 호르헤가 말했다. 그러면 불행이 닥치게 된다. 그건 두 손으로 공손히 들고 다녀야 한다.

폴의 동업자인 수지 패거드는 전에 우리 일행을 숙소까지 안내해주었는데, 그때 이곳 사람들에 대해 멋진 말을 했다. 이곳 사람들이 자연과 가까울 수밖에 없는 것은 당연한데, 이 우림에서는 사람들이 말 그대로 자연에 에워싸여 있기 때문이다. 이곳은 나뭇잎이 천막처럼 하늘을 가리고 있어서 종일 여명에 에워싸인 듯하다. 이런 초록 세상에서는 하늘에서 그들을 내려다보는 파란 눈의 하느님은 상상할 수도 없다. 그들은 그저 어머니의 팔에 에워싸인 듯 잎이 무성한 세계에 에워싸여 있다. 하지만 200년에 걸친 선교 활동 때문에 공식적으로 이곳의 거의 모든 사람은 가톨릭 신자가 되었다. 그래도 그들은 하늘보다 땅에 더 가까운 유구한 전통을 지니고 있다. 이곳에서는 기적이 하늘에서 일어나는 게 아니라 강에서 일어난다. 마법을 부리는 것은 돌고래와 아나콘다와 소용돌이다. 전능한 힘은 하늘이 아닌 식물 속에 깃들어 있다. 성당에서 영성체 의식을 치르며 그리스도의 피를 마시는 법을 배웠지만, 고대부터 그들은 식물의 피를 마시는 영성체 의식을 해왔다. 식물의 피는 그들을 진짜 세계로 데려갔다. 꿈이 아닌 세계, 우리가 동물의 목소리를 알아들을 수 있고, 동물의 영혼이 우리에게 말을 거는 세계, 그 영혼들이 카누나 우주선을 보내 우리를 여행케 하는 세계로.

다른 문화권에서는 금식이나 노래, 춤, 고행을 통해 영적 황홀경을 얻는다. 이곳에서 황홀경의 원천은 초록 식물이다. 뱀처럼 나무를 기어오르는 이 덩굴이 바로 아야후아스카라고 호르헤가 말했다. 그는 꿈을 꾸고 환상을 보기 위해 이 식물을 기른다고 한다. 덩굴이 잘 자라라고 아내의 머리칼을 선물로 걸어놓았다.

호르헤와 짐을 뒤따르는 동안, 교수와 식물학자, 그 밖의 전문가들은 메모를 했다. 우리의 교사는 나무에게 달팽이 껍데기를 선물하는 사람이고, 하마터면 돌고래를 따라갈 뻔한 사람이고, 입을 다물고도 소리 없이 말할 수 있는 사람이다. 하지만 짐은 호르헤가 과학자 못지않은 사람이라고 말한다. 호르헤는 경험으로 배웠다. "실험 능력이 대단해서 나를 얼마나 많이 도와주었는지 몰라요." 짐이 말했다. 짐이 페루의 농림업에 관한 박사 논문을 쓰는 동안 10년이 넘도록 가장 큰 도움을 준 사람이 호르헤였다. "호르헤는 돈벌이에 관심이 없어요. 하지만 진짜 전문가랍니다. 식물 실험을 무척이나 좋아해요."

오랜 세월 호르헤는 여러 식물 종의 용도뿐만 아니라 여러 식물을 다른 토양에서 다른 재배법으로 기르는 방법도 알아냈다. 이테야자수[아구아헤가 열리는 야자수]를 과수원의 저지대에 심을 경우 고지대에 심었을 때보다 다섯 배나 잘 자란다는 것도 알아냈다. 짐은 토양의 산성도를 검사해 수소이온 농도가 0.5만 달라져도 식물 성장에 현격한 변화가 생길 수 있다는 것을 알아냈다. 호르헤는 구아버가 성장하면서 토양 속에 질소를 고정시킨다는 것을 실험을 통해 알고 있었다. 가시야자가 가장 기름진 토양을 좋아한다는 것도 알고 있었다. 숲마늘ajo sacha의 여성적 형태는 관목이고 남성적 형태는 덩굴인데, 여성형의 치료 효과가 더 높다는 것도 알고 있었다. 그런데도 달팽이 껍데기와 인간의 머리칼을 나무에게 선물하는 호르헤는 뭔가 더욱 중요한 것을 알고 있었다. 식물과 동물의 운명, 사람과 돌고래의 운명, 땅과 물의 운명이 모두 연결돼 있음을 알고 있는 것이다.

짐은 이 과수원의 식물들이 숲을 구하게 될 거라고 믿는다. 그는 자기 믿음이 옳다는 것을 나무의 예를 들어 증명했다. 이테야자가 바로 그것이다.

우리가 미국을 떠나기 전에 그레그가 아구아헤에 대한 얘기를 들려준 적이 있었다. 다이앤과 나는 지난번 여행 때 아구아헤 열매를 먹어보았다. 검붉은 비늘 같은 껍질에 싸여 있는 열매는 꼭 수류탄처럼 보인다. 커다란 씨앗을 감싸고 있는 얇은 과육은 하우다 치즈 빛깔이다. 과육은 맛이 담백한데 먹는 사람은 드물다. 이키토스 장터에서 거래되는 이 열매는 아이스크림이나 음료의 향을 내는 데 사용된다. "오늘날 이키토스에는 고무 호황 때의 고무나무 유액보다 더 많은 아구아헤가 나오고 있답니다." 마이애미에서 리마로 가는 비행기 안에서 그레그가 말했다. 최상품 열매는 20킬로그램 한 자루에 10~20달러에 거래된다. 그처럼 고가에 팔리기 때문에 아마존 유역의 모든 사람들이 이 나무를 차지하려고 경쟁한다.

수확은 어렵고 위험하다. 유리처럼 미끄러운 야자수 위로 올라가는 것은 거의 불가능하다. 이 나무는 약 40미터 높이까지 자란 후 꼭대기에 가시 돋은 잎사귀가 자라고 송이 열매가 맺힌다. 수확하는 사람들은 열매가 떨어지길 기다리지 않는다. 떨어지기 전에 원숭이나 새들이 먹어치우기 때문이다. 다른 사람이 선수를 칠지도 몰라 먼저 발견한 사람이 나무를 베어내는데, 열매가 미처 익기도 전에 벌목될 때도 많다. 익지 않은 열매는 이키토스 시장에서 40킬로그램 한 자루에 1.5~3달러에 거래된다. 잘 익은 아구아헤 열매 값의 4퍼센트에 지나지 않는 가격으로 말이다. 짐은 학생 시절인 1980년대에 리처드 보드머와 올리버 쿰즈와 함께 이런 현상을 기록하기 시작했는데, 이 현상을 승자 없는 '아구아헤 경주'라고 불렀다.(리처드는 켄트대학교 더럴보존·생태연구소 명예교수이고, 올리버와 짐은 각각 맥길대학교와 미시건 그랜드밸리주립대학교 교수다.)

"윈윈이 아니라 '루즈루즈' 상황이었어요." 짐이 설명했다. 모두가 손해를 보는 상황이었다는 것이다. "해가 갈수록 사람들은 더 힘들게 일하면서도 더 손해를 보며 값진 자원을 계속 고갈시켜온 거죠."

이테야자의 파괴는 숲의 동물들에게 재앙이나 다름없었다. 이 열매는 원숭이나 새들의 중요 먹이일 뿐만 아니라 발굽이 있는 동물들에게도 매우 긴요한 것이다. 리처드 보드머는 박사 논문을 쓰면서 회색 마자마사슴 먹이의 87퍼센트, 목도리페커리와 흰입술페커리 먹이의 절반 이상이 이 열매라는 사실을 알아냈다. 저지대맥 먹이의 약 3분의 1을 차지한다는 것도 알아냈다. 이 야자수를 보호하는 방법을 찾는 것이야말로 '긴급히 주목'을 받아야 할 일이라고 그는 논문에 썼다.

일부 지역민들이 과수원에서 아구아헤를 기르기 시작한 것은 불과 한 세대쯤 전부터였다. 그러나 대부분의 사람들은 옛 방식의 농사를 포기한 상태였다. "정부 지원 부서에서는 주민들에게 기존 생활 방식이 후진적이고 야만적이라고 가르칩니다. 페루에서는 가축을 기르고 옥수수를 재배하는 것이 현대적인 삶인 줄 아는 거예요." 비행기 안에서 그레그가 말했다.

생태환경 보존기구조차도 '가축과 옥수수 계획'을 후원했다. 지역민들이 가축과 옥수수 영농으로 '문명화'될 수 있다면, 숲으로 들어가 나무를 베거나 동물을 죽일 필요가 없어질 거라고 생각한 것이다.

이런 생각이 처음에는 유효한 것 같았다. 2~3년 동안은 가축과 옥수수 농사가 잘되었다. 그래서 지원 부서에서는 계속 이 계획을 추진하며 아주 만족스러워했다. 그러나 5년도 되지 않아 모든 계획이 무산되고 말았다. 농사가 실패한 것이다. 토착식물이 아닌 옥수수를 재배함으로써 토양이 황폐해졌고 가축은 병들어 죽었다. 황폐화된 토양을 복구할 수 없을지도 모른다. 토양 파괴가 암처럼 확산되었기 때문이다. 미국 조류학자인 토머스 러브조이가 이끈 브라질·미국 과학자들의 연구 결과, 근처의 큰 나무들을 베어내고 약간의 땅을 개간해 주위의 숲과 고립된 순간, 36퍼센트에 이르는 생물자원이 즉시 고갈되었다. 농사를 계속하기 위해서는 더 많은 원시림을 계속 베어내고 불태워야 했다.

서구식 개발 계획이라는 유혹적 마법에 걸린 주민들은 우림의 언저리에 있던 그들의 과수원을 포기했다. 이 땅이 더 이상 사용되지 않게 되자, 누구나 이 땅을 손에 넣을 수 있게 되었다. 정부는 소유자가 없어 보이는 땅을 유전 노동자나 경찰, 부동산 구매자들에게 양도하기 시작했다. 지주가 된 외지인들은 불을 질러 태운 땅에 수백 마리의 가축을 몰아넣었다. 도시의 목재업자들이 이곳에 와서 나무를 베었고, 이키토스 상인들은 사냥을 하러 몰려들었다.

짐과 리처드 보드머는 1980년대 초의 이런 상황에서 연구를 시작했다. 대부분의 지역민들은 예전의 농법을 거의 잊어버렸다. 그러나 돈 호르헤 같은 소수의 사람들은 잊지 않았다. 이테야자가 다른 나무들과 햇빛 쟁탈전을 벌일 필요가 없을 때, 그러니까 과수원의 휴경지나 마을에서 재배될 때는 대부분 5미터 이상 높이 자라지 않는다는 것을 알고 있었다. 그러면 나무를 베어내지 않고도 쉽게 열매를 수확할 수 있었다. 그래서 가장 맛있는 열매를 수확해 가장 높은 값을 받을 수 있었고, 한 나무에서 10년 이상 계속 열매를 수확할 수 있었다.

그런 연구 끝에 짐은 1992년 3월에 시카고의 열대우림보존기금에서 얻어낸 2500달러를 가지고, 남아메리카에서 처음으로 이 토착식물만으로 농림 계획을 시작했다.

"그들이 이미 알고 있는 농법에 자긍심을 갖게 하려고 애썼습니다. 어떻게 심어야 하는지 가르쳐주지 않았어요. 이미 알고 있는 방법을 사용하도록 했을 뿐이죠." 나중에 짐이 설명했다.

짐의 조사에 따르면 33가구가 과수원에 심은 6000그루의 아구아헤를 보살핀다.(2008년에는 54가구에 7000그루 이상으로 수가 늘어났다.) 키가 크고 여윈 짐은 뜨거운 태양 아래서 피부가 빨갛게 타오르거나 모기떼에 물리는데도 아랑곳하지 않고, 칼과 괭이를 휘두르며 농부들과 함께 일한다. 전에 인터내셔널페이퍼[미국 제지회사]에서 삼림녹화 사업을 맡아 일했던 것처럼, 짐은 쾌적한 미국에서 조림 일을 할 수도 있었다. 그러나 편한 삶을 마다했다. 여름에는 가옥에 페인트칠을 해주는 일을 하고, 최대한 시간을 내서 이곳에 와 일한다. 그는 이렇게 말한다. "나는 이곳 사람들에게 뭔가 도움이 되길 바랍니다. 이곳에 우리 가족이 있기도 하고요. 나는 아구아헤 계획을 계속 추진하고 싶어요. 이걸 그만둔다는 것은 부도덕한 일이라고 봐요." 짐은 토양의 산성화를 얘기하듯 쉽게 이런 얘기를 한다.

짐은 다른 농부들이 시험 삼아 다른 식물을 재배하는 것도 돕고 있다. 달고 시큼한 맛이 나는 카람볼라뿐만 아니라 구아버와 교잡한 망고 같은 맛이 나는 오렌지 크기의 열매인 코푸아쿠(이 열매는 오늘날 브라질에서 아이스크림 제조업자들에게 인기가 높다.), 그리고 과나바나와 카무카무, 사포테 같은 유실수, 나아가 이키토스 시장에서 고가에 팔리는 약용식물도 시험 재배하고 있다.

그런 식물은 원래 이 땅에 자라던 것이어서 과수원에서도 잘 자란다. 잉가를 비롯한 많은 종의 식물은 토양에 질소를 고정시켜서, 땅을 황폐화하는 게 아니라 기름지게 해준다. 과수원에는 한 종류의 식물만 줄줄이 심지 않고 여러 종을 섞어 심기 때문에 항상 다양한 영양소가 순환된다. 토착식물을 심은 과수원에서는 20년이나 30년, 40년 이상이라도 계속 수확이 가능하다. 카사바나 바나나를 심었던 휴경지에 과수원을 만들기 때문에 새로 야생의 숲을 개간할 필요가 없다. 훗날 과수원을 포기한다고 해도, 불태워버린 황무지가 아니라 여러 토착식물이 자라는 젊은 숲이 형성된다.

그러나 주민들에게는 여전히 야생의 우림이 필요하다. 과수원은 우림을 지키는 데 도움이 된다. 다수의 환경보존주의자들이 주장하는 것과 달리, 우림을 위협하는 것은 지역민들이 아니라 외지인들이다. 탐욕스러운 외지인들은 지역민들을 쫓아내지 못해 안달한다.

"우리가 우리 자원을 지키지 못하면 대체 누가 지키겠어요?" 라울 후아나키리가 말했다. 시청 직원이자 선출된 공동체 지도자인 라울은 산페드로에 하나뿐인 학교의 흙바닥 교실에서 스페인어로 우리에게 말했다. 학교 둘레의 강가에는 기둥집들이 세워져 있었다. 마리오의 아들 장례식 때 그랬듯, 진흙 강둑에 정박한 카누 가운데 모터가 달린 것은 우리 카누밖에 없었다.

학교에는 리아나 덩굴로 엮은 대나무 장대에 초록 칠판 다섯 개가 매달려 있었다. 그중 한 칠판 앞에 라울이 서 있었고, 칠판에는 파란 백묵으로 보호구역 지도가 그려져 있었다. 지도에는 브라질 국경과 가까운 보호구역 동북부 국경 지대의 물길과 마을들을 표시해놓았다. 과학자들은 교사에게 뭔가 배우고 있는 초등학생들처럼 나무 의자와 책상에 웅크리고 앉았다.

"이곳 사람들은 생태환경 보존에 대해 어떤 외국인들보다 더 많은 것을 알고 있답니다." 짐이 라울을 소개하며 말했다. "우리는 그들에게 배울 게 아주 많아요. 공동체로 살아가는 방법, 그러니까 지속 가능한 공동체로 평화롭게 살아가는 방법에 대해서도 배울 게 많죠."

짐은 라울의 말을 통역했다. 독사에게 물리지 않도록 긴 고무장화를 신은 라울은 이웃 사람들이 보호구역을 어떻게 생각하고 있는지 얘기했다. "처음 보호구역이 지정되었을 때 우리는 많은 토론을 했답니다. 아직도 보호구역을 좋아하지 않는 사람이 두엇 정도는 있어요. 하지만 지금은 모두가 보호구역에 대해 잘 알고 있죠. 우리가 몸소 우리 자원을 지켜야 한다는 걸 모두 알고 있어요. 정부가 아니라 우리 자신이 지켜야 한다는 걸요."

그것을 잘 알고 있는 주민들은 지난 봄, 보호구역에서 베어낸 통나무 뗏목을 이키토스로 끌고 가는 배들을 보았다. 열대우림보존기금의 현장 관리인인 세사르 레예스는 벌목이 법으로 금지돼 있는데도 이키토스 관리가 탐시야쿠타후아요 보호구역 내의 벌목을 아홉 차례 허가했다는 사실을 알아냈다. 모두 공식 문서로 허가를 받았고, 페루 자연자원기구와 농림부에서도 승인했다. 지역민들은 세사르의 전문적 도움을 받아 이키토스 당국에 항의했다. 결국 공식 허가는 아예 존재한 적이 없었다는 듯 철회되었다. 벌목 허가가 공식 철회되기 전에 밖으로 흘러나간 통나무는 48개에 지나지 않았다.

주민들에게는 고스란히 보존된 숲이 필요하다. 살아가자면 이 숲이 있어야만 하기 때문이다. 약 35가구가 보호구역 안에서 정기적으로 사냥을 한다. 파카[쥐목 아구티과의 토끼만 한 포유류]와 같은 설치류, 페커리, 그리고 가끔은 그보다 더 큰 원숭이나 맥을 사냥한다. 작은 동물은 그들이 먹고, 페커리와 사슴, 맥 등의 살코기와 가죽은 이키토스 시장에 내다판다. 야생동물의 개체 수에 대한 리처드 보드머의 연구 덕분에 지역민들은 이 자원이 고갈될 수도 있다는 것을 인식하게 되었다. 외지인들이 아니라 자기들 때문에 고갈될 수도 있음을 알게 된 것이다.

그래서 이제 마을 사람들은 달라졌다. 교실에 겸손하게 모인 교수와 식물학자들 앞에서 라울은 마을 사람들이 어떻게 달라졌는지 간단히 설명했다. 원숭이와 왕아르마딜로, 맥 사냥을 금지했다. 페커리처럼 발굽이 있는 동물은 한 가구당 두 달에 세 마리만 잡도록 했다. 또 강변 두 군데에 사냥 감시원들을 배치해 보호구역에서 잡은 모든 동물을 기록하게 했다. 사냥은 지역민이 생계를 위해 하는 것만 허용된다. 보호구역이 광활하긴 하지만, 도로가 없기 때문에 두 군데의 감시소를 몰래 통과하기는 어렵다.

그들은 공동 작업일을 정해 보호구역 서쪽 경계에 있는 과수원에 토착식물을 심기로 했다. "우리 아이들을 교육한다는 아이디어도 냈어요. 미래에 우리 아이들은 어떤 동물이 흰 입술 페커리인지 알게 되고, 숲의 식물들에 대해서도 잘 알게 될 겁니다." 라울이 말했다.

"이렇게 마을 사람들이 팔 걷고 나서자, 페커리와 대형 설치류가 다시 우리를 찾아오기 시작했어요." 라울의 말에 미국인 과학자들이 고개를 주억거렸다. "우리는 다른 공동체들과 조화롭게 살기 위해 애쓰고 있답니다."

실제로 이 방법은 한 달 전 이키토스 자연자원기구가 개최한 회의에서 큰 관심을 끌었다. 이 보호구역을 위해 개발한 농업기술은 파카야사미리아 보호구역에서 500만 달러를 들여 추진하는 4개년 계획에도 도입하기로 결정되었다. 짐과 세사르는 페루인 농림가 두 명을 더 고용해, 보호구역 북부 경계선인 자바리미링 강변의 마을에 근무시키길 바란다. 훗날 그레그와 개리, 존은 5만 달러를 마련해 페루의 현장 관리인 세사르와 짐에게 처음으로 급여를 주기로 합의했다.

"이 보호구역은 좋은 귀감이 되었어요." 라울이 조심스레 공식 연설을 마치며 열대우림보존기금 임원들에게 말했다. "국제 활동을 하는 사람들은 직접 이 보호구역에 와서 봐야 해요. 그저 이곳 사람들을 위해서만이 아니라 온 세상을 위해서 말예요."

회의를 마칠 무렵 교실의 작은 책상에 앉아 있던 한 교수가 손을 들었다. 존이었다. 라울이 지목하자 존이 말했다.

"산페드로의 위대한 분들을 이렇게 직접 뵙게 돼 정말 기쁩니다."

시간 여행

내게 이야기를 들려주세요.

지금 이 세기, 이 열광의 순간에,

이야기를 들려주세요.

아찔한 거리와 별빛의 이야기를 들려주세요.

이야기 제목은 '시간'이겠지만,

제목을 말하지는 마세요.

내게 심오한 기쁨의 이야기를 들려주세요.

— 로버트 펜 워런

지금의 세계 이전에 한 세계가 있었다. 주민들의 이야기는 이렇게 시작한다. 그 세계는 불이나 홍수로 파괴되고, 대부분의 동물이 멸종되었다. 인간은 돌이 되거나 괴물에게 잡아먹혔다.

오늘날 탐시야쿠타후아요에 사는 사람들 대부분은 그리스도교의 창조 신화를 읊조리게 되었다. 세상을 바꿔버린 사과 이야기가 담겨 있는 창세기에는 고대의 세계수 신화가 반영돼 있기 때문에 이곳 주민들이 쉽게 동화될 수 있었는지도 모른다. 그러나 아마존 전역에 분포한 수백의 인디헤나 부족들은 아직도 한결같이 이렇게 생각한다. 이 세계는 과거의 세계와 다르다고,

그들은 말한다. 과거에 전혀 다른 여러 세계가 있었다고. 과거엔 환상의 동물들, 키메라나 괴물들이 살았다고. 그 가운데 일부는 아직도 우리와 더불어 살아가고 있다고.

저녁에 우리는 폴의 숙소로 돌아왔다. 그레그와 개리, 짐과 존, 조이와 나는 종종 이 괴물들 이야기를 나누었다. 한 괴물의 이름은 마핑구아리다. 원숭이 얼굴을 한 이 괴물은 곰 크기에 털북숭이이고 악취를 풍긴다. 개리는 이 괴물이 플라이스토세[258만 년 전~1만 2000년 전]에 육상에서 살던 커다란 나무늘보를 가리키는 게 아닌가 하고 생각했다. 개리가 말하길, 보스턴에서 활동하는 과학자인 데이비드 오렌은 이 동물이 아직도 살아 있다고 믿는다. 그러나 개리는 믿지 않았다. 오렌은 1994년에 탐험대를 조직해 브라질 중서부의 론도니아주로 마핑구아리를 찾아 나섰다. 이 동물을 발견하지 못했지만, 거기서 10킬로그램의 배설물을 수집했는데, 그는 그것이 마핑구아리의 똥이라고 믿는다.

또 다른 괴물은 물 재규어다. 브라질에서는 온사다구아Onça d'água라고 부르고, 맥tapir 요정이라는 뜻에서 타피르이아우아라라고 부르기도 한다. 덩치가 암소만큼 큰데, 배에 탄 사람들을 공격한다. 또 뱀 가운데 가장 큰 아나콘다보다 훨씬 더 길고 더 우람한 괴물 뱀도 있다고 한다. 이 뱀은 호수에서 가장 깊은 곳이나 소용돌이 속에 산다. 손전등처럼 두 눈이 반짝이는 이 뱀의 이름은 코브라그랑지다. 코브라그랑지가 기어감으로써 끊임없이 변

하는 아마존강의 미로 같은 물길이 만들어진다고 한다. 코브라그랑지가 으르렁거리면, 피라루쿠와 카이만이 화답하며 꼬리로 물을 철썩인다. 코브라그랑지는 사람이 탄 배를 옴짝달싹 못 하게 할 수도, 우리의 그림자를 훔쳐갈 수도, 우리를 물 아래 엥캉치로 끌고 갈 수도 있다.

고대의 이 괴물들 몇몇이 특히 무서운 것은 사람으로 둔갑할 수 있기 때문이다. 그 가운데 하나는 쿠루피라 혹은 출라차키라고 불린다. 그들은 노인이나 난쟁이, 사슴, 개구리 따위로 둔갑할 수 있다. 혹은 커다란 수컷 페커리로 둔갑해, 이동 중인 흰입술페커리 무리를 이끌기도 한다. 사냥감의 아버지라고도 불리는 이 괴물은 사냥꾼들을 우롱한다. 발자국을 거꾸로 찍어서 말이다. 사냥꾼들은 이 괴물의 발자국을 따라갈수록 더 멀어진다.

나는 나이절 스미스의 탁월한 저서인 『황홀한 아마존 우림 *The Enchanted Amazon Rain Forest*』에서 쿠루피라에 대한 이야기를 읽은 적 있다. 네그루강의 한 농부가 쿠루피라를 만난 이야기를 스미스에게 들려주었다고 한다. 50년 전에 일어난 일이었다. 사람들이 네그루강의 지류를 따라 상류로 올라가며 페커리와 피아사바야자수를 찾을 때였다. 그들은 페커리를 잔뜩 잡았다. 한 사람이 여섯 마리 이상을 잡은 것이다. 그들은 페커리를 꼬챙이에 꿰어 불에 구웠다.

그날 밤, 낯선 사람이 숲속 캠프로 찾아와 누군가의 말을 전했다. "페커리를 다섯 마리 이상 잡은 사람은 한 마리를 바쳐야 한다고 어르신이 말씀하셨습니다."

"그 어르신에게 가서 직접 사냥하시라 해라." 한 사냥꾼이 퉁명스럽게 쏘아붙였다.

하지만 사냥꾼 가운데 한 사람의 아내는 이 전갈을 받고 경각심을 느꼈다. 그녀는 사냥꾼들에게 불경하게 굴면 안 된다고 말했다. 남편은 페커리를 한 마리밖에 잡지 못했다. 그래도 그들 부부는 낯선 사람에게 뒷다리 하나를 주어 어르신에게 바치게 했다.

자정에 천둥이 쳤다. 처음에는 멀리서 들려오던 천둥소리가 점점 더 가까워졌다. 그때 한 노인이 캠프에 찾아왔다. 노인이 불에 구운 페커리를 지팡이로 툭툭 치자 페커리가 살아났다. 장차 일어날 일을 지켜보겠다는 듯 수십 마리의 페커리가 캠프로 모여들었다.

이어 노인은 불경한 사냥꾼들이 잠든 해먹으로 다가갔다. 노인은 두 손으로 사냥꾼들을 밀가루 반죽처럼 주물러대기 시작했다. 사냥꾼들의 피부 속 살덩이가 아보카도 과육처럼 질펀해지자, 노인은 사냥꾼들의 정수리에 입을 대고 질펀한 살을 빨아먹기 시작했다. 노인은 껍질만 남은 시체를 해먹 위에 내던졌다. 경건했던 부부는 그 상황을 모면하고 살아남아, 노인이 떠나면서 중얼거리는 소리를 들었다. 페커리는 자기 자식이었다며 필요 이상으로 사냥해선 안 된다는 소리였다. 노인은 녹아들 듯 숲속으로 사라졌고, 부활한 페커리들이 뒤를 따라갔다.

우리와 함께 지낸 제리가 루디와 함께 숲속으로 서바이벌 캠핑을 떠났을 때, 묘하게 공원처럼 뻗어 있는 숲을 가로질러 간 적이 있었다. 나무가 높다랗게 자랐고 잡목이 전혀 없었다. 마치 누군가 땅을 돌본 것처럼 보였다. 그레그도 그런 땅을 본 적이 있었다. 그런 땅은 수파이 과수원이라고 불린다고 그레그가 말했다.* 제리와 루디는 맨발의 가이드에게 그 땅이 쿠루피라의 정원이라는 말을 들었다. 가이드는 어서 벗어나야 한다고 말했다. 제리는 숙소로 돌아가며 아쉬워했다. "나는 좀 더 있고 싶은데. 정말이지 그 친구를 꼭 만나보고 싶다니까!"

과학자들은 쿠루피라 이야기에 코웃음 친다. 물론 그들에게도 할 말이 있다. 그들은 이 세계 이전에 환상의 괴물들로 이루어진 다른 세계가 정말 **있었다**는 것에 동의한다. 그런데 그 가운데 일부가 아직도 우리와 함께 존재한다면 당연히 발견할 수 있어야 한다고 주장한다.

우리가 처음 보호구역 안에 들어갔다 돌아온 직후 나는 개리에게 물어보았다. 길가에서 마법에 걸린 듯 늪지를 응시하고 있을 때 대체 어떤 느낌을 받았느냐고.

"그런 곳에서는 시간을 거슬러 올라갈 수 있어요." 그가 말했다. "동물 종은 달라졌지만, 숲의 구조는 전과 똑같거든요. 꽃 피는 식물이 지배하는 우림이 형성된 것은 1억 년 전이랍니다. 우림은 오늘날 지상에서 가장 오래된 생물군계* 가운데 하나죠." 온대성 낙엽수림 생물군계가 나타난 것은 3300만 년밖에 안 된

* 잉카 신화에서 수파이는 죽음의 신이자 지하세계의 지배자다.—옮긴이

다고 그가 말했다. 즉 지구에 처음 사계절이 나타난 올리고세[3390만 년 전~2303만 년 전]에 형성된 것이다. 초원지대가 형성된 것은 마이오세인 2300만 년 전이었다. 이때 처음으로 풀을 뜯어 먹는 말이 출현했다. 오늘날의 타이가와 같은 현대 침엽수림이 형성된 것은 플리오세[533만 년 전~258만 년 전]인 500만 년 전이다. 오늘날의 세계는 과거와 같지 않다. "에오세에는 극지방에 아주 크고 널따란 잎사귀를 펼친 나무가 숲을 이루고 있었어요! 그런데 이제는 그런 생물군계가 더 이상 존재하지 않지요. 현재의 빙원 서식지인 남극과 북극이 형성된 것은 그리 오래되지 않았어요. 하지만 우림은 아주 오래되었답니다." 그가 말했다.

나는 개리가 곧잘 시간 여행을 한다는 것을 알게 되었다. 그는 눈 깜짝할 사이에 아득한 고대로 시간을 거슬러 올라갈 수 있다. 우리가 걷거나 배를 타고 다른 임원들과 함께 우림을 여행할 때, 평소에는 말이 많은 이 교수가 문득 입을 다물곤 했다. 그럴 때 그의 두 눈은 몽롱한 꿈속을 응시하는 듯하다. 아예 넋이 나간 것처럼 보이기도 하고. 하지만 자기가 신비한 능력을 지녔다고 생각하지 않는다. 그가 샤먼과 비슷한 마력을 지니고 있는 것 같다고 말하면 질색을 한다. 무엇보다도 과학자이기 때문이다. 그는 물리학 법칙에서 벗어난 어떤 황홀경이나 신, 마법을 믿지 않는다.

바이옴biome, 주로 기후 조건에 따라 구분되는 가장 큰 지리학적 생물 단위.—옮긴이

북쪽 툰드라 지대와 남쪽 온대기후 지대 사이에 있는 침엽수림.—옮긴이

시간 여행을 하는 진화 생물학자
개리 갤브레스(촬영: 사이 몽고메리)

하지만 때로 내게 말하곤 했다. "쥐라기 중반으로 돌아가 봅시다." 혹은 "백악기로 돌아갔다고 해봅시다." 마치 쇼핑몰에 가보자는 듯한 말투로 그렇게 말한다. 개리가 가장 좋아하는 시대는 공룡이 살던 쥐라기다. 어린 시절 대부분을 1950년대의 켄터키가 아니라 쥐라기에서 보냈다고 말할 정도다. 어린 시절 뒤뜰에 있던 버드나무와 다람쥐보다 더 생생하게, 거대한 양치식물 사이를 누비고 다니는 티라노사우루스렉스와 트리케라톱스를 떠올릴 수 있다. 그가 심각한 근시라는 진단을 받은 것은 초등학교 2학년 한 학기를 보낸 후였다. 이 무렵에 이미 지질학적 시대 구분을 모두 암기했고, 각 시대에 출현한 동물들 대부분의 학명까지 외우고 있었다. 처음으로 안경을 끼게 된 개리는 교사가 칠판에 낱말을 적고 있다는 것을 처음으로 알게 되었다. 커다란 아이스크림 막대처럼 보이기만 했던 나무들에 잎사귀가 달려 있다는 것도 처음으로 알게 되었다. 그러나 이 무렵에 이미 선사시대의 잃어버린 세계를 두루 여행했고, 이후에도 계속 그 세계에 살았다. 그는 탐시야쿠타후아요에 있는 동안 그 세계로 나를 데려가곤 했다. 물고기가 갑옷으로 몸을 보호하던 시대, 새들이 발톱 달린 날개를 저으며 날아다니던 시대, 물고기가 물 밖으로 기어 나오기 시작하고, 젖먹이동물이 다시 물속으로 들어가기 시작하던 경이적인 대변혁의 시대. 이곳 아마존 우림에서는 여러 시대로 시간 여행이 가능했다. 이곳에는 전설 속 동물들을 상기시키는 것들이 여전히 우리와 함께 살고 있었다. 그 가운데 하나가 바로 부페오다.

우리는 데본기[4억 1920만 년 전~3억 5890만 년 전]의 날을 맞이했다. 이날 아침 후안 살라스가 갑옷메기를 한 마리 가져왔다. 이 메기는 우리를 4억 년 전으로 날려 보냈다. 데본기는 석탄기 바로 앞의 시대다. 이 시대 물고기의 길이는 30센티미터 이하였고, 검은 갑옷으로 덮여 있었다. 개리는 데본기의 바다에서 막 건져 올리기라도 한 것처럼 갑옷메기를 바라보았다. "4억 년 전부터 약 3억 7000만 년 전까지에 해당하는 데본기의 가장 중요한 어류 가운데 하나인 판피板皮어류가 바로 이렇게 생겼답니다." 그가 내게 말했다. 딱딱한 판으로 된 외골격을 지니고 있어서 그런 이름이 붙게 되었다. "이 어류는 특히 몸뚱이 앞부분이 널따란 골판으로 덮여 있었어요. 그 가운데 여러 종은 안구의 일부도 작은 골판으로 덮여 있었죠. 둔클레오스테우스라는 거대한 판피어류도 있었는데, 뼈대가 2미터 이상이었답니다! 갑옷 같은 외골격이 당시에는 아주 흔했지요. 판피어류는 데본기 말의 대규모 멸종 때 아주 큰 타격을 받았어요. 그런 대규모 멸종만 없었다면 정말 중요한 어류로 계속 살아남았을 텐데……."

오늘날의 갑옷메기는 판피어류에서 따로 진화한 가시메기과에 속한다. 그중에는 아주 묵직하고 딱딱한 껍데기 때문에 록바쿠rock-bacu라고 불리는 갑옷메기가 있다. 이 메기의 두꺼운 골판 가운데 일부는 등 쪽으로 휘어진 척추와 연결돼 있다. 톱니처럼 깔쭉깔쭉한 이 골판은 삼지창처럼 곧추세울 수 있다. 변호사인 데이브 메이어는 훗날 이 메기를 발견한 후, 얕은 물속으로 몰아넣어 잡으려고 하다가 손바닥을 쏘이고 말았다. 15분 동안 안간힘을 다한 끝에 간신히 침을 뽑아낼 수 있었다.

판피어류는 변호사보다는 더 힘이 센 포식동물과 경쟁해야 했다. 개리의 말에 따르면, 데본기의 바다를 누비고 다닌 거대 동물 가운데 무시무시한 턱을 지닌 대형 뱀장어 모양의 상어가 있었다. 위턱에 날카로운 이빨이 돋아 있어서 먹이를 두 동강 낼 수 있었다. 당시 바다에는 거대한 온갖 괴물들이 살았다. 반면에 지상은 평화로웠다. 9미터 높이로 자란 커다란 석송, 화살처럼 곧은 속새류, 그리고 과일이 열리지만 꽃이 피지는 않은 씨앗식물(침엽수의 조상)이 자랄 뿐이었다. 데본기가 저물 무렵, 훗날 발과 발가락으로 변할 지느러미살이 땅을 디디기 시작했다. 고대의 이 물고기 유전자 속에는 상상을 초월하는 육상동물의 미래가 깃들어 있었다. 양서류와 파충류, 발굽 달린 동물과 맹금류, 놀랍게도 훗날 과감히 다시 물속으로 되돌아가 고래와 돌고래가 될 젖먹이

동물의 미래까지도 이 물고기 유전자 속에 담겨 있었던 것이다.

3억 6000만 년 후 개리와 나는 아침식사를 했다. 달걀과 콩을 입에 넣으며 우리는 쥐라기[2억 130만 년 전~1억 4500만 년 전] 여행을 계획했다. 그러나 카누를 타고 석탄기를 먼저 거치게 될 것이다.

"3억 년 전, 지상에서 살기 좋은 곳은 이곳과 비슷했어요. 북아메리카 대부분과 유럽 지역은 적도 근처에 있었고, 이곳처럼 거대한 늪지를 이루고 있었지요." 홍수림 곳곳에 브로멜리아드가 물에 잠긴 나무 위에 모자처럼 자리 잡고 있었다. "그러나 꽃피는 식물이 없었어요." 개리가 말했다. "나무는 비늘 같은 껍질로 덮여 있었고, 작은 나뭇잎도 비늘 같았죠. 벌이나 딱정벌레, 나비도 없었지만, 잠자리와 바퀴벌레는 아주 많았어요. 물론 물고기도 많아요." 개리는 갑자기 현재형으로 말을 바꾸었다. 그는 석탄기로 돌아간 것이다. "장차 우리의 조상이 될 물고기도 있고……. 이건 정말 그윽하고 눅눅하고 질펀한 시대예요……. 나는 어렸을 때부터 줄곧 그런 세상을 생각해왔어요." 카누가 플레코 무리 옆을 지나갈 때, 이들의 몸에 돋아 있는 가시도 그는 알아보지 못했다. 석탄기에는 플레코가 없었기 때문이다. 그의 손이 가시에 찔리지 않도록, 뱃전 밖으로 늘어뜨린 그의 손을 끌어당겨 줘야 했다.

개리는 자신이 무엇을 보고 있는지 내게 말하지만, 나는 볼 수 없다. 갈매기처럼 커다란 날개를 편 잠자리와 거대한 돌파리가 공중에 즐비하다. 땅에는 톡토기, 바퀴벌레, 전갈, 지네, 노래기가 그들먹하다. 지상에는 인간만큼 큼직한 최초의 양서류가 이미 출현한 상태다. 비늘잎이 달린 석송류 숲의 고사리와 속새가 우우 일어서고, 이어 주기적으로 범람하는 얕은 바닷물에 익사한다. 이 시대는 이렇게 홍수에 잠긴 석송류가 900미터 이상 쌓여 석탄으로 변했다고 해서 석탄기라고 불린다.

이제 우리는 쥐라기로 향한다. 이 시기에 가장 별난 주민 가운데 하나를 보기 위해 우리는 카이만호로 가고 있다. 새끼일 때 날개에 파충류의 발톱이 달려 있는, 닭 크기의 새인 호아친이 바로 그것이다. 어떤 과학자들은 이 새를 공룡시대의 조류인 시조새와 연결한다. 호아친은 당시 존재하지 않았지만, 시조새를 연상시키는 여러 특성을 지니고 있었다. 사실상 호아친은 뻐꾸기과에 속한다. 이 새는 갑옷메기처럼 선사시대의 외형을 지닌 채 원시조류에서 진화한 것이다.

그러나 그런 몸뚱이를 이루기 위한 유전자 설계도를 지닌 물고기와 새들은 갑옷과 발톱의 시대를 기억하고 있을 것이다. 우리 자신의 몸뚱이가 그것을 기억하고 있듯이. 쿠루피라나 엥캉치의 보투처럼, 우리 인간은 거듭 탈바꿈을 하는 존재다. 태아 상태의 인간은 물고기 형태다. 우리는 따뜻한 자궁 속 대양에 사는 아가미동물이었다가 모습을 바꾸어 양서류가 되고, 파충류가 되고, 마침내 꼬리가 달린 젖먹이동물의 모습을 띠게 된다. 태어나기 몇 주 전의 우리는 태아 상태의 원숭이와 구별할 수 없다. 우리는 진화의 역사를 되풀이한 후 비로소 온전한 인간의 모습으로 세상에 나오게 된다. 그런 식으로 우리 각 개체는 조상들에게

경의를 표한다.

하반신이 물에 잠긴 나무에 둥지를 튼 호아친을 향해 카누가 다가갈 무렵, 수면에는 노을이 물들기 시작했다. 호아친은 항상 물 위에 둥지를 튼다. 위험이 닥쳤을 때 헤엄을 잘 치는 새끼들이 안전하게 물에 뛰어들 수 있도록 하기 위해서다. 새끼들은 날개에 붙은 발톱을 이용해 다시 둥지로 기어 올라간다. 닭과 비슷한 몸집의 호아친 두 마리는 파충류처럼 우리를 향해 쉭쉭거리는데, 1억 5000만 년 전 졸른호펜호의 고요한 물가에 살던 시조새의 모습이 그렇지 않았을까 싶다.

개리에게는 중학생 시절부터 보물처럼 간직해온 그림책 한 권이 있었다. 체코 화가 즈데네크 부리안이 그린 이 책에는 선사시대의 여러 장면 가운데서도 고대의 늪지에 대한 멋진 그림이 담겨 있었다. 늪지의 석회암에서는 파충류와 조류 사이의 '잃어버린 고리'가 발견되었다. 지금 개리의 의식은 바로 그 늪지에 대한 이미지로 가득 차 있다. 개리는 선사시대의 무성한 침엽수림 속에서 푸르스름한 날개를 펴고 활강하는 시조새를 바라본다. 날개가 구부러진 곳에 돋아난 발톱 세 개가 보인다. 뾰족한 주둥이 속에는 작은 이빨이 나 있다. 날아가는 도마뱀의 긴 꼬리 같은 것도 달려 있다. 꼬리는 그저 깃털로만 이루어진 것이 아니라 안에 기다란 뼈가 들어 있다.

실제로 호아친은 시조새와 거의 같은 크기다. 길이가 약 60센티미터이고, 무게는 1킬로그램에 가깝다. 지금 우리가 바라보는 호아친 역시 꼬리가 길다. 깃털 위쪽은 갈색이고 아래쪽은 노란

색이다. 머리에는 오렌지색의 느슨한 벼슬이 달려 있다. 호아친은 파란 얼굴 속에서 빨갛게 이글거리는 눈으로 우리를 노려보았다. "아, 이건 정말 원시적이야." 개리가 나직이 말했다.

수 세기 동안이라도 탄복하며 이 새들을 지켜볼 수 있을 것 같았다. 그러나 어둠이 밀려오고 있었다. 가이드인 조지가 카누를 숙소로 몰아갈 때 잇달아 개미 나무에 부딪쳤다. 작은 개미가 사는 세크로피아나무만이 아니었다. 어둠 속에서는 어떤 나무인지 알 수 없었지만, 그게 탕가랑가나무가 아니기만 빌었다. 점점 어둠이 짙어지고 있어서 카누 안의 개미를 찾아낼 수 없었다. 그저 개미에 물린 다음 털어낼 뿐이었다. 이 개미들은 아주 따갑게 물었다. 그러나 그걸 신경 쓸 겨를이 없었다. 눈앞의 나뭇가지와 가시를 피하기 위해 몸을 숙이기도 바빴다. 이제 눈앞이 잘 보이지 않을 정도로 어두웠다.

지난 며칠 동안 호수의 수위가 상당히 낮아졌다. 조지는 평소 다니던 물길의 수심이 너무 얕다는 것을 알게 되었다. 카누는 평소보다 더 무거웠다. 다섯 명이 타고 있었기 때문이다. 열대우림보존기금 회원인 이스라엘 출신의 라헬 둘린, 존의 옛 제자인 캐럴린 찰스턴이 동승하고 있었다. 그들은 열대지방에 처음 여행 온 사람들이었다. 그들은 어둠 속에서 길을 찾지 못할까 봐 걱정했다. 그러나 최악의 사태는 카누에서 밤을 지새워야 하는 거라고 내가 말했다. 하늘에서 천둥이 쳤다. 그렇다면 최악의 사태는 쏟아지는 비를 맞으며 카누에서 밤을 새는 것이다. 그뿐만 아니라 벼락을 맞을 수도 있다고 라헬이 덧붙여 말했다.

조지는 길을 잃은 게 분명했다. 안타깝게도 손전등이 하나 밖에 없었는데, 그나마도 빛이 흐렸다. 게다가 이제는 카누가 움직이지도 않았다. 물에 잠긴 통나무를 들이받아 그 위에 얹혀버린 것이다. 정말 카누에서 밤을 새워야 할지도 모르게 되었다. 불행히도 비가 쏟아질 시간이 임박했고, 모기떼까지 극성을 부렸다. 그러나 진짜 위험한 것은 따로 있는 것 같았다. 버터에 튀긴 팝콘처럼 코를 찌르는 냄새가 난 것이다. 인도에서 그 냄새는 의미심장했다. 그건 바로 호랑이 오줌 냄새였다. 고양이과의 동물은 영역 표시를 하려고 나무에 오줌을 눈다. 이곳에는 호랑이가 없지만 재규어는 있다. 재규어는 호랑이처럼 매복하고 있다가 덮치는 사냥꾼이다. 재규어는 인디헤나어 '야구아르yaguar'에서 유래한 말인데, '한 번 도약해서 죽이는 자'라는 뜻이다. 호랑이처럼 재규어도 오줌으로 영역 표시를 한다.

나는 최악의 시나리오를 다시 고쳤다. 그러나 수정된 시나리오는 발설하지 않고 마음속에만 담아두었다.

우리는 통나무 위에 얹힌 카누를 흔들어 간신히 벗어날 수 있었다. 다행히 조지가 물길을 찾아냈다. 곧 숲에서 빠져나와 널따란 강으로 접어들었다. 이어 모터를 돌려 별빛 아래 집으로 향했다.

나중에 나는 개리에게 버터에 튀긴 팝콘 냄새 얘기를 들려주었다. 우리는 대체 어떤 동물이 그런 냄새를 낼 수 있는지 모이세스에게 물어보았다. 딱정벌레가 자기 방어를 위해 분비하는 냄새라고 모이세스가 말했다. 유연한 복부의 액낭에서 냄새가 지독

한 분비물을 내뿜는다는 것이다.

"딱정벌레라고! 그건 쥐라기 중엽이야!" 개리가 탄복했다. 그리고 그는 다시 시간을 건너뛰었다.

현재의 날이 밝아왔다. 어느 날 아침, 얕은 물에서 1.2미터나 되는 전기뱀장어가 헤엄치는 것을 발견했다. 건기에는 숙소 안마당이 되는 곳이었다. 이 무렵에는 수심이 60센티미터로 낮아져 있었다. 우리는 돌고래를 구경하는 승객들처럼 난간에 몸을 내밀고 바라보았다. 아래쪽에서 정말 기묘하고 아름다운 생물이 꿈틀거리고 있었다. 통통한 몸매가 미끈하게 빠졌고, 흑갈색 피부에는 비늘이 없고, 배는 붉었다. 꼬리에 있는 발전기관에서는 650볼트의 전기를 일으킬 수 있었다. 몇 주 전 샤워기가 망가졌을 때 다이앤은 이곳에서 머리를 감은 적이 있었다. 뱀장어는 그때도 어두운 이 물속에 숨어 있었을까? 아마 그랬을 것이다. 폴 비버의 책 『페루의 아마존강 이야기*Tales of the Peruvian Amazon*』를 보면 이런 대목이 나온다. 폴의 친구가 강가의 흙탕물을 건너다 갑자기 몸이 얼어붙었다. 어떤 물고기가 장딴지를 부드럽게 쓰다듬은 것이다. 아래를 굽어보자, 1.8미터에 이르는 전기뱀장어가 두 다리 사이에 보였다. 뱀장어는 재빨리 지나갔지만, 친구는 겁에 질려서 옴짝달싹하지 못했다. 곧이어 다른 커다란 뱀장어가 지나갔고, 잇달아 세 번째, 네 번째, 다섯 번째 뱀장어가 다리 사이로 지나갔다.

놀랍게도 전기뱀장어는 아주 흔하다. 맑은 물이 범람한 숲의 어류 생물자원 가운데 70퍼센트가 전기뱀장어라는 조사 보고서도 있다.

이 뱀장어는 작은 편이었다. 전기뱀장어는 다 자라면 2.7미터에 이른다. 우리 아래쪽에서 꿈틀거리는 저 근육질의 생명체는 몇 분마다 한 번씩 수면 위로 올라와 공기를 들이켰다. 전기뱀장어의 입은 허파 구실을 한다. 입에 분포된 수많은 혈관에서 산소를 흡수하는 것이다. 퇴화된 아가미는 이산화탄소를 배출하는 구실만 한다. 먹이에게 전기 충격을 가하는 이유도 민감한 입을 보호하기 위한 것인지 모른다. 먹이가 놀라 입 안에서 몸부림치는 것을 막을 수 있기 때문이다. 그러나 전기 충격으로 먹이를 잡는 경우는 많지 않다. 그저 진공청소기처럼 먹이를 빨아들여 곧바로 위장으로 보낼 수 있기 때문이다.

그레그와 사진작가 짐 로언은 뱀장어를 어서 붙잡아 사진을 찍어야 한다고 안달을 했다. 루디와 후안 살라스가 그물을 들고 웅덩이로 내려갔다. 곧 두 사람은 물속에서 펄쩍펄쩍 뛰었다. 겁에 질린 뱀장어가 전기를 방전시켰던 것이다. 그레그는 케브라다 블랑코에서 지난해 돈 호르헤와 함께 전기뱀장어를 붙잡은 이야기를 들려주었다. 호르헤는 칼을 뱀장어 머리에 댄 채 계속되는 전기 충격을 참고 버텼다. 관절염을 치료하기 위해서였다.

"효과가 있었나요?" 내가 물었다.

"있었을걸요?"

그레그는 껄껄 웃었다. "적어도 그걸 그만둔 후에는 한결 몸이 나아졌을 거예요. 더 이상 전기 충격을 받지 않게 되었으니까요."

나는 돈 호르헤와 개인적으로 얘기를 나누고 싶은 마음이 점점 더 커졌다. 그는 전기뱀장어로 병을 고치려고 한 사람, 말을 하지 않고도 의사소통을 할 수 있었던 사람, 돌고래가 유혹하려고 한 사람이었다. 나중에 짐에게 호르헤의 집에 가보고 싶다고 말했다. 그리고 부페오의 마법에 대해 얘기를 나눌 수 있도록 통역을 해달라고 부탁했다. 뜻밖에도 개리가 함께 가겠다고 나섰다. 개리는 오직 화석만 믿으며 진실은 말 그대로 돌에 새겨져 있다고 생각하는 사람이었다. 반면에 호르헤는 진실이 돌고래들의 물기 어린 숨결과 식물들의 소망 속에 깃들어 있다고 믿는 사람이었다. 두 사람보다 더 대조적인 경우를 나는 상상할 수 없었다. 재능 있는 교사인 개리는 돈 호르헤를 '교육'시키고 싶어 할까? 돈 호르헤는 개리의 불신을 감지하고 모욕을 느낄까? 둘 다 상대방 이야기를 믿지 않을 것이다. 개리는 쿠루피라를 믿지 않고, 돈 호르헤는 공룡을 믿지 않았다. 그러나 두 사람이 말하는 진실은 서로 거울에 비친 모습 같다고 나는 생각했다. 두 사람 모두 시간과 변화를 얘기한다. 하늘의 별들이 엥캉치의 물에 반영되듯, 두 사람의 생각은 서로 반영된다.

우리는 어느 날 오후 돈 호르헤의 집에 찾아갔다. 호르헤는 치노의 기둥집에서 아내 이사벨라와 함께 살고 있었다. 그의 아내는 주름살 많은 얼굴에 늘 미소를 머금고 있었다. 자리에 앉기 전에 돈 호르헤는 뭔가 보여줄 게 있다고 말했다. 그는 짐과 개리와 나를 데리고 작은 부엌으로 갔다. 그는 이사벨라가 마사토를 만들

때 쓰는 커다란 함지박을 들어올렸다. 뒤집어놓은 함지박 안에 45센티미터 길이의 거북이 있었다. 등딱지가 매끄러웠고, 검은 눈에 주둥이는 뾰족했다. 개리는 눈이 휘둥그레졌다. "큰가로목거북속이야!" 그가 탄성을 질렀다. "책에서 읽은 적 있는데, 이렇게 직접 보게 될 줄이야!"

큰가로목거북과는 남아메리카의 민물 거북이다. 위험이 닥치면 목과 머리를 갑 속으로 움츠려 넣지 않고, 등딱지 아래로 목을 구부려서 머리를 보호한다. 이들은 세상에서 가장 오래된 거북이로, 판게아 시대에 살아남은 소수의 생존자인지도 모른다. U자 모양의 판게아 중앙에 바다가 있었는데, 이 바다는 고대 그리스 신화의 티탄족 여신 이름을 따서 테티스라고 불린다. 대륙이 이동하면서 판게아는 둘로 쪼개지기 시작했다. 남쪽 반은 곤드와나 초대륙이 되고, 이것이 남아메리카와 아프리카, 인도, 오스트레일리아, 남극 대륙을 형성하게 되었다. 꽃 피는 식물들이 진화하면서 중생대[2억 5100만 년 전~6550만 년 전]의 공룡이 멸종하기 직전인 9000만 년 전, 곤드와나 대륙이 쪼개지기 시작해, 남아메리카 대륙은 거대한 섬이 되어 서쪽으로 이동했다. 그런데 그 이전에 이미 가로목거북류가 존재하고 있었다. 그래야만 오늘날 가로목거북류의 분포를 설명할 수 있다. 이 거북류 7종은 아마존강과 오리노코강 유역의 민물에 살고 있는데, 여덟 번째 종이 아프리카 남동쪽의 섬인 마다가스카르에 살고 있다. 8종 모두 오늘날에는 점점 희귀해지고 있다.

돈 호르헤는 이 거북류가 희귀하다는 것을 잘 알고 있었다.

그는 이 거북을 잡을 생각이 없었다. 뜻밖에도 낚시에 걸린 것이다. 호르헤 부부는 이 거북을 어떻게 할까? 오늘 밤 잡아먹을 작정이라고 호르헤가 말했다. 개리와 나는 거북을 팔라고 제안했다. 숙소에 있는 과학자들과 사진작가들이 이 희귀한 생물을 보면 전율할 거라고 우리는 설명했다. 그리고 사진을 찍은 후 살려줄 거라고 말했다. 5달러를 내고 거북의 자유를 샀다. 그 후 돈 호르헤는 강에서 가장 가까운 방으로 우리를 데려갔다. 거기서 크기가 들쭉날쭉한 의자와 걸상에 앉아 돌고래에 대해 얘기를 나누었고, 짐이 참을성 있게 통역해주었다.

"아, 부페오에 대해서라면 모르는 게 없지요." 돈 호르헤가 덤덤하게 말했다. "부페오가 사람을 유괴하려고 할 때는 둔갑을 한답니다. 그래요, 물 밖에 나와서 걸어 다닐 수 있어요. 어떤 모습으로도 둔갑할 수 있죠. 가장 친한 친구의 모습으로 나타날 수도 있고요. 그래서 '이봐, 호르헤, 수영하러 가자!' 하고 말할 수도 있어요. 둘이서 수영을 하다 보면, 친구는 다시 돌고래가 돼요. 그러면 우린 그의 것이 되고 말지요. 언제인지도 모르게 말예요. 그리고 우리를 카누에 싣고 물 아래로 데려갈 겁니다." 그래, 개리라면 그것을 인정할 거라고 나는 생각했다. 우리는 언제인지도 모르게 백악기로, 쥐라기로, 엥캉치로 훌쩍 이동할 수 있다. 실제로 개리는 이제 불신을 접어둔 채 골똘히 귀를 기울이고 있었다.

돈 호르헤가 얘기를 계속했다. "돌고래는 물 밖에 나와 꼬리로 서서, 세상에서 가장 매력적인 여성으로 변해요. 나도 직접 본 적이 있어요. 어떤 여자가 물 밖에 나와 내 앞에 서 있었던 겁니다. 그녀는 알몸이었어요. 나는 홀딱 반해버렸죠. 하지만 뒤따라가지는 않았어요. 돌고래라는 걸 알고 있었거든요. 나를 물 아래로 데려갈 거라는 것도 알고 있었고요. 그 수중도시에서 물의 한 요소로 살아가는 거에요." 엥캉치에는 자동차와 은행 등 '이키토스에 있는 모든 것'이 다 있다고 한다. 실제로 밤중에 카누를 저어가면, 때로 엥캉치에서 교회 종소리가 들려오기도 한다고 그가 말했다.

돈 호르헤가 말했다. "정말 아름다운 도시랍니다. 하지만 돌아올 수는 없어요. 일단 따라가면 영영 돌아올 가망이 없어요. 영원히 말예요. 그래서 나는 돌고래를 보자마자 홱 돌아서서 부리나케 달아났죠."

돈 호르헤는 잠시 말을 멈추고 맥주를 따랐다. 한 잔만 채우고 그것을 마신 사람이 같은 잔에 새로 맥주를 따라 다른 사람에게 건네주는 것이 관습이라고 짐이 설명했다. 호의와 환대를 표시하기 위해 잔이 하나뿐이라는 것이다.

호르헤가 얘기를 계속했다. "한번은 케브라다블랑코와 타후아요강 하구에서 우연히 두 마리의 부페오를 만났어요. 한 마리는 암컷이었는데, 수면에 드러눕더니 내게 가슴을 보여주는 거예요. 나는 그냥 지나쳤어요. 그런데 잠시 후 한 여성의 머리가 물에서 불쑥 솟아나왔어요. 그리고 유혹적으로 자기 입술을 핥더니 나를 향해 혀를 까딱거리는 거예요. 나랑 사랑을 나누고 싶어 했죠. 하지만 문제는 돌고래와 정사를 나누면 너무 황홀해서 아예 숨이 넘어가고 만다는 거예요. 돌고래와 단 둘이 있다가는 목숨을 잃고 말아요."

부페오와 만났을 때 또 조심해야 할 일이 있다고 그가 말했다. "얼마 전 타후아요강에서 달밤에 카누를 저어가고 있었어요. 그런데 카누가 옴짝달싹하지 않았어요! 통나무를 들이받으면 긁히는 소리가 들리지요." 실제로 우리도 카이만호에서 긁히는 소리를 들은 적이 있었다. 하지만 아무런 소리도 들리지 않았다고 했다. 그는 곤혹스러웠다. "무슨 일이지?" 그는 혼자 중얼거렸다. "그러다가 알아차렸죠. 그건 분명 부페오 때문이었어요! 다행히 내 귀에 끼워둔 담배가 한 대 있어서, 담배를 피워 물자 카누가 풀려났어요."

"그건 부페오가 마법을 부린 거예요!" 호르헤와 이사벨라가 함께 외쳤다. 부페오는 아주 잔인해질 수도 있다. 그러니 부페오를 성나게 하지 않도록 조심해야 한다. 이 돌고래들은 보이지 않는 독침을 쏘기도 한다. 독침이 심장에 박히면 죽을 수도 있다. 숨구멍으로 독침을 쏘는데, 이루 말할 수 없는 통증을 일으키기도 한다. 한번은 쪼그리고 앉아 강에 똥을 누다가 독침에 맞았다고 호르헤가 말했다. 독침이 항문에 박혔다! 이튿날 아주 심한 통증이 일었다. 그러나 다행히 샤먼이 구해줄 수 있었다. 샤먼이 항문에 담배 연기를 내뿜자 통증이 사라졌다고 한다.

다행히 평소에는 부페오가 자기를 좋아하는 것 같다고 호르헤가 말했다. 그가 기타를 잘 치기 때문이란다. 돌고래는 음악을 좋아한다. 그는 필요할 때 부페오를 쫓아내는 방법도 알고 있다.

담배 연기를 날려 보내거나, 물속에 그냥 담배를 던지면 된다. 여자가 생리 중일 때는 항상 담배를 지니고 있어야 한다고 이사벨라가 짐을 통해 말했다. 안 그러면 부페오가 피 냄새를 맡고 뒤쫓아 온다. 방법은 알아도 돈 호르헤가 물에서 보내는 시간이 많기 때문에 여간 위험하지 않다고 그녀는 걱정했다.

호르헤는 돌고래가 둔갑한 여러 모습을 본 적이 있었다. "어느 날 부모님과 이웃 사람 몇 명을 따라 커다란 호수에 갔어요." 그가 회상했다. "검은 물과 흰 물이 합쳐져 갈색을 띠고 있었지요. 우리는 바르바스코 뿌리로 피라루쿠를 잡을 작정이었어요." 앵초류인 바르바스코 뿌리에는 물고기를 마비시키는 독이 들어 있어서 물고기를 쉽게 잡을 수 있다. "우리는 바르바스코 뿌리를 200킬로그램이나 가져갔어요. 2~3주 동안 머물며 잔뜩 잡으려고 단단히 작심한 거죠. 한밤중에 이튿날 사용할 뿌리를 찧고 있을 때, 돌고래 두 마리가 나타났어요. 사람들은 이렇게 말했죠. '독을 뿌리면 이 돌고래들이 죽을 거야.'"

"그때가 새벽 1시쯤이었는데, 이미 50킬로그램의 뿌리를 찧어놓은 뒤였죠. 그때 멋진 신발을 신고 커다란 솜브레로[챙이 넓은 남미 모자]를 쓴 두 남자가 호숫가를 따라 걷고 있었어요. '어이, 안녕하시오?' 우리는 인사를 나누고, 우리가 뭘 하고 있는지 얘기했어요. 그 후 그들이 떠났죠."

"우리는 다시 호수를 살펴봤어요. 돌고래는 사라지고 없더군요. 거기 남아 있다가는 죽을 거라는 사실을 알았던 거예요. 두 남자가 바르바스코에 대해 알게 된 것이 바로 돌고래였기 때문이에요. 그때 나는 열 살이었는데, 세상 물정을 어느 정도는 알고 있었지요. 부페오가 사람으로 둔갑할 수 있다는 건 확실해요. 꾸며낸 이야기가 아니에요. 내가 직접 보았으니까요. 실제로 일어난 일이었어요."

"또 이런 일도 있었답니다. 하야강 축제에 갔는데, 그때는 2월이었죠. 정말 큰 축제였어요. 사람들이 떠들썩하게 음악을 연주했는데, 자정 무렵에 피리를 불던 사람이 말했어요. '밥 먹자!' 아주 큰 식탁이 진작 차려져 있었죠. 그때 옷을 잘 차려입은 젊은 남자가 나타났어요. 잘생긴 이 젊은이가 말하더군요. '여러분이 식사를 하시는 동안 내가 피리를 불어드리겠습니다.' 그리고 피리를 불기 시작했어요. 옛 노래, 새 노래, 전통 음악을 가리지 않고 두루 연주했는데, 솜씨가 아주 그만이었어요."

"피리 소리를 들은 악단은 아주 난감했죠. 그들보다 솜씨가 더 좋았거든요. 젊은 여자들이 모두 그에게 반하고 말았어요. 그래서 악단 리더가 말했죠. '이제 내가 연주할 테니, 자네는 춤을 추게.' 사람들은 젊은이의 피리 소리를 더 듣고 싶어 했지만, 그는 춤을 추고 싶어 했어요. 여자들이 아교처럼 그에게 찰싹 달라붙었죠. 그러자 사람들이 다시 피리 소리를 듣고 싶다고 우겨서 춤추는 걸 그만둬야 했어요. 어느덧 새벽 3시가 되자, 젊은이는 연주를 멈추고 잠시 쉬어야겠다고 하더군요. 그리고 카누를 매어 놓은 나루터로 가더니, 풍덩! 물속에 뛰어들었어요!

그때 비로소 사람들은 수많은 돌고래가 근처에 모여 있는 것을 알아차렸죠. 그 젊은이의 형과 누이를 비롯한 가족들이었어요! 사람들은 잘생긴 그 젊은이가 물의 정령이라는 것을 비로소 알게 되었지요. 그때 나는 스물두 살이었어요. 나도 그가 부페오라는 것을 알 수 있었답니다."

그렇다면 부페오가 사람으로 둔갑하는 이유가 뭐냐고 내가 물었다. 아름다운 엥캉치에 사는 게 만족스럽지 않은 걸까? 대체 왜 사람들을 유괴하려는 걸까? 돈 호르헤는 잠시 생각에 잠겼다. 그는 지난날 그런 의문을 품어본 적이 없었다. 짐은 짐작으로 이렇게 말했다. "물속 세상이 워낙 넓어서 인구를 늘릴 필요가 있기 때문 아닐까요? 사람을 유괴해가면 자연스럽게 인구가 늘테니까."

나는 개리와 함께 내일 부페오를 찾아볼 작정이라고 호르헤에게 말했다. 그리고 물었다. 아주 조심해야만 할까, 아니면 두려워해야 할까.

"두려워하는 게 좋아요." 돈 호르헤가 답했다. "항상 두려워하는 게 좋을 겁니다."

우리는 이튿날 부페오를 찾으러 모이세스와 함께 나갔다. 차로호는 전에 가본 적이 있었다. 거기서 투쿠시들을 보았지만, 분홍돌고래는 보지 못했다. 여러 마을에 가보고, 보호구역에 가보았을 때도 보지 못했다. 다이앤과 내가 이곳에 있던 한 달 전과 달리, 이 두 번째 여행의 주된 목적은 돌고래를 지켜보는 것이 아니었다. 수위까지 낮아져서 부페오들이 물을 따라 아마존강으로 돌아갔다고 모이세스가 말했다.

모이세스는 우리를 위해 돌고래를 찾을 수 있는지 알아보기 위해, 모터가 달린 카누를 몰고 미리 둘러보고 왔다. 아마존강으로 이어지는 깊은 물길에 암수 두 마리가 있었다고 그가 말했다. 모이세스가 돌아와 우리를 데려갔을 무렵, 적어도 한 마리는 아직 그곳에 있었다. 그러나 우리가 본 것은 수면에서 한 차례 번뜩인 분홍빛뿐이었다.

"내가 찾아다니는 게 바로 이런 거예요. 실망시켜서 미안해요." 다시 숙소로 돌아온 후 나는 쑥스럽다는 듯이 개리에게 말했다.

하지만 개리는 이해해주었다. 화석을 탐사하는 것도 마찬가지라고 그가 말했다. 한 차례 힐끔 훔쳐본 후에는 막막한 시간이 이어진다는 것이다. "우리는 이빨 하나만으로 전체 유기체의 모습을 그려내야 해요."

실제로 수년 동안 부페오의 조상인 선사시대 고래류 여러 종의 화석을 탐사하는 일도 그랬다고 개리가 말했다. 완전한 수중 고래류는 에오세 중엽인 4500만 년 전쯤에 존재했다. 텍사스와 이집트, 나이지리아의 해저 퇴적물 속에서 발견된 화석 뼈를 통해 알아낸 사실이다. 그러나 지상에서 수백만 년이나 살았던 젖먹이동물이 어떻게 그런 탈바꿈을 해서 물고기처럼 물에서 살게 되었을까? 사람들은 지상의 젖먹이동물과 수중 생물 사이의 잃어버린 고리를 오랫동안 찾아 헤맸다. 수백만 년에 걸친 진화의 세월은 완전히 어둠에 묻혀 있었다. 고래류의 기원은 포유류 진화사의 최대 불가사의 중 하나였다.

최근에야 비로소 해답이 드러났다고 개리가 말했다. 그것 역시 너무나 환상적인 이야기여서 진실이 돌에 새겨져 있지만 않았다면 아무도 믿지 않았을 것이다.

"고래나 돌고래만큼 포유류답지 않은 것은 없다." 조르조 필레리가 『눈 먼 돌고래의 비밀*Secrets of the Blind Dolphins*』이라는 여행기에 쓴 말이다. 스위스 베른대학교의 두뇌해부학과장인 그는 1969년 파키스탄에 가서 갠지스강의 돌고래를 탐사했다. "고래와 돌고래의 경우처럼 그렇게 몸의 형태를 뚜렷이 바꿀 만한 환경적 요인은 어디서도 발견되지 않는다. 또 그처럼 완벽하게 모습을 바꾼 유기체는 어디에도 없다." 여행기에 나오는 말이다.

진화 과정에서 그처럼 현격한 해부학적 변화를 일으킨 동물은 다시 없다. 골반이 줄어들고, 뒷다리가 사라지고, 앞다리는 지느러미가 되고, 뼈가 없는 꼬리가 나타나고, 콧구멍이 하나로 합쳐져 머리 위쪽으로 이동했다. 두개골은 수중에서 소리를 듣고 수압을 견딜 수 있도록 완전히 재조직되었다. "그 동물을 한번만 보아도 진화의 과정이 얼마나 환상적이었는지 익히 알 수 있다. 그것은 진화 이상의 진화다." 필레리가 쓴 말이다.

페루에서 미국의 집으로 돌아간 지 한 달이 지났을 때, 이니아와 소탈리아의 두개골을 살펴보기 위해 개리와 함께 시카고 필드박물관에 들렀다. 개리는 지난날 이 박물관에 있는 4만 점 이상의 포유류 화석을 재편성하는 일을 맡은 적이 있었다. 뼈에 대한 그의 경외심은 빛바랜 적이 없었다.

개리는 이루 말할 수 없이 조심스럽게, 길고 하얀 마분지 상자에서 노랗게 변한 소탈리아 두개골을 꺼낸다. 뼈가 말하는 소리에 귀를 기울이기라도 하듯 깊은 침묵에 잠긴다. 마침내 개리가 입을 연다. 위대한 신비의 세계를 순례하는 사람처럼 무릎을 꿇은 듯한 목소리로 나지막이 말한다. "포유류 두개골처럼 보이지 않아요." 노란 꼬리표에는 1912년 베네수엘라 마라카이보호에서 발견된 것이라고 적혀 있다. 이 뼈에는 고래 기름이 묻어 있어서 아직도 번들거린다. 46센티미터의 두개골은 유리판 접착제 퍼티를 반죽해서 빚어낸 것처럼 보인다. "곰과 족제비를 비교해봐도 기본 신체 부위는 동일하다는 것을 알 수 있어요. 하지만 이 두개골은 전혀 달라요. 망원경의 통처럼 겹쳐 있지요." 앞부분에는 부리처럼 긴 턱이 있고 이빨이 잔뜩 나 있다. 두개골에 목뼈와 등뼈가 끼워진 구멍인 대후두공大後頭孔은 두개골 아래쪽이 아닌 뒤쪽에 있다. 다른 포유류와 비교해보면 거의 모든 게 제자리를 벗어난 곳에 있다. "두개골 아래쪽이 위로 이동했고, 코는 뒤로 이동해 정수리에 자리 잡았어요" 개리가 말했다.

"기본 신체 부위를 알아보기 위해 일일이 대조를 하다 보면 과거로 돌아가는 기분이 들어요." 개리는 이니아 화석을 집어 들었다. 1968년 베네수엘라 아푸레강에서 살던 이니아의 두개골이었다. 그는 불가지론자이면서도 신을 찾았다. "오, 하느님." 그가 나직이 말했다. "이 불가사의한 동물 좀 봐요." 두개골 정수리는 움푹 함몰해 있고, 턱은 용해돼 Y자를 이룬 채, Y자 줄기에 뾰족한 이빨이 한 줄로 났고, 가지에 어금니가 나 있다.

이러한 두개골을 갖게 된 진화의 기나긴 이야기는 파키스탄과 이집트 내륙의 바다와 말라버린 강 퇴적물 속에 수천 년 동안 묻혀 있었다. 1978년 파키스탄에서 미시간대학교의 고생물학자 필립 깅거리치는 한때 얕은 바다로 변했다가 사라진 강 퇴적물 속에서, 가장 오래된 것으로 알려진 고래류인 파키케투스*Pakicetus*의 4800만 년 된 두개골을 발견했다. 두개골에는 훗날의 고래류처럼 긴 턱이 있었지만 이빨은 달랐다. 어금니가 크고 삼각형인 데다 여러 줄로 나 있었다. 이것은 오늘날 멸종된 포유류인 메소니키드mesonychid를 닮았다.

메소니키드는 모순어법 같은 존재라고 개리가 설명했다. 그들은 살코기를 먹는 유제동물有蹄動物, 즉 발굽이 있는 육식동물이었다. 공룡이 멸종한 직후인 6000만 년 전에 출현했는데, 훗날 현대의 소, 돼지, 사슴 등이 된 동물에서 갈라져 나온 것이 바로 유제동물이다. 약 3500만 년 전 메소니키드는 지상에서 사라졌다. 그러나 깅거리치는 그들의 살아 있는 후예가 고래와 돌고래가 되어 바다와 강에서 헤엄치고 있다고 믿는다.

5000만 년 전, 파키케투스는 계속 도전적인 삶을 살고 있었다. 전적으로 땅에서만 살지도 않았고, 바다에서만 살지도 않았다. 이들이 소리를 잘 들으려면 물 위로 고개를 내밀어야 했다. 소리가 난 방향을 알기 위해서는 수포水泡 고막이라고 알려진 좌우의 뼈가 각각 거품으로 가득 찬 구멍 속에 고립돼 있어야 한다. 그러한 구조는 현대의 고래와 돌고래의 두개골에서 발견되지만, 파키케투스 두개골에는 없었다. 그런 구조는 파키케투스가 아주 깊이 잠수할 수 없었다는 것을 나타낸다. 그랬다가는 고막이 파열하기 때문이다. 파키케투스는 지상에서 많은 시간을 보냈을 것이다. 또 지금의 수달이나 물개처럼 지상에서 짝짓기를 하며 번식했을 것이다.

깅거리치는 두개골의 크기로 미루어보아 파키케투스의 신장이 16미터가 넘었을 거라고 추산했다. 하지만 어디까지나 어림짐작이다. 두개골 외의 신체 부위가 발견되지 않았으니까.

그러나 1989년 12월, 깅거리치와 그의 팀은 고생물학자들이 1세기 동안 기다려왔던 것을 마침내 발견했다. 이집트 주글로돈 골짜기의 길도 없는 사막에서 다리 달린 고래를 발견한 것이다.

바실로사우루스 이시스*Basilosausuaisis*라는 이 원시 고래는 1835년에 알려진 것이다.(이때 이 고래는 분류학적으로 파충류로 오인돼 '파충류의 왕'이라고 불렸다.) 이 골짜기에서 불완전한 화석(유골) 10여 점이 발굴되었는데, 16미터 남짓한 길이의 이 유골은 뱀장어를 닮은 모양이었다. 이 고래는 4000만 년 전에 얕고 작은 만에 살았다. 깅거리치는 다리를 찾을 생각도 하지 않았는데 뜻밖에 그것을 찾게 되었다. 대퇴골, 즉 넓적다리뼈뿐만 아니라 무릎까지 발견했고, 마침내 발목과 발, 네 발가락까지 발견했다. 대퇴골의 모양은 넓적했고, 양쪽에 큼직한 근육이 붙어 있었다. 이것이 입증한 것은 고래가 한때 걸어 다녔다는 사실이다.

1993년에 또 다른 경이로운 발견이 이뤄졌다. 파키케투스가 발견된 곳 근처, 100만 년쯤 더 젊은 하상河床 퇴적물에서 노스이스턴오하이오대학교의 한스 테비슨이 이끄는 연구팀이 결코 있음직하지 않은 것을 발굴했다. 발굽이 있는 고래를 발견한 것이다. 이 발견은 너무나 놀라웠다. 그래서 샌디에이고의 생물학자인

애널리사 버타는《사이언스》기고문에서 이렇게 자문했다. "대체 고래란 무엇인가?" 깅거리치와 테비슨의 발견은 고래와 돌고래가 속한 고래목 포유류의 정의를 뒤엎었다고 그녀는 주장했다.

테비슨은 자신의 화석을 암불로케투스 나탄스*Ambulocetus natans*라고 명명했다. '걸어 다니고 헤엄치는 고래'라는 뜻이다. 뼈는 연체동물 화석층에서 발견되었다. 그것은 이 고래가 얕은 바다에서 살았다는 증거다. 척추와 갈비뼈와 다리 크기로 미루어볼 때, 수컷 바다사자만 한 크기에 무게는 300킬로그램쯤 나갔을 것이다. 이 고래의 앞다리는 지느러미로 변해 있었다. 그러나 분명 뒷다리의 네 발가락에는 돼지와 비슷한 발굽이 있었다.

이 고래의 생김새는 어떠했을까? 어떻게 움직였을까? 무엇을 먹었을까? "암불로케투스는 악어의 포유류 버전이라고 보면 돼요." 개리가 즉시 에오세 초기로 날아가서 답했다. "얕은 물속에서 먹이를 기다리며 엎드려 있었겠지요. 강 하구에 잠복해 있었을 겁니다. 물고기뿐만 아니라 물을 마시러 온 다른 포유류도 잡아먹었겠지요."

걸어 다니는 고래가 물 밖에 나왔을 때의 모습은 어땠을까? 먹이를 어떻게 붙잡았을까? "당시 인도와 파키스탄은 독립된 대륙이었어요. 아시아 대륙의 아랫부분으로 파고들어 히말라야와 티베트 고원을 솟아오르게 하기 전이었죠. 당시 발굽 달린 다양한 동물이 있었는데, 테리어견보다 큰 동물은 드물었어요." 개리가 답했다. "그리고 개처럼 생긴 포식동물이 있었고, 메소니키드라고 불린 육식 유제동물이 있었고, 초기 설치류와 초기 영장류도 있었죠." 다른 행성에서 쓴 시처럼 들리는 이름의 환상적인 동물도 있었다. 히아에노돈, 안트라코부네, 틸로돈트 등. 초식동물인 틸로돈트는 커다란 설치류를 닮았다. 개리는 안트라코부네에 대해 이렇게 말했다. "그 망할 것이 어떻게 생겼는지는 몰라요. 우리가 아는 것이라고는 이빨과 턱뼈 부스러기밖에 없어요." 안트라코테리움이라고 불리는 유제동물은 다리가 짧았고, 씹는 이빨의 드러난 부분도 짧았다. 이 동물의 화석은 얼마 후 아시아의 퇴적물에서 발견되었는데, 그들의 후예가 바로 하마라고 개리가 설명했다. 분자를 분석한 증거에 따르면, 고래류는 멸종한 육식성 유제동물보다 하마에 더 가까울 수도 있다. "그러니 초기 고래류는 지상의 친척들을 씹어 삼킨 셈입니다!" 개리가 말했다.

그 후 진화사의 그림은 흐릿하다. 고래류는 에오세에 진화했지만, 당시의 고래류는 오늘날의 고래나 돌고래와 닮지 않았다. 그 다음에는 어떻게 되었을까? 아무도 모른다. 이후 1000만 년 이상의 고래류 화석은 발견되지 않았다. 에오세에 이은 올리고세 대부분의 시기에 걸친 화석은 찾아내지 못한 것이다. 그러다 올리고세 말기에 이르러 고대 해저 퇴적물에서 다시 고래류 화석이 나타났다. 이 고래류의 생김새는 다시 달라졌다. 초기의 이 고래류는 오늘날 아마존강의 이니아와 비슷했다. 뒷다리는 완전히 사라졌고, 얕은 물에서 잘 살 수 있도록 앞다리가 널따란 지느러미로 변했다.

집에 돌아온 지 오래되었을 때, 나는 개리에게 물어보았다. 부페오의 옛 조상들에 대한 개리의 이야기와 오늘날의 부페오에 대한 돈 호르헤의 이야기에 닮은 데가 있지 않느냐고. 개리는 웃음을 터트렸다. "과학자들은 이야기 속의 세계와 전혀 다른 세상에서 살고 있다고 믿고 싶어 해요. 우리가 이야기를 할 때는 그걸 가설이라고 부르죠." 그가 말했다. 이야기꾼과 달리, 과학자들은 자신의 가설이 틀렸다는 것을 입증하기 위한 노력을 할 의무가 있다. 그것이야말로 중요한 차이점이라고 개리가 강조했다. 그러나 정말 닮은 데가 있다는 것을 그는 인정했다.

"어렸을 때는 서구의 용과 공룡이 닮았다는 게 참 묘했어요. 용이든 공룡이든 오늘날에는 존재하지 않아요. 둘 다 편린들로만 알려져 있죠. 우리는 빈 곳을 메우고 있어요. 과학자들은 화석에 살을 붙이는데, 일반인들은 이야기에 살을 붙이는 거죠."

신화처럼 과학도 세계를 연결시키고자 한다. 파충류와 조류 사이의 연결고리, 육상 포유류와 수서 포유류 사이의 연결고리를 발견하고자 하는 것이다. 뿌린 대로 거둔다는 말이 있듯이, 경건한 파종과 풍성한 수확을 연결하고, 선악의 행동과 상벌을 연결하려는 것도 같은 맥락이라고 할 수 있다. 파충류와 조류 사이의 연결고리가 바로 시조새이고, 육상 포유류와 수서 포유류의 연결고리는 바실로사우루스다.

그러나 코브라그랑지, 마핑구아리, 온사다구아 또한 뭔가의 연결고리다. 이 생물들이 살과 피로 이루어진 게 아니라 우리의 기억이나 상상 속에만 존재한다 해도 뭔가의 연결고리 구실을 하고 있는 것이다. 우리의 행동에는 결과가 따른다. 이 고대 괴물을 성나게 하는 것은 심각한 위험을 초래하므로 사람들은 이들 괴물이 거듭 출현했다고 알려진 지역을 피하게 된다. 결국 사람들의 이야기는 움직이는 '보호구역'을 낳게 된다. 그곳에서 사냥이나 낚시를 하지 않게 되는 것이다. 사실상 부페오를 지켜준 것도 바로 그러한 두려움이었다. 개리와 내가 부페오를 찾으러 가기 전에 돈 호르헤가 했던 말이 기억난다. **"두려워하는 게 좋아요. 항상 두려워하는 게 좋을 겁니다."**

스미스는 『황홀한 아마존 우림』에서 다음과 같이 지적했다. "아마존강에 대한 수많은 전설은 자연자원을 보존하는 데 큰 구실을 한다. 그렇다고 토착민들이 항상 자연과 조화를 이루며 살았다는 뜻은 아니다." 고고학적 기록에 따르면, 아메리카의 일부 열대 지역은 유럽인이 도착하기 수백 년 전에 이미 심각한 토양 침식이 이뤄졌다. 토착민들의 무분별한 농사 때문이었다. 우기에 물에 잠기는 아마존 평원에는 한때 수많은 인간이 살았다. 인구가 늘어나 내륙으로 100킬로미터 이상 퍼져나간 종족도 있었다. 당시 아마존 유역의 약 1500개 지역에 거주한 인구수는 100만~600만 명에 이르는 것으로 추산된다. 600만 명은 오늘날의 인구밀도에 육박하는 수치다. 스미스는 이렇게 지적했다. "그러나 명심해야 할 사실이 있다. 토착 인구가 그렇게 많았는데도 자연자원을 대량 파괴하지 않았다. 문화적 규제가 물고기와 사냥감 등 자연자원의 남용을 막는 구실을 한 것이 분명하다."

그러나 오늘날 주민들이 이야기하는 환상의 동물들이 실제로 살았을까?

개리가 주장하듯, 주민들의 이야기는 화석에 기록된 과학적 사실과 일치하지 않는다. 과학적 이야기의 진실은 검증될 수 있다고 개리는 지적한다. 그런데 코브라그랑지, 쿠루피라, 춤추는 돌고래 등에 대한 주민들의 이야기도 검증될 수 있다. "진실은 도덕성의 핵심이다." 과감하게 다윈의 진화론을 옹호한 영국 동물학자 토머스 헉슬리가 한 말이다. '진실truth'이라는 영어는 고대 영어에서 '미더움trust-worthiness'을 뜻하는 'treowth'에서 유래했다. 우리가 다른 동물을 어떻게 대해야 하는가를 전하는 옛이야기가 아직까지 이어지고 있는 것은 아마도 그 이야기가 미더움과 도덕성을 경배하기 때문일 것이다. 너무 많은 페커리를 죽이는 것은 인간 공동체에 반하는 죄다. 공동체의 먹을거리를 위해 페커리 숫자가 꾸준히 유지되어야 하기 때문이다. 쿠루피라 이야기는 바로 그러한 '진실'을 암시한다. 한편으로는 그보다 더 깊은 진실을 상기하기도 한다. 즉 탐욕이 인간성을 죽일 수도 있다는 진실 말이다.

강 사람들의 이야기는 화석 못지않은 진실을 전해준다. 돈 호르헤의 이야기와 개리의 이야기는 사실상 서로의 거울상과 같다. 모습을 바꾸는 돌고래 이야기도 그렇다. 한쪽 이야기에서는 고래류가 땅에서 살다 모습을 바꾸어 물속으로 들어갔다고 한다. 다른쪽 이야기에서는 고래가 물에서 살다 모습을 바꾸어 땅에서 걷는다고 한다. 두 이야기 모두 환상적이긴 마찬가지다. 그리고 두 이야기 모두 우리에게 단언한다. 그것이 비단 이야기에 그치는 게 아니라고. 진실이라고.

한때 고래가 걸어 다니던 시대가 있었다. 한때 고래가 땅에서 사랑을 나누었을지도 모르는 시대가 있었다. 그리고 오늘날에도 아마존강의 수위가 낮아지면, 현존하는 고래류 가운데 가장 오래된 부페오가 이따금 얕은 물가에 남아 있을 때가 있다. 그때 부페오들은 큼직한 날개 같은, 그러나 인간처럼 다섯 손가락으로 이루어진 가슴지느러미로, 진화의 전환점이었던 약 5000만 년 전의 시대를 재연한다. 그들은 여전히 땅에서 기어 다닐 수 있다. 그래서 때로 수십 미터를 기어 다시 깊은 물속으로 돌아간다.

미리암 마르몬텔

마미라우아 보호구역의 매너티 연구자. 플로리다대학교에서 공부했고, 돌고래를 찾아나선 주인공 일행의 여정을 물심양면으로 돕는다.

안드레아 피리스

마미라우아 보호구역의 산림 연구자. 현지인들의 벌목 행위에 관한 사정을 사이에게 설명해준다.

로니스 다 실베이라

마미라우아의 카이만 연구자. 체격이 탄탄하고, 주인공 일행에게 탐사를 위한 배를 빌려준다.

아우구스토 테란

마미라우아의 거북 연구자. 멸종 위기에 처한 여러 거북의 실상을 알려준다.

4부
익사

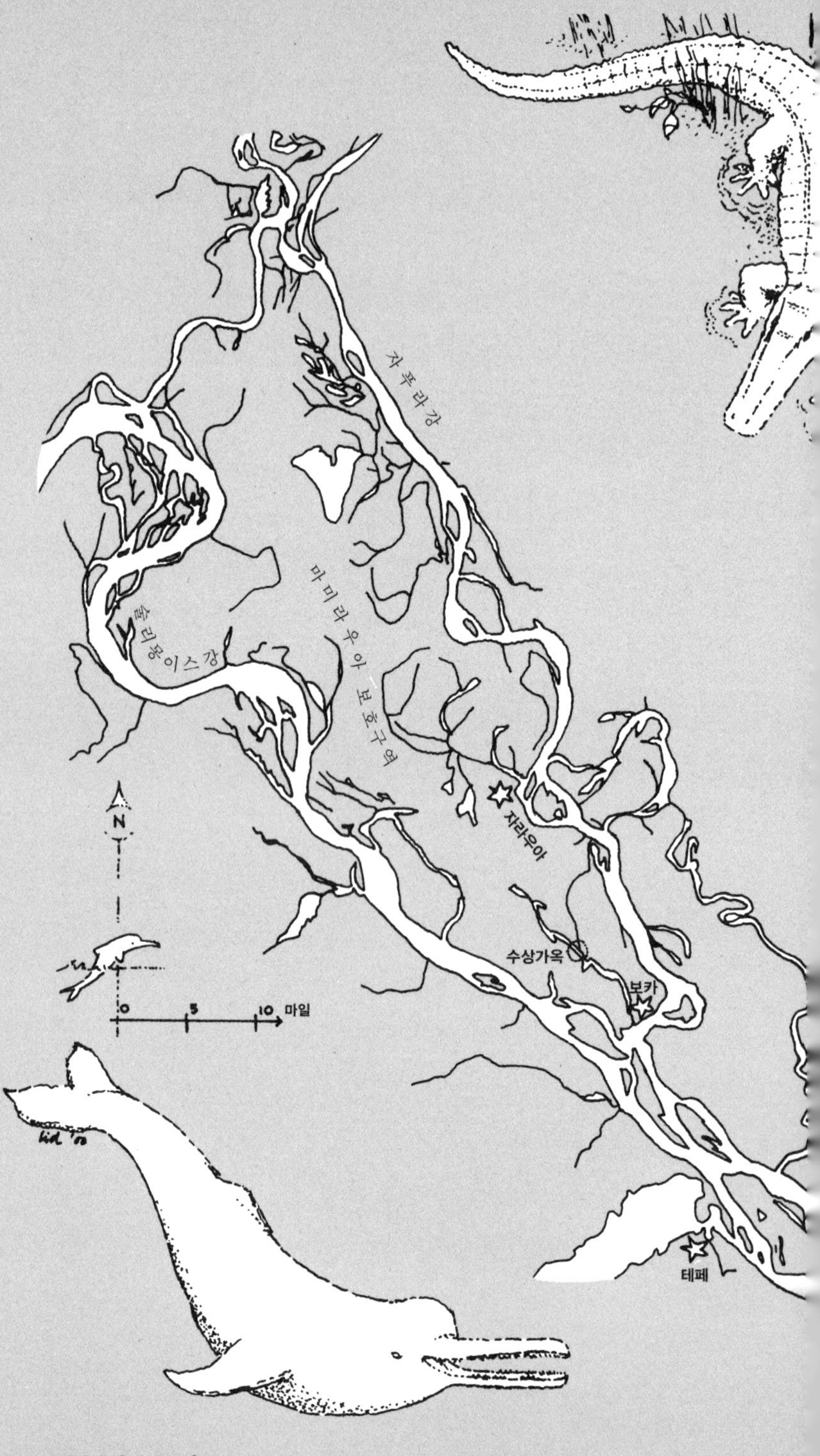

마미라우아 보호구역

"돌고래들은 정글에서 별의별 일을 다 해요." 어느 날 오후 모이세스가 얘기를 시작했다. 바스케스 가족 이야기였다.

그들에게는 도셀리나라는 예쁜 딸이 있었다. 14년 전 어느 날, 도셀리나가 집 앞 현관에 앉아 있을 때, 어떤 남자가 찾아와 인사를 했다. 처음 보는 남자였다. 그는 이웃 마을에 산다고 말했다. "카누는 어디 있어요?" 그녀가 물었다. 그는 걸어왔다고 대답했다.

"그는 어떤 모습이었나요?" 내가 물었다.

"얼굴은 아메리카 원주민처럼 불그레했어요. 검은 신발을 신고, 손목에는 아름다운 시계를 차고, 아주 멋진 손전등을 들고 있었답니다." 모이세스가 말했다.

도셀리나는 자연스레 그를 사랑하게 되었다. 그들은 석 달 후 결혼하기로 했다. 그러나 소녀는 아버지에게 얘기하기가 두려웠다. 아버지가 워낙 완고한 사람이었기 때문이다. 두 남녀는 밤에만 만났다. 밤마다 집에 찾아온 젊은이는 살그머니 침대로 파고들었다. 그러나 어느 날 이른 아침 젊은이가 몰래 집을 빠져나갈 때, 여자의 아버지에게 들켜 총을 맞았다.

아무도 시체를 발견하지 못했다. 이튿날 아버지는 모래톱에 죽어 있는 분홍돌고래 한 마리를 발견했다. 그 후 도셀리나는 연인을 만나지 못했다.

하지만 1년 후 강에 나갔을 때, 난데없이 불어온 이상한 바람이 도셀리나의 카누를 몰고 갔다. 그녀는 카누와 함께 사라졌다. 그날 저녁 아버지는 꿈을 꾸었다. "나는 당신의 딸과 결혼하고 싶었습니다." 꿈속에서 창백한 젊은이가 말했다. "그런데 당신이 나를 죽였어요. 하지만 이제 당신의 딸과 나는 마침내 함께 있게 되었습니다."

마미라우아: 새끼 매너티

밤 11시, 나는 동요를 부르며 다이앤을 깨웠다.

"히코리 디코리 독." 내가 어둠 속에서 노래했다.

"새앙쥐가 시계 위로 달려갔어요." 다이앤이 나른하게 노래를 받았다.

"진짜 쥐가 달려갔어. 시계 말고, 내 다리 위로." 내가 다시 말했다.

마미라우아 보호구역 사무실의 2단 침대에 누워 있었는데, 쥐가 5분 동안 세 번이나 내 몸 위로 기어갔다. 쥐가 발가락에 이어 발목, 정강이를 지나는 순간 침대 밖으로 쥐를 내쳤지만, 다시 뽀르르 돌아오곤 했다.

이 방에 짐을 풀 때부터 이미 쥐가 있다는 것을 알았지만, 굳이 다이앤에게는 말하지 않았다. 그날 밤 우리가 묵은 사무실에는 매너티 세 마리, 커다란 아마존 수달 한 마리, 하얀 우아카리 원숭이 한 마리가 있었다. 모두가 이곳 직원이 구해낸 고아들이었다. 먹이가 있는 곳에는 어디에나 쥐가 있다는 것을 나는 알고 있었다. 그러나 나는 쥐를 좋아한다. 쥐가 우리를 괴롭히지 않을 거라고 확신했다. 설마 내 침대 위로 기어오를 줄은 몰랐던 것이다.

오늘 하루도 거의 다 저물어, 오늘은 더 이상 나쁜 일이 일어나지 않을 거라고 생각하며 자리에 누운 게 고작 몇 분 전이었다. 내 생각은 또 빗나갔다.

다이앤과 나는 한 주 전쯤 미국에서 마나우스로 돌아왔다. 어느덧 8월 말이 되었는데, 나는 아직도 돌고래를 찾겠다는 생각을 버리지 못했다. 방법은 오직 하나뿐인 것 같았다. 마미라우아 보호구역에서 베라가 무선 발신기를 달아놓은 돌고래를 뒤쫓는 것이었다. 마미라우아는 세계에서 가장 큰 홍수림 보호구역이다. 1만 920제곱킬로미터에 달하는 이 구역은 자푸라강의 검은 물과 아마존 상류 술리몽이스강의 흰 물이 만나는 곳에 있다.

베라에게는 우리가 이곳에 온다는 것을 미리 알릴 수 없었다. 몇 주간 애썼지만 팩스와 전화, 이메일로도 연락할 수 없었다. 바야흐로 건기가 시작되고 있었다. 돌고래가 멀리 흩어지지 않기 때문에 지금이야말로 돌고래를 추적하기 가장 좋은 때였다. 올해는 엘니뇨–남아메리카 서해안을 따라 흐르는 차가운 페루 해류 속에 따뜻한 해류가 침입하는 이변 현상–가 일어난 해이기도 했다. 이런 건기에는 수력발전이 제한돼 전기가 끊기기 일쑤였다. 그래서 베라와 연락이 되지 않았던 것이다. 어쨌거나 우리는 브라질로 가기로 했다. "그래도 돌고래를 뒤쫓으려면 미국보다 브라질에 있는 게 낫잖아?" 나는 다이앤에게 말했다.

우리는 아마존연구소로 찾아갔다. 베라는 회의 일정에 쫓겨 여간 바쁘지 않았다. 그녀는 마미라우아로 함께 갈 수 없었는데, 허겁지겁 짐을 꾸려놓은 탓에 원격계측 수신기가 어디 있는지 알지 못했다. 그녀는 바로 지난주에 마미라우아에 있었다. 하지만 무선 발신기를 달아놓은 돌고래를 찾아내지 못했다. 발신기는 등지느러미에 나일론 핀으로 고정시켜놓았는데, 그렇게 달아놓은 발신기 아홉 개 가운데 세 개는 아직도 작동 중일 거라고 했다. 다른 발신기는 건전지 수명이 다했거나 발신기가 떨어져나갔다. 그런데 베라는 8일간의 탐색에도 신호를 하나도 포착하지 못했다. 발신기 세 개는 아직 작동 중일 거라는 추측도 장담할 수 없었다. 돌고래 몸에 달아놓은 발신기가 지금까지 7개월 동안 작동한 것만 해도 이미 기록적이었다.

배를 타고 돌아다니며 신호를 포착하는 것 외에도, 약 30미터 높이의 수신탑 세 곳에서 신호를 포착할 수 있었다. 커다란 호수 어귀에 전략적으로 자리 잡은 수신탑에서는 발신기를 달고 있는 돌고래가 지나갈 때마다 자동으로 신호를 포착해 기록했다. 베라가 지난 7개월 동안의 자료를 모두 분석해보진 않았지만, 그래도 많은 것을 알아낼 수 있었다. 돌고래는 시속 15킬로미터에 가까운 속도로 헤엄칠 수 있는데, 보통은 하루에 10킬로미터 정도만 돌아다니는 것으로 보였다. 그리고 1년 내내 마미라우아 보호구역에 머무는 것으로 보였다. 하나의 사례만 예외였는데, 베라는 예외 사례를 믿지 않는 것 같았다. 우리가 플로리다해양포유류학회에 참석했을 때 독일 연구자 토마스 헤닝젠이 보고한 바에 따르면, 발신기를 단 돌고래 한 마리가 마미라우아에서

1600킬로미터나 떨어진 페루의 파카야사미리아 보호구역에서 발견되었다고 한다.

수신탑 덕분에 베라는 한결 수월하게 연구할 수 있었지만, 그렇다고 편해진 것은 아니었다. 베라가 웃으며 말했다. "내가 늘 올라가야 하는 탑을 장차 보게 될 거예요. 생물학자가 되려면 별 짓을 다해야 해요. 엔진 수리도 하고, 나무 위로 30미터나 기어 올라가기도 해요. 오직 동물 연구를 위해서요." 탑 하나는 아프리카 벌 떼가 점령해버렸다. 그렇지만 베라는 6월에 양봉복을 입고 탑 위로 올라갔다.(베라는 **돌고래**를 연구한다면서 양봉복 비용을 청구한다는 것이 얼토당토않은 일이라는 것을 잘 알고 있었다.) 어느 날 탑 꼭대기에서 수신기 자료를 가져왔는데, 수신기에 꿀이 가득 차 있었기 때문이다. 또 다른 탑은 사람을 물어뜯는 커다란 개미 수백 마리가 사는 나무 꼭대기에 세워져 있었다. "위로 올라갈 때는 개미들이 화를 내지 않아요. 하지만 내려올 때는 물어뜯으려고 해요. 나는 그저 개미들을 밀어내죠. 죽이진 않아요." 그 나무 위는 지나가는 돌고래들을 관찰하는 데 제격이라고 했다. "두 분도 그곳에 올라가볼 필요가 있을지 몰라요." 다이앤과 나는 서로 바라보며 그럴 필요가 없기만 빌었다.

베라는 브라질 과학자인 마르시우 아이레스의 전화번호를 적어주었다. 마르시우는 하얀 우아카리원숭이－우리가 록샌의 캠프에서 본 적 있는 붉은 우아카리원숭이의 변종－를 연구하고 있었다. 그는 브라질 당국을 설득해 이 희귀종 원숭이 보호구역을 설정했다. 이 원숭이는 브라질에만 서식하고 있었다.

모나코호텔의 객실로 돌아온 후, 나는 마르시우와 통화를 하려고 했다. 일곱 번이나 전화해봤지만 허사였다. 나는 9번을 누러 프런트에 전화를 걸고, 호텔 매니저(그녀는 매번 화들짝 놀라며 전화를 받았다.)에게 포르투갈어로 전화번호를 불러준 뒤 수화기를 내려놓았다. 그러면 프런트에서 우리 방으로 전화를 연결해줬다. 하지만 내가 수화기를 들어도 아무 소리도 들리지 않았다.

이 문제를 알리기 위해 영어를 할 줄 아는 안내원이 있는 프런트로 내려갔다.

"왜 아무 소리도 들리지 않는 거죠?" 내가 물었다.

"문제가 있어요." 그가 답했다.

"무슨 문제가 있는데요?" 내가 물었다.

"그러니까, 전화가 문제예요." 그가 답했다.

여덟 번째 시도를 했을 때 한마디가 들렸다. "오이[영어 hi에 해당하는 말]." 내가 포르투갈어로 말하자 전화가 바로 끊겼다. 아홉 번째 시도를 했을 때는 영어로 인사했다. "헬로." 그래도 바로 전화가 끊겼다. 열 번째에 마침내 마르시우 아이레스 박사와 연결되었다. 나는 자기소개를 한 후 장차 뭘 하고자 하는지 말했다. "그게 가능할까요?" 하고 묻는 순간 전화가 끊겼다. 열한 번째에 그 생물학자는 인사를 생략하고 곧바로 답했다. "네, 네, 오세요." 우리는 3만 5000명의 주민이 사는 강변 도시 테페로 가는 비행기를 예약했다. 테페는 보호구역에서 40킬로미터 떨어진 곳에 있다.

테페에 도착한 우리는 이윽고 운이 좀 풀리는 듯했다. 마미라우아 사무실에 30대 초반의 여성 두 명이 있었는데, 완벽한 영어로 우리를 환영해주었다. 머리칼이 검고 다정한 두 여성 가운데 미리암 마르몬텔은 매너티 연구자였고, 안드레아 피리스는 산림 연구자였다. 그들은 자상하게 마음을 써주었다. 사무용 쾌속정으로 보호구역 안의 수상가옥 여섯 채 가운데 가장 큰 집에 데려다주었고, 두 명의 가이드를 주선해주었다. 두 가이드 모두 건장하고 아는 게 많은 지역민이었는데, 둘 다 이름이 안토니우였다. 미리암은 다른 쾌속정을 타고 보호구역으로 가는 우리와 동행했다. 그리고 뜻밖에도 우리에게 원격계측기를 빌려주었다. 그녀가 매너티를 연구할 때 사용하던 것이었는데, 그것으로 사흘 동안 돌고래를 추적할 수 있게 해준 것이다.

마미라우아 사무실 사람들은 모두 우리의 탐사에 대해 잘 알고 있는 것 같았다. 사무실을 떠나기 직전에 잘생긴 브라질 관리인 루키아누가 우리에게 묘한 웃음을 지어 보이더니 윙크를 하며 말했다. "쿠이다두 콩 우 보투(Cuidado com o boto, 보투를 조심하세요)." "유괴되지 않도록 조심하라는 거예요." 미리암이 말했다.

안드레아는 슈퍼마켓으로 우리를 데려다주었다. 거기서 우리와 두 안토니우가 먹을 음식을 샀다. 이 남자들은 뭘 먹고 싶어 하느냐고 내가 물었다.

"무엇보다도 냉동 닭고기를 사야 해요." 안드레아가 말했다.

그럴 줄 알았다.

우리는 또 녹말가루와 쌀, 말린 콩, 감자, 토마토, 양파, 달걀,

쇠고기와 정어리와 참치 통조림, 식용유, 소금, 커피, 치즈, 빵, 크래커, 분유, 스파게티, 케첩, 오렌지, 라임, 사과를 샀다. 그리고 미국에서 사간 분말 게토레이와 냉동 건조식품이 모자랄 경우를 대비해 분말 인스턴트식품을 샀는데, 맛이 너무 고약했다.

이날 오후 테페호에서 24마력의 쾌속정에 짐을 싣고, 우리의 기지가 될 2층 수상가옥으로 향했다.

몇 분 지나지 않아 처음으로 보투를 보았다. 테페호에서 술리몽이스강으로 이어지는 물길로 접어들었을 때, 바로 우리 앞에 커다란 분홍 지느러미가 솟았다 가라앉고, 다시 솟았다 가라앉았다. '물들의 만남'에서처럼 여기서도 흰 물과 검은 물이 만나고, 돌고래가 여기서 곧잘 먹이 사냥을 한다고 미리암이 말했다.

그러다 또 다른 지느러미가 잇달아 나타났다. 한 번은 검었고, 또 한 번은 회색이었다. 우리는 가슴이 두근거렸다. 적어도 세 마리, 어쩌면 다섯 마리의 돌고래가 우리 둘레에서 머리를 내밀거나 숨을 내뿜곤 했다. 미리암은 그중 몇 마리가 호흡기에 문제가 있는 것 같다고 말했다. 숨소리가 너무 컸던 것이다.

이런 관찰을 한 직후, 내가 타고 있던 쾌속정이 갑자기 멈추었다. 고치려고 끙끙거리던 안토니우가 말했다. "아바리오우 시(avariou-se)." 고장 났다는 말이었다. 우리는 마미라우아 프로젝트 보트 창고까지 노를 저어 되돌아가야 했다. 이곳에는 원거리 야간 탐사를 위해 주거용 보트가 다섯 채, 쾌속정은 열두 척이나 있다고 미리암이 말했다. "하지만 물론 쾌속정이 모두 작동하는 건 아니에요."

미리암은 새 쾌속정을 내일이나 사용할 수 있을 거라고 했다. 다이앤과 나는 사무실에서 잘 수 있었다. 야채는 찢어진 비닐봉지에 담아 창고에 챙겨두었는데, 보나마나 쥐들이 먹어치울 거였다. 귀중한 냉동 닭고기 네 마리는 사무실로 가져갔다. 사무실에는 냉장고가 있었고 침대도 있었다.

다이앤은 수면제를 먹었다. 그러나 잠들기 전에 평소처럼 가방 속의 짐들을 꺼내 작은 방에 잔뜩 늘어놓고 최종 점검을 했다. 밤 11시에 내가 다이앤을 깨운 이유도 그래서였다. 쥐가 그녀의 **옷가지**를 유린할지도 몰랐으니까.

다이앤은 침대에서 발을 굴러 쥐를 욕실로 몰아넣었다. 불행히도 욕실 문이 닫히지 않았다. 문짝이 닫히지 않는다는 것은 이미 알고 있었다. 하수구에서 우글대던 모기떼가 침대로 몰려들었을 때도 문을 닫지 못했기 때문이다. 어쩌면 쥐가 하수구로 사라질지도 모른다. 우리는 1분쯤 기다렸다. 그리고 다이앤은 밀어붙이고 있던 문짝을 살짝 놓았다. 이때 빠끔히 열린 문틈으로 쥐가 튀어나오려고 했다. 다이앤이 아주 잽싸게 힘껏 문짝을 밀어붙였다. 다시 문짝을 빠끔히 열어보자 쥐가 나동그라져 있었다. 주둥이에서는 피가 흘러나왔다.

"아니, 죽었잖아!" 내가 진저리를 치며 말했다.

"내가 놈을 죽였어!" 다이앤이 의기양양하게 말했다.

"그래, 네가 **처죽였어**!" 내가 배은망덕하게 소리쳤다.

"내가 죽였어! 내가 죽였다구!" 그녀는 짜릿하다는 듯이 외쳐대더니 해적처럼 너털웃음을 터트렸다.

우리는 욕실에 죽은 쥐를 내버려두고 침대로 돌아갔다.

5분 후 바스락거리는 소리가 들렸다.

"안 죽었나 봐." 다이앤이 어둠 속에서 실망한 목소리로 말했다. 그러나 손전등을 비춰보니 다른 쥐였다. 이번 쥐는 훨씬 더 컸고, 고환이 불룩했다. 쥐가 침대 발치에서 나를 빤히 바라보았다.

우리는 다시 쥐를 욕실로 몰아넣었다. 이번에는 욕실 문이 빠끔히 열리지 않도록 단단히 묶어놓았다. 나는 다이앤의 수면제를 한 알 삼켰다. 더 많은 쥐가 내 침대 속으로 들어왔다 해도, 나를 깨우지는 못했다.

이튿날, 새 쾌속정을 타고 한 시간 만에 빌라알렌카르라는 작은 마을에 도착했다. 거기서 양철 지붕을 얹은 나무집에 사는 다른 안토니우를 태웠다. 곧이어 두 강이 만나는 합류점에 있는 수상가옥에 도착했다. 그곳의 지명인 보카Boca는 '입'을 뜻한다. 그곳에는 백발의 감시원 조아킹이 있었다. 미리암과 두 안토니우는 조아킹과 한참 얘기를 나누었다. 하늘은 점점 어두워졌다.

"쇼벤두(Chovendo, 비)?" 내가 물었다.

"나웅, 나웅(não, não)." 두 안토니우가 입을 모아 답했다.

"비를 피하려면 어서 떠나야 하지 않겠어요?" 나는 미심쩍어하며 미리암에게 확인했다.

"괜찮아요. 비가 오지 않을 거라잖아요."

"내 판초는 배 안에 있는데, 그거 가져올까?" 다이앤이 내게 물었다.

"괜찮아. 비 안 올 거래." 내가 말했다.

우리가 배를 타고 보카를 떠나자마자 비가 퍼붓기 시작했다.

주위에서 굵은 빗물이 튀었다. 빗방울이 돌멩이 같았다. 물과 불이 싸우듯 사방에서 천둥 번개가 쳤다. 노천 식당 주위에서 번개가 치는 동안 식사를 하던 어느 저녁에 베라가 했던 말이 떠올랐다. "아마존에 오기 전에는 벼락 맞아 죽은 사람을 본 적이 없어요. 그런데 여기서는 드문 일이 아니랍니다. 그렇게 죽은 사람이 아마존연구소에만도 세 명이나 있어요."

빗방울이 굵은 산탄처럼 피부를 때렸다. 나는 고개를 푹 숙인 채 배 밑바닥만 굽어보았다. 배에 빗물이 고여 얕은 호수를 이룬 모습을 참담한 심정으로 바라보아야 했다. 비닐봉지가 벌어져 야채가 삐져 나왔고, 빵은 물먹은 두루마리 화장지 같았다. 크래커는 연고가 되었고, 냉동 닭고기는 녹아버렸다. 다른 짐도 물에 푹 잠겼다. 이제는 그 안에 있는 다이앤의 판초도 꺼낼 수 없게 되었다.

20분 후 물벼락을 맞은 채 비틀거리며 수상가옥으로 들어섰다. 닭고기는 완전히 해동돼 핏물이 뚝뚝 떨어졌다. 다이앤은 입술이 창백했다. 미리암도 가련해 보였다. 두 안토니우는 냉동된 것처럼 보였다. **당장** 따뜻한 물을 먹여야 할 것 같았다. 나는 작은 부엌으로 달려가 가스스토브에 불을 지피려고 했다. 머리카락과 두 손, 옷에서 물이 줄줄 흐르는 바람에 계속 성냥불이 꺼졌다. 마침내 성냥불을 살려낸 후 버너를 틀었다. 하지만 가스가 뿜어져 나오는 기세에 불이 꺼져버렸다.

"그래서야 원, 불을 켤 때마다 성냥 한 통은 들겠군요." 뒤에서 영국식 말소리가 들려왔다. 나는 뒤를 돌아보았다. 알고 보니 수상가옥에는 이미 사람이 살고 있었다.

폴 스터리가 친절하게 스토브를 지펴주었다. 43세인 그는 유명한 자연 사진작가였다. 그 밖에도 리 모건과 앤드루 클리브, 피터 헨더슨이 이곳에서 지내고 있었다. 젊은 리 모건은 런던대학교 로열홀로웨이칼리지에 다니는 학생으로, 흰목고리뿔호반새의 행동을 연구하고 있었다. 우아한 은발의 앤드루 클리브는 영국 베이싱스토크 인근에 있는 브램리프리스연구소의 소장이었다. 앤드루는 자연사와 생물학에 관한 저서를 25권 이상 펴냈고, 환경에 기여한 공로로 여왕에게 훈장을 받기도 했다. 44세의 피터 헨더슨은 옥스퍼드대학교 동물행동연구소의 진화생물학 교수였다. 피터는 7년 전 이곳이 보호구역으로 지정되었을 때부터 이곳의 물고기를 연구해왔다. 아마도 돌고래의 수중 환경에 대해 그보다 더 잘 아는 사람은 없을 것이다.

우리가 수상가옥의 널따란 두레방 식탁에 둘러앉아 따끈한 커피를 마시고 있을 때, 피터가 처음 이곳에 왔던 날 이야기를 들려주었다. "처음 이곳을 둘러보았을 때 이런 생각이 들더라고요. 도대체 이런 곳에서 연구를 할 수 있을까?" 푸른 눈에 머리가 금발이라는 것만 빼면 개리를 빼닮은 사람이었다. 박학다식한 데다 달변이었다. "당시에 여긴 지옥이나 다름없었어요."

그때 피터는 우아카리원숭이를 연구하는 마르시우 아이레스와 함께 지냈다. 그들은 버림받은 심정이었다고 한다. 배를 집

삼아 생활하거나 버려진 수상가옥에서 지내며 땅에 발을 디뎌 보지 못하는 나날이 몇 주씩 이어지곤 했다. 마르시우는 좀처럼 우아카리를 발견할 수 없었고, 피터는 표본 물고기를 잡을 길이 없었다. 이곳에는 말파리와 모기떼가 우글거렸다. 무투카라고 불리는 말파리는 사람을 물어뜯었다. 기분 전환을 하는 유일한 방법은 테페에 가는 것이었다. 당시(끔찍한 '아마존의 국제화'를 막기 위해 정부에서 5000명의 군인을 주둔시키기 전) 테페는 작은 어촌에 지나지 않았다. 자동차는 네 대뿐이었고 식당도 없었다. 개들이 거리에 누워 잠들었고, 사람들은 현관에서 잠을 잤다. "우리는 생애 최대의 실수를 한 게 아닌가 싶었지요." 피터가 말했다.

피터는 이곳에서 연구를 하다 두 번이나 목숨을 잃을 뻔했다. 두 번 다 그가 대수롭지 않게 생각한 생물 때문이었다. 한번은 나무늘보가 나무에서 떨어졌는데, 하마터면 그의 머리 위로 떨어져 목뼈가 부러질 뻔했다. 나무늘보는 피터를 물끄러미 쳐다보더니 몸을 뒤집고 숨을 거두었다. 또 한번은 식물인지 곤충인지 모를 생물에 중독되었다. 지금까지도 무엇에 찔렸는지 모른다. 앞이 안 보일 정도로 눈이 퉁퉁 부었고, 두 손이 마비되었고, 머리 가죽이 뻣뻣해지더니 마침내 구토를 하다가 혼절해버렸다. 정신을 차리고 보니 테페의 한 병원에 누워 산소 호흡기를 쓰고 있었다. 들이마신 산소 탱크에는 '공업용'이라고 씌어 있었다.

하지만 해마다 이곳에 돌아왔다. 대개는 열정적인 동료들과 함께였다. 아마존은 원시의 바다처럼 그를 끌어당겼다. 실제로 이곳에 사는 많은 생물들은 호수보다 바다에 있는 것이 더 어울릴 것처럼 보인다. 꼬리에 독침을 지닌 민물 가오리뿐만 아니라 혀넙치, 망둥이, 청어와 같은 바닷물고기와 네 종의 게, 그리고 돌고래까지 이곳에 산다. "민물의 규모가 워낙 방대해서 아예 바다가 되어버린 것 같아요." 피터가 파란 눈을 반짝이며 말했다.

마미라우아는 크기가 바다만 한 곳이다. 브라질 국토의 절반에 해당하는 마미라우아에는 세계에서 가장 풍요로운 수중 생태계가 있다고 할 수 있다. 그래서 집중 연구되는 호수만 해도 499개나 된다. 마미라우아는 보호받는 지상 최대의 홍수림일 뿐만 아니라 브라질 최대의 보호 실험장이기도 하다. 마르시우 아이레스의 청원에 따라 정부에서 마미라우아 생태본부를 만든 지 6년이 지난 1996년, 이 지역은 지속 가능한 개발 보호구역으로 선포되었다. 보호구역 안이나 주변에 사는 주민 2500명은 계속 머물며 자원을 이용할 수 있도록 허용되었을 뿐만 아니라 감시원으로 일하게 되었다. 야생의 땅과 사람을 동시에 보호하는 대담한 시도였다. 워낙 새로운 시도여서 브라질의 법까지 바꿔야 했다. 과거에 보호구역으로 선포된 지역에서는 지역민이 물고기를 잡거나 사냥하는 일이 허용되지 않았다.

마미라우아는 거대한 자연 실험장이기도 하다. 바다 같은 호수들, 그리고 뱀처럼 구불구불 흘러가는 강을 중심으로 숲과 물이 만나고, 전혀 있음직하지 않은 수서 생물이 탄생한다. 이곳에는 나무에 둥지를 트는 물고기가 있고, 공중에서 사냥하는 물고기도 있다. 수컷이 입속에 알을 품어서 부화시키는 물고기도 있다. 나무늘보는 발톱이 달린 긴 팔다리로 수영 선수처럼 헤엄쳐

강을 건넌다. 초원의 온갖 풀들은 수중에서 물 위로 꽃을 피워 올린다. 150마리로 추산되는 분홍돌고래는 물에 잠긴 나무우듬지를 배회하며 그물 같은 수중 음파를 발사해 먹이를 찾는다.

피터는 마미라우아야말로 지상 최고의 진화 실험장이라는 사실을 깨달았다. 이 세계는 지금도 스스로를 재창조하고 있다. "이런 홍수림이야말로 육상동물이 처음 출현한 서식지랍니다. 이런 서식지가 지난 수백만 년 동안 존재해왔지만, 이곳만큼 오래 지속된 곳은 없어요." 그가 설명했다. 이곳은 수위가 높아졌다 낮아지며 새로운 물길이 생기고 새로운 섬이 생긴다. 홍수에 잠기는 평원은 지난 1000년 동안 완전히 새로 만들어진 것이다. 호수들도 고작 2~300년 전에 생긴 것이다. 호수 밑바닥을 준설할 때 인디헤나의 항아리 파편이 발굴되었는데, 한때 융성했던 오마구아 문명의 유물이었다. 오마구아 문명의 언어는 사라졌지만, 이곳의 이름인 마미라우아Mamirauá가 바로 오마구아어로 '새끼 매너티'라는 뜻이다. 이곳에서는 모든 것이 변하고 있다. 무언가로 변하는 생성 과정에 있는 것이다. 나무는 세크로피아 따위의 갈대로 변하고, 갈대는 나무로 변한다. 강둑에 난 하루살이풀인 아키오티스 아이콰토리알리스는 야모란과에 속하는데, 야모란과의 다른 식물은 대부분 나무다. 풀과 나무가 같은 과에 속해 있는 것이다. 생물들은 새로운 영역을 개척하기 위해 놀랍도록 다양한 형태를 띠고 있다. 잎사귀가 1미터 가까이 자라는 수련도 있지만, 뿌리와 잎으로만 이뤄져 길이가 불과 1밀리미터밖에 안 되는 수련도 있다. 물고기도 경이로울 정도로 다양하게 진

홍수림의 낮(촬영: 다이앤 테일러 스노)

화했다. 피터와 동료들이 목록으로 정리한 이곳 물고기는 312종에 이르는데, 그중 80종은 이 집 앞의 현관에서도 낚아 올릴 수 있다. 그에 비해 피터의 고향인 잉글랜드에 존재하는 물고기는 30종에 지나지 않는다.

수상가옥의 한가운데 위치한 넓은 방의 식탁에 둘러앉아 비가 개는 광경을 지켜보는 지금도 우리 눈앞에서 땅이 변하고 있었다. 지금은 날마다 비가 퍼붓는 다산의 우기가 아니었다. 우리는 '물들의 만남'과 타후아요 강변을 지나면서도 그 사실을 체감할 수 있었다. 우기가 끝난 5월 이후 석 달 동안 이곳의 강물 수위는 3.6미터쯤 낮아졌다고 피터가 말했다. 수상가옥 맞은편 강둑에는 테니스 공 크기의 구멍이 숭숭 뚫려 있는 게 보인다. 우기에 메기가 파놓은 구멍이다. 이곳에는 굴을 파는 물고기가 여러 종 있다. 뼈혀를 가진 거대한 피라루쿠는 입과 지느러미로 얕은 물 속 진흙에 둥지 구멍을 판다. 피라루쿠는 새처럼 암컷과 수컷이 함께 둥지를 지킨다. 망둥이는 물에 잠긴 나뭇잎에 붙어 번식하는 해면 속에 둥지를 튼다.

그러나 둥지 트는 계절은 이미 오래전에 끝났다. 건기는 죽음의 계절이다. "이 물속에 있는 모든 것은 아주 빠르게 죽어가요. 일종의 죽음의 지대가 되는 거죠." 피터가 말했다. 죽음의 지대를 청소하는 피라냐는 아마존 홍수림에서 진화했다. "피라냐는 아주 혁신적으로 진화했어요." 하이에나 같은 청소동물이지만, 일반적으로 건강한 동물은 공격하지 않는다. 또 하이에나처럼 사회적 동물이어서 무리지어 몰려다닌다. "피라냐는 브라질에서 아주 고약한 동물로 평가되고 있어요. 그래서 매춘부를 땅의 피라냐라고 부르죠. 하지만 나는 피라냐를 아마존의 상징으로 삼아야 한다고 봐요. 피라냐야말로 생태계 형성에 정말 큰 영향을 미치고 있는 물고기 가운데 하나거든요." 하지만 그런 피터도 이렇게 털어놓았다. "피라냐를 다루는 일을 좋아하진 않아요."

바로 이 순간에도 피라냐는 떠들썩한 잔치를 벌이고 있었다. 만수위 때에 피라냐는 주로 강 언저리에서 사냥을 한다. 물고기를 오도 가도 못하게 포위해서 사냥하는 것이다. 그러나 수위가 낮아지면 물고기가 한데 몰려 있어서 사냥하기가 한결 수월하다. 돌고래에게도 건기는 사냥하기가 쉽고 먹이가 풍부한 시기다. 수상가옥 앞으로 흐르는 강은 물길이 환히 트여 있는데, 이런 강 언저리에는 물고기가 1세제곱미터마다 평균 다섯 마리나 모여 있다. 이것은 피터가 수중 음파탐지기로 알아낸 것이다. "낚시를 드리우면 뭐든 금방 낚아 올릴 수 있어요." 피터가 말했다. 하지만 머리만 건져 올리는 경우가 많다. 나머지 몸뚱이는 피라냐가 먹어치워 버리기 때문이다. 나중에 우리가 음식물 쓰레기를 강에 던지자 피라냐가 순식간에 떼로 몰려들었다.

우리는 5~6초에 한 번씩 첨벙거리는 소리를 들었다. 대부분 부리가 창 같은 물총새가 다이빙하는 소리였다. 리 모건은 수상가옥 맞은편의 강둑 500미터 범위 안에 19마리 이상의 흰목고리뿔호반새가 서식하고 있다는 것을 알아냈다. 물고기가 워낙 많은 탓에 뿔호반새들이 영역 다툼을 하지 않는 것 같았다. 대신 횃대다툼을 한다. 횃대가 물고기보다 훨씬 더 귀한 탓이다. 뿔호반새는 횃대에 내려앉아 잡아온 물고기 비늘이나 가시를 제거한다.

뿔호반새가 다이빙할 때만 첨벙거리는 소리가 나는 것은 아니었다. 물고기들은 **물 밖으로** 뛰쳐나가기도 한다. 때로는 수중 포식자를 피해 도약하기도 한다고 피터가 설명했다. 어떤 물고기는 물수제비를 뜨는 돌처럼 수면을 차고 나아가기도 한다. 숨을 쉬기 위해 수면으로 올라오는 물고기도 많다. 어떤 물고기는 공기호흡만 한다. 대형 전기뱀장어, 피람보이아(남아메리카페어), 대형 피라루쿠는 공기를 들이마시기 위해 10분마다 수면으로 올라와야 한다. 아가미가 오래전에 호흡기관으로서의 기능을 하지 못하게끔 진화했기 때문이다. 어떤 물고기는 사냥을 하려고 공중으로 도약한다. 나긋나긋하고 매끄러운 아루아나는 물 밖으로 두 눈을 빠끔히 내민 채 돌아다닌다. 그들의 눈은 수평으로 양분돼 있어서 공중과 물속을 동시에 볼 수 있다. 먹이를 발견하면 공중으로 도약해 나뭇가지나 덩굴에 붙어 있는 딱정벌레나 거미 따위를 잡아먹는다. 1.8미터 이상 공중으로 솟구칠 수 있는데, 때로는 물 위 나뭇가지에 내려앉은 작은 새나 박쥐까지 잡아먹는다. 마이클 굴딩의 글을 보면, 90센티미터가 넘는 커다란 아루아나가 어미의 품에 안긴 두 마리의 갓난 나무늘보를 가로채 먹어치운 경우도 있다고 한다.

나중에 우리는 물고기가 배 옆에서 공중으로 도약하는 것을 보곤 했다. 비늘 덮인 고색창연한 얼굴로 우리를 흘겨보는 모습은 마치 꿈속에서 무의식을 뚫고 솟아오르는 어떤 이미지 같았다. 물가에서는 아루아나가 사냥하는 것을 쉽게 볼 수 있었다. 도약했다가 다시 물속으로 떨어지기 직전의 모습은 공중에 드리워진 긴 은빛 리본처럼 보인다. 그리고 놀랍게도 거의 날마다 돌고래들이 우리 배를 에워쌌다. 마침내 물이 우리를 위해 비밀의 문을 열어젖히는 것만 같았고, 실제로 그랬다. 그러나 그것이 우리가 기대한 대로 이뤄지진 않았다.

오전에 하늘은 구름 한 점 없이 맑았다. 미리암이 테페로 돌아가려면 배 한 척이 필요했고, 다이앤과 나도 따로 한 척이 필요했다. 그런데 우리의 배 두 척 가운데 하나는 모터가 고장났다. 어쩌면 좋을까? 미리암은 우리더러 그녀의 동료인 로니스에게 배를 빌려 쓰라고 제안했다. 여기서는 그것이 이웃에게 설탕 한 컵을 빌리는 정도에 지나지 않았다. 카이만 연구자인 로니스 다 실베이라는 여기서 10분 거리에 있는 방 네 개짜리 수상가옥에서 아내 바바라와 함께 살고 있었다.

로니스는 1년 전에 농학과 여학생과 결혼했다. 날씬한 체구에 눈썹이 갸름한 바바라와 로니스는 마나우스 오페라하우스에서 결혼식을 올렸다. 그리고 곧바로 이곳에 와서 살았다. 나무통에 모은 빗물을 마시고, 강에서 끌어올린 물로 샤워를 하고, 개구리와 새들의 이상야릇하고 축축한 부름을 들으며 잠들었다. 바바라는 전에 그런 소리를 들어본 적이 없었다. 아마존 정글에서 지내는 것도 처음이었다.

국제적으로 활동하는 악어전문가그룹Crocodile Specialist Group의 최근 소식지에 바로 이 부부의 신혼 생활이 소개되었다. 로니스와 그의 신부, 그리고 보조인 에지잘마는 4.5미터의 검정카이만에게 달려들었다. 거대한 이 파충류는 45분 동안 세 사람과 씨름한 끝에 기진맥진해져서는, 알루미늄 카누 옆에 매달린 채 보카에 있는 수상가옥으로 끌려갔다. 등에 발신기를 다는 동안, 카이만은 탈출할 기회를 엿보았다. 카이만은 물 밖 1.8미터 높이까지 꼬리를 쳐들었다. 각질의 꼬리 비늘이 바바라의 얼굴을 살짝 스쳤다. 그런데 신부의 부드러운 얼굴을 스치면서 꼬리 방향이 바뀌었다. 바바라의 얼굴이 없었다면 악어 꼬리가 카누를 내리쳐 카누가 전복되고 말았을 것이다.

로니스와 바바라 부부의 집에 이르자, 주둥이에 농구공을 물고 있는 거대한 검정카이만의 해골이 문간에서 우리를 맞이했다. 길이가 3.9미터에 이르는 악어의 해골이었다. "재규어에게 잡아먹힌 거랍니다." 로니스가 말했다. 이 악어는 무선 발신기를 달고 있던 연구 대상 가운데 하나였다. 로니스 외에 이런 크기의 악어를 제압할 수 있는 동물은 재규어밖에 없을 거라는 생각이 들었다. 로니스는 보디빌더 같은 근육질의 체격에 라틴계다운 검은 눈을 지닌 사람으로 무성한 검은 머리칼을 포니테일로 묶고 있었다. 면도한 직후에도 턱이 파르스름할 게 분명했다. 로니스의 외모는 만화 주인공인 '바바리안 코난Conan the Barbarian'을 연상시켰다.(그는 앞서 자신이 영국 만화 「도살자*Slayer*」의 주인공과 똑같이 생겼다고 고백했다.) 실제로도 로니스는 코난을 즐겨본다고 한다. 그는 검정카이만을 잡으러 갈 때도 용기를 얻기 위해 이 만화를 본다고 농담을 했다. 카이만은 아마존에서 가장 큰 포식동물이다. 다 자란 길이가 4.8미터에 이르는 카이만은 특히 마미라우아에 가장 많이 서식하고 있다. 그런데 로니스는 코난 만화를 보며 공부도 한다. 한번은 중요한 미국 연구자들이 곧 찾아올 때가 되었는데, 로니스가 만화책에 푹 빠져 있는 것을 보았다고 피터가 말했다. 그러다 로니스는 만화책에서 눈을 떼고 피터를 바라보며 열띤 목소리로 말했다. "영어, 배워야 해!"

"로니스가 어떤 인물인가 하면, 겉으로는 우악스러워 보이지만 실제로는 아주 점잖답니다." 피터가 일찍이 우리에게 한 말이다.

실제로 그랬다. 로니스는 우리에게 배를 빌려주었을 뿐만 아니라, 반갑게도 밤에 카이만을 찾으러 갈 때 데려가주겠다고 약속했다.

그러나 우리가 찾는 것은 돌고래였다. 우리는 원격계측기로 돌고래를 찾고 싶었다. 그런데 섬뜩하게도 원격계측기만으로는 충분치 않다는 것을 알게 되었다. 돌고래 각각의 무선 주파수를 알아야 했다. 동물들에게는 저마다 고유한 주파수가 있다. 발신기를 부착한 특별한 개체를 찾으려면 안테나와 연결된 수신기에 세 자리 숫자를 입력해 해당 돌고래와 주파수를 맞춰야 한다. 그런 다음 수직으로 안테나를 들고, 호를 그리며 안테나를 움직인다. 발신음이 포착돼 이어폰으로 신호가 들려오면 돌고래가 주변에 있다는 뜻이다. 신호음이 커질수록 더 가까이 있다는 뜻이다.

다행히 베라의 돌고래 주파수가 이곳 마미라우아에 기록돼 있다고 미리암이 말했다. 돌고래 주파수는 마미라우아호 입구의 나무 꼭대기에 있는 수신탑 수신기 상자에 적혀 있는데, 사람을 무는 커다란 개미가 우글거리는 아푸이나무를 27미터나 올라가야 한다.

아푸이는 우람하고 정겨운 나무였다. 이 나무는 우리를 환영한다는 듯이 사과나무처럼 가지를 활짝 벌리고 있었다. 나무에는 빨강과 초록 페인트를 칠한 발받침과 손잡이가 달려 있었다. 우리는 개미를 조심하며 미리암을 따라 위로 올라갔다. 나무에 오르기 시작하자마자 개미가 눈에 띄었다. 2.5센티미터쯤 되는 흑회색 개미는 부리가 돌출해 있었다. "개미다!" 우리가 일제히 외쳤다. 30제곱센티미터마다 개미가 7~10마리씩 서성거렸다. 냄새를 따라 줄 맞춰 행진하는 게 아니라 되는대로 배회하기 때문에 피하기가 훨씬 더 어려웠다. 혹시 한 마리를 짓뭉개면 다른 일당을 불러들이는 화학신호가 울려 퍼질 것이다. 그러면 개미가 떼로 몰려와 물어뜯을 것이다. 그러고 보니 베라가 이 개미들을 죽이지 않은 것은 근본적으로 생명을 존중해서라기보다 바로 이런 사실 때문인지도 모른다는 생각이 들었다.

우리는 이 작은 존재들을 성나게 하지 않으려고 조심하며, 마치 무용을 하듯 조심스레 발을 떼며 위로 올라갔다. 지레 너무 무서워하는 게 아닐까 하는 생각이 들기도 했다.(모이세스가 곁에 있었다면 "이 개미는 독이 없어요!" 하고 외쳤을 것이다.) 사실 나는 개미한테 물리는 것보다 손잡이를 놓쳐 아래로 떨어질까 봐 더 겁이 났다. 다이앤도 그랬다. 알고 보니 다이앤은 거미 말고도 높은 곳을 무서워했다. 돌고래를 찾기 위해 그 많은 주먹만 한 거미와 마주치고, 높은 나무 위로 올라가야 할 줄은 다이앤도 미처 몰랐다. "그래, 이게 안내 책자에 나오지 않았다는 건 나도 알아." 뒤따라 올라오는 다이앤에게 내가 말했다.

"거의 다 왔어요." 미리암이 기운을 북돋워주었다. 이제까지 그녀는 매너티 계측 데이터를 내려받으러 수도 없이 이곳을 오르내렸다. 때로는 수신탑 계측대 위에 서서, 호수 안으로 들어오는 매너티를 지켜본 적도 있었다. 매너티가 흐린 물살을 가르며 호수에 들어오는 것은 부레옥잠을 뜯어먹기 위해서였다. "의젓한 매너티가 얼마나 멋진지 몰라요." 하필이면 왜 그런 동물에 관심을 갖게 되었느냐고 묻자 그녀가 답했다. "아주 의젓하고 듬직하기 때문이죠." 우람하고 얌전한 이 초식동물은 일상 영어로 바다소sea cow라고 불리는데, 포르투갈어로는 황소 물고기라는 뜻에서 '페이시 보이Peixe-boi'라고 불린다. 황소 물고기라는 이름이 이 동물에게는 정말 잘 어울린다.

앞서 우리는 마미라우아 사무실에서 보살피고 있는 매너티를 본 적이 있었다. 두 살배기 고아인 매너티의 이름은 '보이냐Boinha'였다. 우리는 한 직원이 보이냐에게 먹이 주는 모습을 지켜보았다. 직원과 매너티는 먹이를 주고받는 과정을 서로 즐기는 것처럼 보였다. 빨간 모자를 쓴 직원은 수조 바깥에 엎드린 채 1.8미터의 아기에게 커다란 젖병을 물려주었다. 아기 매너티는 별나게 몸을 뒤집고서, 네모난 회색의 혀로 젖꼭지를 입천장에 밀착시킨 채 젖병을 빨았다. 직원은 뭉뚝한 주둥이를 손으로 쓰다듬어주었다. 젖병을 빠는 동안 아기 매너티는 직원을 전적으로 신뢰하며, 동전 투입구 같은 코를 벌름거리며 황홀경에 잠긴 듯 지그시 눈을 감고 있었다.

이러한 신뢰의 모습을 보며 나는 가슴이 저렸다. 지구상의 매너티는 모두 세 종인데,[*] 세 종 모두가 고기나 기름, 가죽 때문에 무참히 살육당했다. 1950년 무렵까지 아마존강에서 상업적으로 사냥된 매너티는 3만 8000마리가 넘었다. 매너티 가운데 유일하게 채식만 하는 아마존매너티는 세 종 가운데 개체 수가 가

[*] 매너티는 몸길이 3~4미터, 몸무게 500~600킬로그램의 대형 초식동물로 강과 바다에 산다. 바다소목Sirenia 매너티과Trichechidae에 속한다. 아마존매너티*Trichechus inunguis*, 서인도매너티*Trichechus manatus*, 서아프리카매너티*Trichechus senegalensis* 세 종이 있다. 매너티와 같은 바다소목 중에는 듀공과Dugongidae에 속하는 듀공이 있는데, 듀공은 인도양과 태평양 연안에 산다.

장 적었다. 1967년 이후 사냥이 금지되었지만, 마미라우아에서는 보호구역 특별 관리계획에 따라 아직도 매너티 포획이 허용되고 있다.

어려움에 처한 매너티 곁에 미리암이 있다는 게 여간 다행스럽지 않았다. 지금 우리 곁에 미리암이 있다는 것도 그랬다. 사람을 무는 개미가 우글거리는 나무를 올라가지 않을 수 없을 때, 이토록 아름답고 강인하고 완벽한 여성을 뒤따라 올라간다는 건 무척이나 마음 든든한 일이었다. 미리암은 운동선수 같은 근육질의 체격이었다. 그녀는 체육관에서 규칙적으로 운동을 했다. 아름다운 연갈색 눈동자에 검은 머리칼은 풍성했고, 손가락마다 한두 개 내지 세 개까지 반지를 끼었다. 반지에는 모두 돌고래가 새겨져 있었는데, 매너티가 새겨진 반지가 없어서 돌고래로 대신했다고 한다. 말 그대로 남자들의 결투를 부르는 여성이었다. 나중에 들어보니 정말 구혼자가 많았다. 구혼자들은 서부극의 남자들처럼 칼이나 총을 들고 싸운다는 소문이 공공연히 나돌았다.

그러나 미리암에게는 사랑하는 것이 따로 있었다. "나는 항상 바다를 사랑해왔어요." 전에 수상가옥에서 그녀가 한 말이다. 포르투알레그레 읍내에서 자란 미리암은 해양학이라는 분야가 있다는 글을 읽고, 브라질 남부의 리우그랑지대학교에 입학했다. 해양학 공부를 하겠다고 집에서 400킬로미터나 떨어진 대학을 찾아간 것이다. 그녀의 말에 따르면, 일찍이 포르투알레그레에서 집을 떠난 사람은 거의 없었다. 젊은 여성의 경우에는 더욱 그랬다. 그러나 미리암은 베라처럼 자유분방한 여성이었다.

당시에는 해양 포유류를 연구하는 프로그램이 없었다. 그러나 미리암은 리우그랑지대학교를 방문한 아르헨티나 연구자들을 통해 해양 포유류에 대한 이야기를 들었다. "이곳에 그런 동물이 존재한다는 게 믿어지지 않았어요. 매너티라니! 그리고 분홍돌고래라니! 그런 걸 상상해본 적도 없었어요. 그때 내가 연구하고 싶은 걸 발견하게 된 셈이죠. 아마존의 수서 포유류 말예요." 이전에 수상가옥에서 그녀가 한 말이다.

미리암은 더 멀리 미국까지 갔다. 게인즈빌에 위치한 플로리다대학교에 진학한 것이다. 미리암은 플로리다에 사는 매너티를 연구해 박사학위를 받았다. 그녀는 코드곶을 여행하며 처음으로 고래(혹등고래)를 보았다. 미리암은 미국과 미국인을 사랑했다. 그녀는 미국에서 많은 것을 배우고 사랑한 게 모두 우리 덕분이기라도 하다는 듯이 나와 다이앤을 환대해주었다. 그토록 참을성 있게 우리를 격려해준 것도 그래서였을 것이다. 게다가 그녀는 여자가 낯선 나라를 여행한다는 게 어떤 의미인지 잘 알고 있었다.

"보세요, 다 왔어요." 미리암이 외쳤다. 그러나 수신탑 계측대 위로 머리를 내민 나는 섬뜩했다. 누군가 나를 노려보는 것 같았다. 나는 천천히 고개를 돌려 바라보았다. 눈이 빨간 호아친 두 마리가 10미터쯤 떨어진 둥지에 앉아 있었다. 묘한 오렌지색 벼슬을 세우고 도마뱀처럼 우리에게 쉭쉭거렸다.

마침내 우리는 나무 꼭대기의 계측대 위에 서서 마미라우아호를 둘러보았다. 이런 높이에서는 5킬로미터 이내의 무선신호를 안테나로 포착할 수 있다고 했다. 수신기는 20초마다 여러 초단파 주파수를 포착한다. 잇달아 세 번 신호를 포착하면 그 신호를 계속 추적해 동물의 이동 경로를 기록한다. 태양열 전지를 사용하는 마이크로프로세서는 각 무선신호의 파장(그 동물이 얼마나 멀리 있는가를 나타낸다.)과 그 방향을 기록한다. 그 옆에 있는 연장통 크기의 검은 상자가 바로 수신기였다.

우리는 보물상자를 여는 해적들처럼 들떠서 수신기 뚜껑을 열었다. 안에는 두 종류의 주파수 목록이 들어 있었다. 하나는 베라의 돌고래 주파수였고, 다른 하나는 미리암의 매너티 주파수였다. 돌고래 주파수는 모두 여덟 가지였다. 나는 주파수를 꼼꼼히 옮겨 적었다. 272, 424, 439, 575, 726, 769, 871, 891. 이것은 내가 그토록 오래 찾아 헤맨 비밀을 풀어줄 열쇠였다. 우림과 강을 샅샅이 훑고, 높은 나무 위로 올라가고, 호수로 뛰어들고, 생물학자와 샤먼들에게 자문을 구하던 날들을 거쳐, 이제 마침내 바라던 바를 이룰 수 있게 되었다. 마침내 돌고래를 추적할 수 있게 된 것이다.

나는 그럴 수 있으리라 믿었다.

물이 열리다

우리에게는 시간이 많지 않았다. 이곳에 사는 150마리 돌고래 가운데 무선 발신기를 부착한 세 마리를 사흘 안에 찾아야 했다. 그런데 이들은 1만 920제곱킬로미터에 달하는 이 보호구역의 숲을 가로지르는 기나긴 물길 어디에나 있을 수 있다.

다이앤과 나는 이튿날 아침 설레는 마음으로 집을 나섰다. 내가 이어폰을 귀에 꽂고 수신기와 연결된 안테나를 세우는 동안, 안토니우가 보카를 향해 배를 몰았다. 두 물길이 합류하는 그곳에서 분명 돌고래들을 발견하게 될 것이다. 그리고 다음 이틀 동안은 안드레아와 미리암을 다시 만나 반대 방향을 살펴보게 될 것이다. 우리는 가능한 한 넓은 지역을 탐사하고 싶었다.

보카에 닿으려면 아직 멀었는데 벌써 우리 배는 돌고래에 에워싸였다. 우리가 돌고래들을 관찰할 수 있도록 안토니우가 모터를 껐다. 이곳의 물은 탁해서 물속을 들여다볼 수 없었다. 그러나 분홍돌고래들은 우리에게 몸을 보여주겠다고 작정이라도 한 것만 같았다. 그들은 머리 꼭대기뿐만 아니라 등지느러미를 훤히 드러냈다. 타후아요와 '물들의 만남'에서와 달리, 보카의 보투들은 투쿠시처럼 나란히 수면에 떠올랐다. 덕분에 개체 수를 수월하게 셀 수 있었다.

여덟 마리라고 안토니우는 말했다. 이번에는 처음으로 각 개체를 구별해서 알아볼 수도 있었다. 그들 가운데 하나는 아주 크고 분홍빛이 선명했다. 두 마리는 회색을 띤 어린것들이었다. 아기는 모두 회색을 띠고 있기 마련인데, 이곳의 다른 어린것들은 페루에서 본 것과 마찬가지로 연분홍빛을 띠고 있었다. 성체 가운데 하나는 등지느러미에 L자 모양의 흉터가 있었다. 이 분홍돌고래는 베라가 자연적 표식으로 알아볼 수 있는 14마리 가운데 하나였다. 베라는 '스카Scar'라고 이름 붙인 이 수컷을 제1호로 지정했다. 베라가 자연적 표식이 있는 돌고래들을 그려놓은 논문을 보면, 각각의 흉터와 얼룩이 뚜렷이 구별된다. 8호 메이아루아Meia-lua는 등지느러미에 반달 모양으로 뜯겨나간 흉터가 있었다. 3호 러플스Ruffles는 등 쪽에 주름 모양의 흉터가 있었고, 13호 리스코스Riscos는 머리 뒤쪽 피부가 V자로 깊이 패어 있었다. 베라는 종일 돌고래를 찾아다녀도 그런 흉터가 있는 돌고래를 찾기 어렵다고 말한 적이 있다. 그런데 우리는 정말 운이 좋았다. 또 다른 돌고래는 등지느러미에 구멍이 나 있었다. 그것은 발신기를 매단 금속 핀이나 플라스틱 인식표가 떨어져나간 자국인 듯했다. 또 다른 돌고래의 이름이 '시카Shika'라고 안토니우가 말했다. 등지느러미에 X자 표시가 나 있었는데, 베라가 동결낙인을 찍은 첫 암컷이었다. 시카는 우리를 향해 크게 숨을 내뿜었다.

분홍돌고래들은 우리에게 가까이 다가왔다. 더러는 10미터

분홍 돌고래들은 날개 같은 지느러미와 엄청난 유연함으로, 마치 새들이 날아다니듯 홍수림 곳곳을 헤엄친다.(촬영: 안드레 실, imagequestmarine.com)

이내까지 다가오기도 했다. 마치 우리를 마중하기 위해 달려오는 것 같았다. 정말 우리를 마중한 것인지도 모른다. 그들은 분명 관리 사무실의 배를 알아보았을 것이다. 개나 부엉이는 보투보다 청력이 훨씬 떨어지지만, 그래도 시골길을 달리는 승용차의 엔진 소리를 구별할 줄 안다고 한다. 돌고래는 아마도 배를 눈으로 알아볼 뿐만 아니라 평소 배에 탄 사람들의 얼굴까지도 알아볼 것이다. 어쩌면 우리 얼굴이 낯설다는 것까지 알아볼 것이다. 여러 마리가 우리를 더 자세히 보기 위해 정찰 도약을 하는 것이 눈에 띄었다.

그들이 어찌나 대담한지 놀라지 않을 수 없었다. 돌고래에 동결낙인을 찍거나 발신기를 달기 위해서는 이들을 그물로 잡아야만 한다. 그리고 25분쯤 물 밖으로 꺼내 약간의 외과 수술을 해야 한다. 그 과정에서 돌고래가 죽은 적은 한 번도 없었다고 베라가 말했다. 그러나 분명 돌고래에게 고통스럽고 무서운 경험일 것이다. 연구자들에게도 무섭고 위험한 일이다. 돌고래는 수위가 낮은 건기에 더 쉽게 붙잡을 수 있다. 그러나 건기에는 피라냐가 잔뜩 몰려 있기도 하다. "감히 물속에 뛰어들 사람은 없어요!" 베라가 한 말이다.

게다가 커다란 수컷 돌고래에게만 등지느러미에 발신기를 달 수 있는데, 수컷은 자기방어를 위해 사람을 물 수도 있다. 갑옷메기를 바스러뜨릴 만큼 강한 130개의 이빨이 난 수컷 돌고래는 상어 못지않게 위험하다. 베라는 앞서 마나우스에 있을 때 우리에게 이렇게 말했다. "수컷은 턱이 놀랍도록 억세요. 널빤지 두 장이 한꺼번에 박살나는 것 같죠." 그녀는 밴쿠버동물원장 남편을 둔 시어머니의 가르침을 받아 나일론 스타킹으로 주둥이를 묶는 방법을 배웠다. 그런데 보투는 주둥이가 묶여 있어도 여간 억세지 않았다. 한번은 사로잡힌 수컷이 유연한 목으로 주둥이를 휘둘러 베라의 머리를 후려쳤다. 베라는 나동그라졌다. 두개골이 으스러지지 않은 것만으로도 다행이라 여겼지만, 몇 주가 지나도록 얼굴에 든 멍이 풀리지 않았다.

베라는 돌고래에게 발신기를 달거나 동결낙인을 찍은 뒤 이들을 곧바로 뒤쫓지 않고 2~3주쯤 기다린다. 그 후 돌고래를 찾아 나서면, 돌고래는 예전처럼 그녀에게 대담하게 다가온다. 베라가 머리에 상처를 입은 후에도 서슴없이 돌고래들에게 다가간 것과 마찬가지다. 가끔 8자를 그리면서 배를 몰면 보투가 올 때도 있다고 했다. "그러면 아주 가까이 다가와서, 배 뒤를 따르면서 30분쯤 같이 놀아줄 거예요. 호수에서 할 만한 놀이죠." 그녀가 말했다.

돌고래는 왜 위험한 인간과 함께 놀려는 걸까? 인간이 아니어도 같이 놀 상대는 많다. 청소솔을 장난감으로 사용하거나 거품을 일으키며 노는 뒤스부르크동물원의 돌고래들처럼 야생 돌고래들도 장난감을 가지고 논다. 강돌고래가 강거북을 공처럼 공중으로 던져 올리는 놀이를 하는 모습을 보았다는 목격자도 있다. 그런데 왜 굳이 인간과 함께 놀려고 할까? 아마도 껍데기 속에 숨는 거북이나 장난감과 달리 인간은 진정으로 **함께**, 그리고 예기치 않은 방식으로 놀아주기 때문일 것이다. 이런 놀이를 통해 상호작용을 하며 각자의 호기심을 충족시킨다.

배를 둘러싼 보투들은 분명 우리와 마찬가지로 상대에게 호기심을 품고 있었다. 우리에게도 호기심이 있다는 것을 아는 걸까? 몇 년 전에 만난 적이 있는 대서양큰돌고래는 아는 것 같았다. 나는 잡지사의 원고 청탁을 받아 호놀룰루에 있는 케알로베이슨해양포유류연구소에 방문한 적이 있었다. 그곳 연구자들은 돌고래가 상징과 소리를 이용한 인공 언어를 이해할 수 있는지 시험하고 있었다.(이제 연구자들은 돌고래가 낱말과 문맥을 이해할 수 있다고 단언한다.) 거기서 나는 뜻밖에도 처음 만난 돌고래에게 환영을 받았다. 열네 살짜리 암컷 돌고래 한 마리의 이름은 하와이 말로 '지혜를 사랑하는 자'를 뜻하는 아키카마이였는데, 우리가 오른손을 흔들자 놀랍게도 아키카마이는 거울상처럼 가슴지느러미를 흔들었다. 나는 아쿠아리움 유리벽을 향해 다리 하나를 번쩍 들어올렸다. 그러자 돌고래도 응답하듯 꼬리를 들어올렸다. 내가 수족관 위에 올라서자, 아키카마이와 암컷 친구인 피닉스가 물 밖으로 나와 꼬리로 바닥을 짚고 턱을 난간에 걸친 채 나처럼 직립 자세를 취했다. 나는 이것이 일종의 대화라는 것을 깨달았다. '나 좀 봐! **나** 여기 있어!' 그저 이 정도의 간단한 의사소통이었을 수도 있다. 그러나 내 동작을 흉내 내 반응한 것으로 미뤄보면, 뭔가를 더 깊이 이해하고 있을 수도 있었다. 우리의 몸뚱이가 현격하게 달라 보이긴 하지만, 그래도 뭔가 동일한 것을 공유하고 있음을 인식했을 수 있다. 인간과 돌고래가 9000만 년 전에 공통 조상에서 갈라져 나온 사이라는 것을 인식했을지도 모른다. 돌고래와 고래의 가슴지느러미에는 우리처럼 다섯 손가락이 있다. 그리고 우리와 그들이 모두 세계를 즐기고 있으며 세계를 비슷하게 이해하고 있다는 생각이 그들 머릿속에 담겨 있는지도 모른다.

보투들은 45분 동안 우리를 에워싸고 있었다. 우리는 그들을 135회 목격했다. 서로 각자의 길을 가기 전에 그들 또한 우리를 그만큼 목격했을 것이다. 우리는 발신기를 단 돌고래를 찾기만 바라며 계속 보카로 향했다. 아직 이른 아침이었지만, 살갗에 쪼이는 볕이 벌써 뜨거웠고, 공중에는 아지랑이가 일렁였다. 다이앤은 캘리포니아에서 태운 살갗을 더욱 태우려고 반바지 밑단을 말아 올리고 소매도 걷어붙였다. 나는 긴 팔 셔츠로 가린 살갗조차 타오르는 것 같았다. 고무 이어폰을 낀 귓속에는 땀이 흥건했다. 나는 물음표를 그리듯 안테나를 천천히 돌리며 응답에 귀를 기울였다. 아직 아무런 신호도 잡히지 않았다.

그러나 10분이 지나지 않아 새로운 돌고래들에게 에워싸였다. 회색과 분홍색이 섞인 돌고래, 진한 회색 돌고래, 등에 분홍 줄무늬가 있는 아주 커다란 돌고래, 좀 더 작은 여러 회색 돌고래, 진한 회색의 어린 돌고래가 보였다. "마이스 케 데스(Mais que dez, 열 마리도 넘어요)!" 안토니우가 외쳤다. 믿을 수 없을 정도였다. 전에는 이토록 짧은 시간에 이토록 많은 두 무리의 돌고래를 본 적이 없었다. 연구자들도 이런 현상을 보고한 적이 없었다. 문헌에 따르면, 강돌고래는 보통 혼자 혹은 어미와 새끼 두 마리만 함께 돌아다닌다고 한다. 무리를 지은 돌고래를 보았다는 연구 보고서는 하나밖에 없었다. 베네수엘라 아푸레강에 사는 보투를 연구한 보고서로, 주로 두 마리에서 일곱 마리 사이의 보투가 무리 지어 있는 것을 관찰했다.

다시 30분이 지나지 않아 더 많은 돌고래와 마주쳤다. 적어도 열다섯 마리는 되는 것 같았다. 맨 처음 만난 돌고래가 이 무리에 섞여 있다는 것을 알아볼 수 있었다. 처음에는 우리가 그들 뒤를 따라가고 있었는데, 지금은 그들이 우리 뒤를 따라왔다.

우리가 그들을 보러 왔다는 것을 아는 게 아닐까? 암컷 돌고래인 아키카마이에게 통했듯이 그들에게도 통할 어떤 환영의 몸짓을 하고 싶었다. 그러나 손을 흔드는 것은 마땅치 않아 보였다. 나는 뱃전을 두드렸다. 그들이 응답하듯 물 위로 솟아오를지도 모른다는 생각이 들었다. "저게 뭐지? 저것 좀 봐!" 놀랍게도 그들은 내 말에 소리로 응답했다. 큰 기포를 뿜어내며 우렁찬 파열음을 낸 것이다. 나는 다시 뱃전을 두드렸고, 우리의 대화는 계속 이어졌다. 우리는 5분 동안 여섯 번에 걸쳐 기포 파열음을 들었다. 우리는 그것을 '기포폭탄'이라고 명명했다. 이 기포는 페루의 달밤에 카누 둘레에서 돌고래들이 빚어내던 진주 그물 같은 기포와 사뭇 달랐다.

훗날 우리는 유리벽으로 된 아쿠아리움의 맑은 물속에서 지내는 나이 많은 수컷 돌고래 처클스가 보카에서 본 것과 비슷한 기포폭탄을 빚어내는 모습을 목격했다. 피츠버그동물원에 있는 이 돌고래는 북아메리카 아쿠아리움 전체를 통틀어 유일한 보투였다. 뒤스부르크동물원에서 볼프강 게발트가 목격한 기포는 입 언저리에서 내뿜는 섬세한 기포였다. 반면에 처클스의 기포폭탄은 쩍 벌린 주둥이 중앙으로 힘차게 내뿜는 거창한 트림과도 같았다. 뒤스부르크 돌고래들은 놀이용으로 기포를 만들어냈는데, 처클스가 일으킨 기포 트림은 분명 목적이 달랐다. 그건 반응을 불러일으키기 위해서였다. 어쩌면 인간과 대화하기 위한 것일 수도 있다. 관람객들은 항상 반응을 보였다. 기포폭탄 소리를 들은 아이들은 자지러지게 비명을 지르거나 웃어대거나 발을 굴렀고, 어른들 역시 탄성을 질렀다. 처클스에게는 관람객들이 있는 바깥이야말로 '동물원'인 셈이었다. 그는 흥미로운 구경거리를 만들기 위해 동물들을 자극하길 즐기는 것처럼 보였다.

야생 보투들이 우리에게 기포폭탄을 던질 때마다 나는 여간 즐겁지 않았다. 그러나 다이앤은 그리 즐거워하지 않았다. 그녀는 필사적으로 사진을 찍으려고 했는데, 얻은 게 기포뿐이었기 때문이다. "저것들이 날 가지고 놀고 있어. 게다가 이젠 웃기까지 해." 돌고래들은 정말로 웃고 있는 것 같았다.

고래류는 익살을 즐길 줄 아는 것 같다. 몇 년 전 시카고 존셰드아쿠아리움의 돌고래 수조 옆에 살던 벨루가에 대한 이야기가 떠올랐다. 과학자들은 실험을 위해 돌고래를 훈련하고 있었다. '크리'라는 이름의 낫돌고래가 주둥이에 고리를 끼우고 멈춰 있다가, 저주파 호루라기 소리가 들리면 물속으로 멀찌감치 사라지게 하는 훈련이었다. 처음 훈련은 성공적이었다. 그러다 어느 날 갑자기 크리가 일탈 행동을 보이자 연구자들은 당황했다. 알고 보니 옆 수조에 살던 벨루가 때문이었다. 탁월한 모방꾼인 벨루가가 호루라기의 저주파음을 똑같이 흉내 내서 크리에게 혼동을 일으켰던 것이다. 실험은 엉망이 되고 말았다. "옆 수조에서 벨루가가 키득거리는 모습이 보이는 것 같죠." 조련사가 말했다.

여섯 번의 기포폭탄 후, 돌고래들은 평소처럼 다시 숨바꼭질 놀이를 시작했다. 한 마리가 솟아오르거나 숨을 내뿜은 뒤, 우리가 휙 돌아보면 어느새 종적이 묘연했다. 그러다 또 한 마리가 반대쪽에서 솟아올랐고, 그 모습을 발견한 사람이 "저기야!" 하고 외쳤다. 그러면 또 어느새 물속으로 종적을 감추었다. 마치 어릴 적 수영장에서 하던 놀이를 연상시켰다. 한 아이가 눈을 감고 외친다. "마르코!" 그러면 다른 아이들이 "폴로!" 하고 외친다. 마르코는 눈을 감은 채, "폴로"라고 외치고 달아나는 아이들을 쫓아가 잡으려고 한다. 다이빙을 하고 숨을 내뿜는 보투들이 그런

마르코 폴로 놀이를 하고 있었다. 우리는 술래였다.

물론 우리는 숨바꼭질을 하려고 온 것이 아니었다. 우리는 원격계측기로 "너 어디 있니?" 묻고, "나 여기 있어." 하고 답하는 전자 발신음을 찾을 계획이었다. 그러나 나는 계측기를 내려놓고 이어폰도 뽑아놓은 채 숨바꼭질 놀이에 몰두했다. 나는 이 놀이에 넋을 잃은 채, 다만 그들의 동작에 모든 감각을 집중했다. 젖은 피부에 맞닿아 미끄러지는 젖은 피부, 공기의 입맞춤, 휘어진 등에 부딪는 바람과 햇살, 시원한 물의 포옹……. 그들은 거듭 솟아오르고 잠수하며 시간도 몸무게도 잊어버린 채 물과 공기 사이로 미끄러졌다. 이야기 속에서 보투가 인간의 연인으로 등장하는 것도 이상할 게 없다. 그들은 연인들이 서로 몸을 섞듯 대자연의 원소와 몸을 섞으며 미끄러져 간다. 그들은 허기진 듯 아련히 기쁨의 문지방을 넘나든다. 그동안 나에겐 햇살이 쏟아지고, 꿀물 같은 땀이 흘러 머리를 적시고, 브래지어를 적시고, 셔츠와 양말과 신발을 적셨다. 눈으로, 입으로, 귀로도 땀이 흘러들었다. 그러나 돌고래들이 떠날 때까지 나는 전혀 의식하지 못했다. 돌고래가 우리 곁을 떠나자 허기진 사람처럼 입에 침이 고였고, 눈물이 북받쳤다.

아침마다, 그리고 오후에도 돌고래 무리가 우리 배를 둘러쌌다. 마치 포옹을 하려는 듯 우리에게 달려와, 이리저리 헤엄을 치고 다이빙을 하고 다시 수면에 떠오르며 숨바꼭질을 했다. 그때마다 우리는 시간을 잊어버렸다. 다이앤은 사진을 찍지 못했고, 나는 원격계측기 신호를 포착하지 못했다. 하지만 우리는 물이 활짝 열린 듯한 느낌을 받았다. 활짝 열린 물은 우리를 송두리째 삼켜버렸다.

돌고래 가운데 진한 회색 돌고래 하나가 우리 배에 바짝 다가왔다. 나는 그 돌고래를 만져볼 수 있었다. 돌고래는 정수리 숨구멍을 열어 보였다. 나는 숨구멍을 빤히 굽어보았다. 친밀하고 신비한 생명의 심연을 굽어보며 나는 돌고래의 축축한 숨을 들이마셨다.

이튿날 오전 11시에 우리는 보카에서 미리암과 안드레아를 만날 예정이었다. 이날 아침, 우리는 다시 원격계측기로 탐색을 했다. 다시 많은 돌고래를 만났지만, 전자의 입맞춤으로 안테나에 응답하는 돌고래는 없었다.

우리는 조아킹의 수상가옥에서 기다렸지만, 오후 1시가 되어도 미리암과 안드레아가 나타나지 않았다. 우리가 장소와 시간을 잘못 안 게 아닐까? 아니면 그 친구들에게 무슨 문제가 생긴 걸까? 그들이 약속을 잊었을까? 무슨 이유 때문인지 알 수 없었다. 우리는 그저 물 위에 뜬 채 세상과 단절된 기분에 잠겨 마냥 기다렸다.

1시 45분에 쾌속정이 도착했다. 로니스였다. "다이애나 왕세자비 알아요? 다이애나가 죽었대요."[♠] 그가 말했다. 그러고는 "담배 있어요?" 하고 물었다.

♠ 다이애나 스펜서는 찰스 왕세자와 이혼한 지 1년 만인 1997년 8월 말 교통사고로 사망했다.—옮긴이

다이앤이 소식을 들은 대가로 뉴포트 담배 한 갑을 건네주었다. 로니스는 알고 있는 영어 낱말이 다 떨어지자 이내 훌쩍 떠났다.

2시가 지난 후 미리암과 안드레아가 우아카리호라는 큼직한 집배를 타고 왔다. 그들은 우리를 북쪽 자라우아로 데려가기 전에 할 일이 있었다. 새 가스냉장고를 로니스와 바버라 부부에게 배달해야 했고, 좌초한 수상 수신탑을 손봐야 했다. 가는 길에 다이앤과 안드레아, 미리암과 나는 우아카리호의 노란 지붕에 앉아 있었다. 미리암과 나는 계측 장비를 들고 돌고래와 매너티를 찾았다.

“전에 우리는 분홍돌고래가 이주한다고 생각했어요. 매너티는 이주하지 않고요.” 수신 범위를 늘리기 위해 내가 장대에 달린 안테나를 높이 쳐들고 있는 동안 미리암이 말했다. “그런데 반대로 매너티가 이주를 했어요. 그들의 여행 범위는 상당히 넓은 것으로 밝혀졌답니다.”

다이앤과 내가 계속 돌고래를 찾는 동안, 미리암은 매너티 연구에 대한 얘기를 들려주었다. 그녀가 원격계측을 시작한 것은 1994년이었다. 이제까지 그녀는 매너티 여섯 마리의 노 모양 꼬리에 무선 발신기를 벨트로 묶어 달아놓았다. 그러자 마미라우아의 매너티가 보호구역 밖으로 100킬로미터 이상 이주한다는 사실을 알아냈다. 매너티는 건기가 시작될 때 보호구역을 떠나기 시작한다. 그래서 지금은 이동 중이었다. 하지만 한꺼번에 떠나지 않는다. 매너티는 원래 혼자 사는 동물이다. 이주할 때에도 저마다 다른 시간에 다른 길, 다른 곳으로 혼자 떠난다. 같은 매너티라도 해가 바뀌면 다른 곳으로 떠나기도 한다. 미리암이 연구 중인 매너티 가운데 '제타보카Zé Taboca'라는 이름의 수컷이 한 번은 술리몽이스강에서, 또 한 번은 마미라우아호에서 건기를 보냈다. "참 묘해요." 미리암이 말했다. "그들은 술리몽이스강 상류에서 6개월을 보낸 후, 두 달은 위험한 배와 어부들이 북적거리는 곳에서 보내요. 보통은 수줍음을 많이 타는 것으로 알려졌는데 말예요." 그들은 언제 떠나야 하는지 어떻게 아는 걸까? 어디로 가야 할지 어떻게 결정하고, 거기에서는 뭘 하는 걸까? 그걸 아는 사람은 아직 아무도 없다. 그러나 이주할 만한 이유가 있다는 것은 분명하다. 미리암이 말했다. "2주일 전에 우리가 그들을 뒤쫓고 있을 때였어요. 건기라서 물이 줄어들고 있었는데, 갑자기 수위가 **높아**졌어요. 그때 매너티가 이동을 했답니다. 매너티는 그걸 사람보다 먼저 알아차렸어요."

하지만 사람들은 일반적으로 매너티가 그리 영리하지 못하다고 생각한다. "사람들은 그들을 백치라고 생각하죠. 그저 굼뜨다는 이유만으로 말예요." 미리암이 고개를 내저으며 말했다.

오래전 매너티 뇌를 해부해본 연구자들은 덩치가 크고 유순한 이 동물을 바보로 단정 지었다. 뇌가 몸 크기에 비해 상대적으로 작았고, 주름이 없이 아주 매끄러웠다. 사고 능력이 클수록 뇌도 크고 주름이 많다. 그러나 뇌가 왜 그래야만 하는지 아무도 그 이유를 안다고 확언하지 못한다. 전자공학을 통해 알게 되었듯이, 뇌를 비롯한 그 무엇이든 축소할 수 있기 때문이다. "과학자들은 내심 기대한 것을 발견하는 경향이 있어요." 미리암이 말했다. 그녀는 플로리다대학교의 연구원인 로버트 리프와 아는 사이인데, 로버트는 매너티의 뇌를 다르게 해석했다. 인간의 경우 사고와 관계되는 부위인 대뇌피질에 해당하는 매너티의 뇌가 상대적으로 크다는 것에 주목한 것이다. 사실상 그것은 영장류의 뇌에 견줄 만했다. 매너티의 뇌는 박쥐 같은 포유류에 비해 월등히 많은 부분이 대뇌피질로 이루어져 있다.

"그 모든 호수와 지류를 찾아내려면, 그리고 언제 물이 줄어드는지, 언제 떠나야 하는지 알아내려면, 매너티는 사람들이 생각하는 것보다 훨씬 더 지적이어야 해요." 우리가 계속 돌고래를 찾는 동안 미리암이 말했다. 마미라우아에 도착했을 때 미리암은 매너티가 조심성이 많다고 말했다. "그들을 잡기는 어려워요. 눈 깜짝할 사이에, 혹은 한숨 돌리는 사이에 슬그머니 사라져버린다고 어부들이 말하더군요." 미리암은 매너티가 사람들을 피하는 방법을 알고 있다고 믿는다. 20세기 미국에서 비버가 사냥꾼에 맞서서 그랬듯이, 매너티가 점점 야행성으로 변했다고 믿는 것이다. 매너티가 야행성일 줄은 아무도 예상치 못한 일이었다. 하지만 아마존의 창이라고 할 수 있는 마미라우아에서는 사실과 예상이 좀처럼 일치하지 않는다.

"여기서는 우리가 알던 여러 주제에 대한 이론들이 사실이기만 한 것은 아녜요." 우리가 계측기를 미리암에게 건네주고 대화를 계속할 때, 안드레아가 사려 깊게 덧붙여 말했다. 예를 들어

작년 건기 때, 안드레아는 과학 문헌에 기록된 적이 없는 사건을 목격했다. 그 사건을 믿을 만한 사람은 아무도 없었다.

안드레아도 베라나 미리암처럼 자유분방한 여성이었다. 입술이 두툼하고 검은 머리칼을 길게 기른 이 건강한 30세 여성은 산림 연구를 천직으로 택해 가족을 놀라게 했다. 석사 논문 주제로 선택한 것은 홍수림에 흩어져 퍼지는 씨앗의 복잡한 메커니즘이었다. 이런 논문을 쓰려면 하루에 열 시간씩, 10~15일 내내 과일나무 아래 꼼짝 않고 앉아 있어야 했다. 그러고는 잘 익어서 물에 떨어진 과일을 어떤 동물이 먹어치우는지 관찰해야 했다. 어느 날 자라우아 강변에서 갈색 꼬리감은원숭이 떼를 지켜보고 있을 때였다. 놀랍게도 원숭이들은 맨손으로 물고기를 잡아 올렸다. 대부분의 영장류학자들은 신대륙원숭이가 물고기를 먹지 않는다고 믿는다. 간혹 죽은 물고기를 먹을 뿐이라고 생각한다. 원숭이가 능동적으로 물고기를 잡아먹는다는 사실을 기록한 학자는 아무도 없었다.

"마미라우아가 특별한 이유도 바로 그래서일 거예요." 안드레아가 열띤 목소리로 말을 이었다. "그럴 리가 없다고 생각한 일들을 여기서는 늘 목격하게 돼요. 여기서는 그게 **가능**한 거죠."

다른 사례도 있을까? 안드레아의 대답을 듣고 나는 깜짝 놀랐다. "과거에 우리는 보호구역 안에 사람들을 살게 하면 안 된다고 생각했어요. 그러나 이제는 살게 해도 되지 않을까요? 과연 가능할지 아직 우리도 모르지만, 가능성을 찾아볼 만하지 않겠어요?"

그 많은 불가능한 일들이 실현되는 이곳에서, 그녀와 미리암, 마르시우와 로니스는 새로운 기적을 꿈꾼다. 오늘날 사람들이 홍수림을 파괴하지 않고 홍수림에 사는 방법을 재발견하길 꿈꾸는 것이다. 나아가 그 사람들이 홍수림을 적극 보호하길 꿈꾼다.

보투와 매너티를 찾으며 나아가는 동안, 이곳 사람들의 정착지를 지나쳤다. 탐시야쿠와 마찬가지로, 카보클로라고 불리는 이곳 사람들은 인디헤나와 포르투갈인의 혼혈이다. 그들은 단순하게 살아간다. 집은 대부분 나무로 지었고, 양철 지붕을 올렸다. 방은 세 개뿐이고, 등유로 불을 밝힌다. 번듯한 수상가옥에 사는 가족이 일부 있지만, 대개는 기둥집에 산다. 수위가 아주 높아지면 바닥을 높여버린다. 닭이나 돼지 같은 가축을 기르는 사람들은 마림바라고 불리는 수상 우리를 짓거나 동물을 집 안에 들여 같이 살기도 한다. 흔히 온 가족이 한 침실에서 자고, 자녀 수는 평균 다섯 명이다. 한 세대의 연평균 수입은 약 900달러인데, 주로 소금과 설탕, 식용유, 분유, 비누 따위를 사는 데 쓴다. 하지만 지금은 적잖은 가족이 텔레비전을 갖고 있다. 마을 발전기나 태양열 발전기로 드문드문 만들어낸 전기로 텔레비전을 켜서, 영국 왕세자비의 죽음과 외국에서 벌어진 전쟁, 멋진 의류와 반짝이는 새 가전제품에 대한 소식을 듣는다.

이들은 전통적 환경운동가conservationist들이 문젯거리로 여기는 사람들이다. 보통의 경우 새 보호구역을 설정하는 첫 단계는 주민들을 밖으로 내보내는 것이다. 적어도 경계선이나 완충 지역으로 내몬다. 그러나 마미라우아는 그런 전통을 거부했다. 이 보호구역을 설정한 사람들은 주민들이 숲속에 살면서 지킴이가 되어주기를 바란 것이다.

그런데 이곳 사람들은 연방법으로 금지된 매너티 사냥을 한다. 멸종 위기에 이른 거북도 잡아먹는다. 보호구역의 물길에서 낚시를 하고 벌목도 한다. 그런데 그 모든 활동은 마미라우아 관리계획에 따라 허용된 것이다. 마미라우아의 풍요가 자신들의 것이라는 점을 주민들이 이해하기만 하면, 이 광대한 바다 같은 숲—그 안의 매너티, 돌고래, 물고기, 거북, 재목—을 주민들이 연방 경비원들보다 잘 보호할 거라는 이유에서다.

브라질 정부는 경비원 두 명을 배치해 마미라우아의 광대한 물길을 순찰시켰다. 한 경비원이 약 3600제곱킬로미터의 지역을 순찰하는데, 브라질의 여느 공원보다 넓은 지역을 담당한다고 미리암이 말했다. 그런데 경비원들은 마나우스는 물론이고 멀리 콜롬비아에서까지 몰려드는 어부들의 상업적 어로 행위를 막을 힘이 없다. 언젠가는 외지 어부들이 호수 한 곳에서 같은 계절 동안에만 80톤의 물고기를 잡았는데, 탐바키 외에는 모두 내다버렸다. 마미라우아 주민의 3분의 1이 1년 동안 먹을 수 있는 물고기를 버린 것이다.

격노한 주민들은 불법 침입자들을 축출하기 위해 마미라우아 계획 담당자들의 도움을 받아 지역 순찰대를 조직했다. 순찰 첫해인 1993년, 보호구역에서 잡아 테페에서 파는 물고기 양이 반으로 줄어들었다. 이 계획에 자금을 지원한 해외개발본부의

1996년 보고에 따르면, "마나우스와 마나카푸루의 어부들이 보호구역 호수에 침입하는 사례는 사실상 사라졌다. 지역 공동체가 책임지고 호수를 감시하는 방식에 효과가 있는 것으로 입증되었다."

뒤이어 총 53곳에 이르는 마미라우아 정착지의 대표자들이 모인 총회에서는 지역 호수를 보호하기 위한 계획을 세웠다. 일부는 엄격히 보호하는 한편, 다른 몇몇 호수에서는 생계를 위한 어업만 허용했다. 그 밖의 호수들에서는 아직 주민들의 상업적 어업을 허용하고 있다. 벌목도 마찬가지로 금지되었다. 긴 강둑의 나무들은 커다랗게 자랄 수 있도록 벌목이 전면 금지되었다. 기타 지역의 벌목은 우기에만 허용된다. 우기에는 물길로 쉽게 나무를 운반할 수 있어서 땅에 상처를 거의 남기지 않기 때문이다. 벌목 지역은 구역으로 나뉘어 있고, 30년에 한 번씩만 벌목이 허용된다. 탐시야쿠타후아요 공동 보호구역과 유사하게, 주민들은 농림 계획에 따라 일자리를 얻을 수 있다.

그러나 지역 공동체가 합의한 것과 실제로 이뤄지는 것이 항상 일치하지는 않는다. 우리가 자라우아로 가고 있는 것도 그래서였다. 안드레아가 거기서 벌목꾼들과 나눌 얘기가 있었다. 그는 어떤 나무를 얼마나 베어냈는지를 정확히 파악하고자 했다. 실제로 이뤄지고 있는 일을 연구자들이 정확히 문서화하는 것은 아주 중요하다고 안드레아는 강조했다. 그러려면 사람들이 그녀를 믿어야 한다. "우리가 연구를 시작한 1993년에만 해도 이 분들은 대화하길 꺼렸어요. 우리가 그들을 감시한다고 생각했거든요." 안드레아가 말했다. 잘못된 소문이 퍼져서, 어떤 사람들은 연구자들이 정부의 돈을 받는 비밀경찰이라고 생각했다. 벌목꾼들을 감시해서 처벌하려는 사람들이라고 오해한 것이다. 또 어떤 사람들은 과학자들이 모든 물고기를 영국에 팔아치우려는 무리라고 믿었다. 과학자들이 자료를 이용해 보호구역에서의 모든 벌목을 불법화할 거라고 두려워한 사람도 많았다. 마미라우아 거주자들 가운데 다수는 벌목을 하지 않고는 살아갈 길이 없었다. 안드레아는 그런 사실을 잘 이해하고 있었다.

"5월에서 7월까지는 모든 땅이 물에 잠겨 있어서 농사를 지을 수 없어요. 물고기가 숲으로 흩어져 있어서 고기잡이도 어렵고요. 그러니 벌목이 중요한 경제활동이에요. 우리는 그들이 경제활동을 계속할 방법을 찾고 있답니다." 안드레아가 설명했다.

주민들은 도끼로 벌목을 한다. 마을에서 가장 부유한 사람만 전기톱을 갖고 있다. "다들 전기톱을 갖고 싶어 하죠." 안드레아가 말했다. 도끼가 아닌 전기톱으로 나무를 베는 것은 이곳 사람들에게 거의 꿈이나 다름없다. 하지만 도끼만으로도 숲을 황폐화시킬 수 있다. 뉴잉글랜드의 숲도 결국 도끼질로 파괴되었다. 이곳 마미라우아의 커다란 케이폭나무는 워낙 크게 자라서 한때 합판용으로 인기가 아주 높았다. "그건 가장 큰 나무에 속했는데, 이제는 해가 갈수록 점점 더 보기 어려워요." 안드레아가 말했다.

"노인들과 애기를 나눠보면, 옛날에 커다란 거북과 대형 피라루쿠를 보았다는 말을 하곤 하지요. 근데 이제는 볼 수가 없어요. 노인들도 우리처럼 멸종을 걱정한답니다. 하지만 어째야 좋을지……."

보호계획은 국제적 관심을 끌었고 많은 기금도 조성되었다. 뉴욕의 야생동물보호협회Wildlife Conservation Society는 1980년에 430만 달러의 보호구역 설정 기금을 조성했다. 지금은 그뿐만 아니라 국제환경보존협회Conservation International, 세계자연기금Wild Wide Fund for Nature, 열대우림동맹Rainforest Alliance, 지구의 벗Friends of the Earth 등과 같은 중요 단체의 지원을 받고 있다. 옥스퍼드대학교와 케임브리지대학교에서는 최고의 과학자들을 이곳에 보냈다. 마미라우아는 유네스코의 '인간과 생물권 프로그램'에 따라 미래의 생물권 보호구역으로 제안돼 왔다. 브라질 최초의 지속 가능한 개발 보호구역인 마미라우아는 아마존 전역에 유사한 보호구역을 설정할 수 있는 법적 기틀을 제공한다. "많은 사람들이 우리를 지켜보고 있어요." 미리암이 1994년 《사이언스》 기자에게 한 말이다. "이 계획이 유효한 것으로 입증되면, 이 기법의 일부가 널리 유포될 거예요."

그러나 아직은 회의적인 부분이 많다. 마이클 굴딩도 미리암을 취재했던 《사이언스》 기자와 인터뷰를 했는데, 결국은 지역민들도 외지인들처럼 과도한 벌목과 고기잡이를 하게 될 거라고 회의적으로 예견했다. 인간의 탐욕은 석유와 황금과 다이아몬드 같은 거창한 것만을 갈망하는 게 아니다. 더러는 그저 전기톱 하나만을 바라기도 한다. 더러는 그저 텔레비전 한 대, 카누용 모터 하나, 혹은 카사바에 섞어 넣을 약간의 살코기를 선망할 수도 있다. 탐욕은 선한 인간에게 매너티를 딱 한 마리만 더 잡으라고 부추기고, 이웃 사람보다 두어 그루만 더 벌목하라고 채근한다. 시장에 지구의 모든 산물이 널려 있고, 인터넷을 통해 전 세계의 제품을 사들일 수 있는 우리가 그런 사람들을 비난하는 것은 주제넘은 짓이 아닐 수 없다.

"매너티를 바라보면 너무나 아름다운데, 주민들이 그런 생물을 어떻게 죽일 수 있나 싶어요. 하지만 이곳에 살면서 날마다 한 가지 음식만 먹다 보면 이해가 되기 시작해요." 안드레아가 말했다. "이곳 사람들은 여기서 사는 것을 좋아해요. 그런데 그들은 모든 세상이 이곳과 같은 줄 알아요."

우리는 다음날 정오에 자라우아에 도착했다. 자라우아는 화분 정원이 있는 수상가옥과 작은 기둥집들로 이루어진 아담한 마을이다. 한 기둥집 창턱에는 초록빛의 밀리앵무새가 앉아 있고, 지붕에는 위성 접시안테나가 얹혀 있었다. 온종일 소름끼치는 울음소리를 내는 뿔떠들썩오리가 수면에서 뒤룩뒤룩한 몸을 띄워 올려 무겁게 나무 꼭대기로 날아가며 "후웁! 후웁! 요익-요익-요익!" 울어댔다. 앵무새들이 하늘을 가로지르며 화사한 빛을 내뿜었고, 태양은 망치로 금박을 박듯 내리쪼았다.

이제 한나절만 더 지나면 원격계측기를 미리암에게 돌려줘야 했다. 우리는 지난 이틀 동안 많은 돌고래를 보았다. 그러나 무선 발신기를 단 돌고래는 찾지 못했다. 초원지대 근처에 있는 피라라라 마을 위쪽에서 미리암은 곧잘 매너티를 보았다는데, 우리도 거기서 물고기를 잡고 있는 보투 두 마리를 관찰할 수 있었다. 투쿠시도 여섯 마리나 눈에 띄었다. 물에 떠다니는 수상 수신탑을 끌고 강 한복판으로 나아갈 때는 보투 세 마리가 찾아와 우리를 관찰했다. 보투는 또 30미터쯤 거리를 두고 정탐 도약을 하며 우리가 로니스의 냉장고를 배달하는 모습을 지켜보았다. 작은 물고기들이 수면에 몰려 있는 합수머리에서는 다섯 마리의 보투가 함께 있는 모습이 눈에 띄었다. 하지만 대개 우리는 보투 한 마리가 홀로 얕은 물에 있는 것을 보았다. 투쿠시는 더 깊은 곳을 좋아했다. 우아카리호를 타고 보카를 떠나 시속 10킬로미터 속도로 꾸준히 나아가는 동안 우리가 목격한 보투는 30마리쯤 되었다. 나는 원격계측기의 침묵에 귀를 기울이며 교훈을 하나 얻었다. 아마존에서는 기대한 답을 얻을 수 없다.

안드레아와 다이앤은 쾌속정을 타고 하류로 내려가 마을 사람들과 얘기를 나누었다. 미리암과 나는 뭍으로 왔다. 부둣가에 있는 거북 연구자 아우구스토 테란의 연구실에 방문하기 위해서였다. 아우쿠스토는 아담하지만 정열적인 페루인으로, 박사 논문을 쓰기 위해 여기서 민물 거북을 연구하고 있었다. 아우구스토는 전날 밤 그물로 52마리의 거북을 잡아 인식표를 달았다고 포르투갈어로 말했고, 미리암이 통역을 해주었다. 그는 물길을 가로질러 그물을 쳐둔다. 가장 깊은 곳에 그물을 쳐두면 카이만이 잡히는 일이 없다. 그는 거북이 죽지 않도록 네 시간마다 그물을 건져 올린다. 이 파충류는 여섯 시간에 한번씩 공기호흡을 하기 때문이다. 무엇보다 위험한 것은 피라냐다. 아우구스토는 열정적으로 검은 눈을 반짝이며 이 지역에서 발견된 여섯 종의 거북 등딱지를 우리에게 보여주었다. 가장 큰 거북은 큰가로목거북과 세 종으로, 개리와 내가 돈 호르헤에게서 구입한 아이와 마찬가지로 목을 옆으로(가로로) 숨기는 종류다.

가장 큰 등딱지는 민물 거북의 것으로 민물 거북치고는 정말 거대했다. 가장 큰 종인 아라우거북은 이곳에서 '타르타루가 다 아마조니아'라고 알려져 있는데, 등딱지 길이가 90센티미터에 이른다. 이 거북류는 나뭇잎과 과일, 씨앗 등을 먹고, 물고기와 새우, 게 따위도 잡아먹는다. 또 죽은 물고기도 먹어 치워서 강을 청소한다고 아우구스토가 설명했다. 아우구스토는 더 작은 두 종 아마존노란점거북(이곳 이름은 트라카자)과 목걸이아마존강거북(이곳 이름은 이아사)의 등딱지도 보여주었다. 그 밖에도 세 종류의 거북이 더 있다. 육지 거북인 자부티, 민물 거북 페레마, 기묘한 가로목거북류인 마타마타가 그것이다. 마타마타는 물속에서 꼼짝 않고 입을 쩍 벌린 채 혀에 붙은 살점을 미끼로 살랑거리며 물고기를 끌어들인다. 하지만 아우구스토가 관심을 두고 있는 거북은 큰가로목거북과다.

아우구스토는 거북을 어떻게 연구하는지 설명해주었다. 우선 새 거북을 잡으면 길이를 재고, 등딱지에 구멍을 내서 숫자가 적힌 작고 노란 플라스틱 인식표를 매단다. 가장 작은 거북은 인식표를 달 수 없어서 꼬리 아래에 소형 전자 인식기를 삽입한다. 그는 이로써 거북의 성장률을 알아낼 수 있었다. 1월에 잡은 거북 한 마리는 298그램이었는데, 9월에 다시 잡았을 때는 440그램으로 늘어나 있었다. 인식표를 달아놓은 거북을 지역민들이 잡으면, 그동안 얼마나 자랐는지 기록할 수 있도록 아우구스토에게 거북을 가져온다. 물론 기록 후 거북을 어부에게 돌려주고, 어부는 거북을 요리해 먹는다. 되돌려주지 않으면 지역민들은 거북을 가져오지 않을 것이다.

지금 우리가 보고 있는 텅 빈 등딱지의 주인들도 모두 그런 운명을 겪었는데, 이들 종은 지금 멸종 위기에 처해 있다. 아우구스토는 가장 거대한 큰가로목거북과인 타르타루가 다 아마조니아가 거의 멸종할 정도로 인간에게 무분별하게 잡아먹혔다고 했다. "그래서 사람들은 다음으로 큰 거북을 노리게 되었어요." 바로 트라카자였다. 이제는 트라카자조차 격감해서 사람들은 다음으로 큰 이아사를 사냥하게 되었고, 지금은 이아사조차 어린 것들만 잡히고 있다. "사람들은 거북 고기라면 환장을 해요." 그가 말했다.

주민들은 거북 이동로에 그물을 친다. 미리암은 거북이 매너티처럼 행동한다고 통역했다. 거북은 매너티처럼 물이 줄어들 때 호수를 떠난다. 큰가로목거북과 수컷은 얕은 물을 좋아한다. 얕은 물은 그물을 치기도 쉬운데, 수컷은 대부분 그런 그물에 잡힌다. 암컷은 훨씬 더 쉽게 잡힌다. 강어귀 모래톱에 알을 낳다가 잡히는 것이다. 거북은 알까지 빼앗긴다. 아우구스토가 최근 발견한 둥지 일곱 곳 가운데 두 곳은 도마뱀에게, 다섯 곳은 인간에게 약탈을 당했다.

더욱 큰 문제는 암컷으로 부화하게 될 알이 더욱 취약하다는 것이다. 다른 파충류 종들과 마찬가지로, 거북의 성별은 알이 부화할 때의 온도에 따라 결정된다. 온도가 높은 곳에서 부화한 알이 암컷이 되는데, 이 알들은 얕게 묻혀 있어서 파내기가 더 쉽다. 그래서 최근 아우구스토가 세어본 결과, 수컷이 암컷보다 여섯 배나 더 많았다.

우리가 얘기를 나누고 있을 때, 한 어부가 연구실로 들어왔다. 어부는 버둥거리는 커다란 트라카자 한 마리를 가져왔다. 아우구스토의 눈빛이 반짝였다. 검은 등딱지를 측정해보니 길이가 45.6센티미터, 무게는 14.0킬로그램이었다. 그가 본 거북 가운데 가장 컸는데, 더구나 암컷이었다.

이렇게 크려면 몇 년이나 살아야 할까? 35년에서 40년은 산 거라고 아우구스토가 답했다. 그러고 보니 내 나이 또래였다. 아우구스토는 거북을 뒤집어놓고, 뒷다리를 벌려 허벅지 사이의 말랑한 부위를 만져보았다.(“쯧쯧, 불쌍한 것!” 미리암이 혀를 찼다. 냄비 속에 들어갈 거북의 운명을 동정한 게 아니라 여성의학 검사를 받는 모습이 딱해 보였던 것이다.) 알이 들어 있을까? 트라카자는 한 번에 45개 이상, 한 계절에 세 번씩 알을 낳을 수 있다고 아우구스토가 말했다. 그러나 알집은 비어 있었다.

최근 어느 날 보름달이 휘영청 밝을 때 모래톱으로 기어 올라가는 거북의 모습이 떠올랐다. 거북은 아마 수천 년 동안 간직해 온 지식의 끈을 붙잡고, 알을 낳기 좋은 곳을 찾아 모래톱 위로 400미터쯤 올라갔을 것이다. 그리고 마침내 모래를 파헤치기 시작했을 것이다. 튼튼한 각질의 뒷다리와 굽은 발로 모래를 날려 보낼 때, 달빛을 받은 모래알이 이슬처럼 반짝였을 것이다. 거북의 회색 눈에는 눈물이 어렸을 것이다. 튀는 모래에 각막이 다치지 않게끔 그런 것이다. 마침내 60센티미터 깊이로 구멍을 판 후, 서늘한 구멍 속에 수십 개의 질기고 완벽한 알을 낳았을 것이다. 그러고는 다시 뒷발로 모래를 긁어 알을 덮고, 마침내 중대한 일을 완수한 거북은 타일처럼 매끈한 배딱지를 모래 위로 미끄러뜨리고, 뒷발톱으로 모래에 S자를 새기며 물속으로 돌아갔을 것이다. 그때 물은 그만큼 부풀어 올랐을 것이다. 몸무게를 잊고 둥실 떠서 자유롭게 노닐다가 어느 날 불운하게 누군가 쳐놓은 그물에 걸렸을 것이다. 그리고 마침내 이곳에 잡혀와 벌렁 뒤집힌 채 거북다운 인내심을 발휘하며 곧 다가올 운명을 기다리게 되었을 것이다.

아우구스토는 포르투갈어로 미리암에게 격정적으로 말하고 있었다. 나는 무슨 말을 하는지 짐작할 수 있었다. 그는 이 거북을 사서 다시 놓아주고 싶어 했다. 물론 그가 지역민들에게 본격적으로 거북을 사들일 수는 없었다. 그랬다가는 거북 판매가 곧 새로운 사업이 되었을지도 모른다. 아우구스토도 미리암도 그 점을 잘 알고 있었다. 그런데도 아우구스토는 이 거북을 꼭 살리고 싶어 했다.

나도 그랬다. 마미라우아에는 거북을 팔아서 돈을 벌 수 있을 만큼 많은 관광객이 찾아오지 않는다. 그러니 내가 아우구스토 대신 거북을 사면 안 될까?

“그래서 무슨 의미가 있겠어요? 이건 고작 한 마리일 뿐이에요. 한 마리를 살린들 무슨 소용이 있겠어요?" 미리암이 말했다.

"하지만 이 거북한테는 아주 뜻깊은 일이잖아요. 그렇다고 내가 보호계획이나 관리계획을 망치려는 건 아니에요. 다른 거북을 위험에 빠뜨리려는 것도 아니고요. 아우구스토는 어떻게 생각하는지 좀 물어봐줘요." 내가 말했다.

미리암이 통역했다. "좋은 생각이라고 말하는군요." 그녀가 말했다.

"미리암, 당신은 어떻게 생각하세요?"

"글쎄요." 그녀는 곰곰 생각했다. "어쩌면 사람들에게 거북을 살려주는 모습을 보여주는 게 환경 보존의 좋은 본보기가 될지도 모르겠네요."

나는 그녀에게 값을 물어봐달라고 부탁했다.

"50헤알은 될 거라네요." 약 50달러였다.

나는 깜짝 놀랐다. 개리와 내가 돈 호르헤에게 큰가로목거북과를 샀을 때에는 5달러도 들지 않았다. 이 어부는 내가 미국인이라고 바가지를 씌우려는 걸까? 그렇지 않다고 미리암이 말했다. 이곳 사람들은 거북 고기를 아주 귀하게 여긴다는 것이다. 아우구스토는 언젠가 거북 한 마리를 프로판가스 큰 통 하나와 바꾸는 것을 본 적이 있었다.

내가 가진 것은 100달러 지폐 한 장과 74헤알뿐이었다. 거북을 사들이면, 나중에 다이앤에게 돈을 빌려야만 브라질에서의 남은 일정을 마칠 수 있을 것이다. 여기서 쾌속정을 모는 데 필요한 기름 값, 테페와 마나우스에서 공항까지 가는 택시 요금, 출국

세, 미국으로 돌아갈 날까지 테페에 머무는 동안의 식대, 여행 기념품 구입 비용까지 포함하면, 잔뜩 빚을 진 채 돌아가게 될 것이다. 나는 이미 빚을 지고 있었다.

우리는 다이앤과 안드레아가 마을에서 돌아오길 기다렸다.

"남은 돈을 털어서 거북 한 마리를 사려고 해." 쾌속정이 돌아오자 나는 다이앤에게 말했다. "네가 돈을 좀 빌려주기만 한다면 말이야."

다이앤은 반대했다. "그건 야생동물 거래야. 난 맘에 안 들어." 그녀가 잘라 말했다. 그나마 부드럽게 말한 것이었다. 다이앤은 급격히 늘어난 야생동물 거래로 빚어진 수난을 직접 목격한 적이 있었다. 국제영장류보호연맹International Primate Protection League에 가입한 그녀는 한때 태국으로 파견되었다가 나중에 보르네오로 파견되어, 동물 밀매업자한테서 압수한 아기 오랑우탄 여섯 마리를 돌본 적이 있었다. 그 가운데 두 마리는 그녀의 품에 안겨 죽었다. 다이앤은 보호연맹의 임원인 셜리 맥그리얼과 함께 과감히 법정 증언을 해서 밀매업자 매튜 블록을 감옥에 넣었다. 그때 그녀는 살해 협박 전화까지 받았다. 다이앤은 나 못지않게 이 희귀종 거북이 잡아먹히는 것을 원치 않았다. 그러나 그녀에게 야생동물 거래는 본질적으로 악한 짓이었고, 야생동물을 잡아먹는 것보다 더 나쁜 짓이었다. 다이앤은 장차 밀거래를 부추기게 될지도 모를 짓에 동참하고 싶어 하지 않았다.

그러나 정말 그럴까? 내가 이 거북을 사들이면, 외지인인 내가 예상치 못한 다른 나쁜 결과가 초래될까? 아마존 전역의 카보

클로에게 축산과 옥수수 농사를 가르쳤던 사람들은 분명 스스로 아주 훌륭한 일을 하고 있다고 굳게 믿었다. 인디헤나의 신들과 언어를 말살한 그리스도교인들도 그렇게 믿었다. 아마존에서는 내가 미국에서 배운 어떤 규칙도 통하지 않는 것 같았다. 이곳에서는 생물학적 세계와 정치적 세계는 물론이고 우주의 법칙조차 달라 보였다.

나는 안드레아가 어떻게 생각하는지 알고 싶었다. 그녀는 우리를 초대해준 주인일 뿐만 아니라 지역 자원의 사용에 관한 전문가이기도 했다. 우리는 아우구스토의 실험실에 회색 눈의 거북을 뒤집어놓은 채 우아카리호에서 이 문제를 토론하기로 했다. 우리가 떠나기 전에 아우구스토는 거북의 등딱지에 뚫린 구멍에 줄을 끼워 탁자 다리에 거북을 묶어두었다. "얘는 50달러나 나가는데, 지금 도망가면 곤란하지." 그가 포르투갈어로 말했다.

안드레아는 우리가 개입하지 말아야 한다고 생각했다. "그 사람들이 잡아먹어도 우린 상관하지 말아야 해요." 그녀가 엄숙히 말했다. "그게 보존을 위한 길이에요. 사람들은 필요에 따라 자원을 이용할 수 있어요." 그녀가 되뇌길, 마미라우아 관리계획에 따르면 지역민들은 보호구역 내의 동물을 먹을거리로 계속 사냥할 수 있다. 그 동물을 죽이는 것이 연방법을 위반하는 일이라 해도 그랬다.

"하지만 보존의 좋은 사례가 될 수도 있잖아요." 내가 말했다.

"사람들은 우리가 우스꽝스러운 짓을 한다고 생각할 거예요." 안드레아가 말했다.

우리의 토론은 30분쯤 계속되었다. 우리는 영어로 얘기했기 때문에 어부들은 알아듣지 못했다. 외국인들에게 거북을 파는 수지맞는 장사의 아이디어를 제공하기는 곤란했다. 아우구스토는 영어를 할 줄 몰랐지만, 우리의 표정과 음성만으로도 대화가 어떻게 흘러가고 있는지 알아차렸다. 그는 울적해했고, 이글거리던 눈빛이 사그라졌다. 나는 마미라우아에서 사용되는 연구 기금의 상당 부분을 지원하는 뉴욕 야생동물보호협회의 유명 생물학자가 쓴 기사를 몇 년 전에 읽은 적이 있다. 그는 이렇게 썼다. "대규모 집단을 다뤄야 할 때에는 개체에 큰 의미를 둘 수 없다. 환경운동가도 때로 그럴 것이다." 그러나 이 거북들 각각의 생명에 의미가 없는 게 아니었다. 우리는 거북의 운명을 결정하면서 아마존이 처한 곤경과 미래 문제를 놓고 고심했다.

미리암이 우리에게 말했다. "나도 전에 매너티를 두고 이런 고민을 해본 적이 있어요. 매너티는 작살로 잡혔죠. 그래도 우리가 풀어주었다면 잘 살아갔을 거예요. 하지만 나는 눈앞에서 매너티가 살해되는 것을 거듭 지켜볼 수밖에 없었어요."

나의 아버지는 미군 장성이었다. 아마 아버지도 무거운 마음으로 똑같은 결정을 내려야 했을 것이다. 더 큰 선을 위해 개인을 희생하는 것 말이다.

"관리 차원에서 보면 이 거북은 이미 생식을 끝냈어요." 안드레아가 말했다.

"하지만 연구 가치는 있잖아요? 아우구스토가 본 거북 가운데 가장 큰 녀석이니까."

"반드시 연구 가치가 있다고는 할 수 없어요."

"하지만 다시 알을 낳을 수 있잖아요. 어쩌면 이번 계절에도……." 나는 필사적으로 매달렸다.

"생식 연령이 지난 것 같아요." 미리암이 말했다.

"완경기라고요?" 내가 물었다. 안드레아와 미리암은 이 말이 충분히 웃겨서 아우구스토에게 통역해줄 가치가 있다고 보았다. 그러나 아우구스토는 웃지 않았다. 대신에 그는 포르투갈어로 혼자 중얼거렸다. 나는 통역을 부탁했다. "그래도 이 거북이 다른 거북들을 가르칠 수는 있다고 하는군요." 미리암이 전했다.

그러나 이미 결정이 났고, 나는 참담했다. 미리암의 말이 옳긴 했다. 그저 거북 한 마리일 뿐이었다. 과학자들의 계산이 옳다면, 우리가 이 거북을 걱정하며 토론한 45분 동안에도 미식축구 경기장 315개 규모의 브라질 우림이 파괴되었을 것이다. 1년에는 500만 에이커의 우림이 파괴된다. 그 가운데 대부분은 미국과 유럽, 일본 등으로 팔려가 건축용 합판이 되고, 이익의 상당 부분은 말레이시아와 인도네시아, 중국, 한국, 싱가포르의 업자들 수중으로 들어갈 것이다. 내가 하고자 했던 것—요리 냄비에서 거북 한 마리를 구해낸다는 것—이 우리 외국인들의 거대한 탐욕을 가라앉히는 데 무슨 도움이 되겠는가.

우리—미리암과 안드레아, 다이앤, 아우구스토, 나—모두가 바라는 바는 똑같았다. 이 잔혹하기 그지없는 세계, 그러나 비옥한 여명의 세계를 구하는 것이 그것이다. 마르시우 아이레스는 이렇게 말한 적이 있었다. "내가 보기엔 주민들이 원하기만 하면 생물 다양성을 보존할 수 있어요. 대통령이 '내가 보존하겠다!' 고 한들, 4년 후 정권이 바뀌면 무슨 의미가 있겠어요. 하지만 지역 주민들이 원해서 추진하는 자연보호는 변덕스럽지 않아요. 그리고 지역민들은 자신의 권리를 지키기 위해 정치적 운동으로까지 나아가죠. 주민들이 자발적으로 일으키는 운동은 멈추기 어려울 거예요."

나중에 수상가옥으로 돌아와 거북에 대해 토론한 내용을 피터에게 얘기했다. 그러자 피터가 말했다. "내가 다른 곳이 아니라 바로 이곳에서 연구하는 이유도 바로 그래서랍니다. 보존계획을 시작할 때는 무엇보다도 주민들이 중요하다는 걸 대전제로 삼아야 해요. 나는 정말 마미라우아를 좋아한답니다. 마미라우아 보존은 범세계적으로, 전 지구적으로 중요한 일이 아닐 수 없어요. 내가 이곳을 보존하는 데 한몫했다는 것을 내 자녀들, 후손들이 알아주었으면 해요. 마미라우아 보존계획은 반드시 성공할 겁니다."

아무튼 이미 결정이 났다. 다이앤은 더 이상 토론할 필요가 없다고 생각했다. "이 거북은 완경기가 됐어! 더 따질 것 없는 거야! 나 배고파." 그리고 그녀는 해적 같은 웃음을 머금고 새로 뉴포트 한 대를 꺼내 불을 댕겼다.

다음날 저녁, 다이앤과 나는 로니스와 바버라의 수상가옥 거실에 앉아 텔레비전을 넋 놓고 바라보았다. 로니스가 카이만을 토하게 하는 장면을 촬영한 비디오를 본 것이다.

화면에서 로니스는 카이만의 입에 PVC 파이프를 물렸다. 그 구멍으로 호스를 집어넣어 위장에 물을 채운 후, 카이만이 먹은 것을 토하게 했다. 카이만이 가장 좋아하는 먹을거리는 돌고래와 똑같은 것 같았다. 강바닥에 사는 로리카리아과의 물고기가 바로 그것이다. 조사를 하는 동안 카이만의 입은 끈으로 묶어놓았다. "좀 진정시키기 위해서"라고 로니스가 설명했다. 그러나 카이만은 진정되지 않았다. 1.5미터의 이 파충류는 갑자기 탁자에서 뛰어내리더니 파이프를 뱉어내고, 바닥에 뒹굴며 몸부림을 쳤다. "좀 문제가 있었어요." 우리가 비디오를 보고 있는 동안 로니스가 담담히 말했다. 화면에서 로니스는 몸부림치는 악어를 살그머니, 그러나 꼼짝 못 하게 붙잡아 들어올렸다. 이 강력한 원시동물에 대해 그가 가장 걱정하는 것은 물리는 것이 아니라 자기가 부당하게 악어를 놀라게 하는 거였다. 근육질에 아주 억세 보이는 이 남자는 겸손하게 자기가 악어 세계의 여행자라는 사실을 영광스러워했다. 이날 밤 비디오를 본 후 우리는 그와 함께 악어 세계를 방문했다.

우리는 로니스의 모터 카누를 타고 출발했다. 카누는 초록색으로 칠해져 있었다. 카이만이 흰색을 경계하기 때문이라고 로니스가 설명했다. 마치 물고기가 환한 빛을 경계하는 것과 같다. 카이만호로 가는 길에 헤드랜턴을 껐다. 우리의 수상가옥에서 로니스의 수상가옥으로 가는 길에 알게 된 사실인데, 빛을 본 물고기는 뱃머리의 물보라처럼 물을 튀기며 물 밖으로 뛰어올랐다. 달을 향해 도약하듯 물고기가 떼 지어 하늘로 치솟는 모습은 마치 뒤집어진 폭포를 보는 것만 같았다. 그런 이유 때문에 로니스는 물안경을 지참했다. 뛰어오른 물고기 때문에 눈을 다친 사람도 적지 않았다. "처음 이곳에 왔을 때는 카이만을 볼 수가 없었어요. 물고기가 워낙 들끓어서요!"

우리는 호수로 접어들었다. "우기에는 이 호수에서 카이만을 2600마리나 볼 수 있어요!" 로니스가 말했다. 마미라우아에는 1.6제곱킬로미터마다 평균 39마리의 카이만이 살고 있다. 이것은 아마존 최대의 서식 밀도다. 카이만의 60퍼센트는 크기가 가장 큰 검정카이만이다. 우리 주변에는 거대한 벽 같은 붉은 눈들이 어둠을 응시하고 있었다. 악어의 두 눈은 핏빛 공처럼 이글거렸다. 조명을 비추자 우람한 머리가 드러났다. 악어는 미동도 않고, 우리 젖먹이동물이 알지 못하는 우아함을 유지한 채 뭔가를 멍하니 기다리고 있었다.

악어는 하염없이 시간을 응시하는 듯했다. 악어들은 저마다 고대의 지혜를 고스란히 간직하고 있다. 두 눈에서는 시간을 초월한 불꽃이 화산처럼 끈질기게 타오르고, 필요할 때는 느닷없이 작렬한다. 안경카이만은 잠수함처럼 스르르 가라앉지만, 검정카이만은 물을 튀기며 사라진다. 물속으로 가라앉는다기보다 둘레의 물을 끌어와서 몸을 덮으려는 것처럼 보인다. 마치 마법사가 연기를 펑 터트리면서 사라지는 모습을 연상시킨다.

로니스는 40만 촉광의 서치라이트를 사용한다. 빛이 워낙 밝아 모래톱과 얕은 물속에서 우글거리는 카이만의 모습이 고스란히 드러났다. "검정카이만은 물속에 있고 다른 흔한 종은 따로 뭍에 있는데, 특히 이 지역의 악어 밀도가 아주 높답니다." 그가 말했다. 다음 달에는 악어가 알을 낳을 것이다. "악어는 정말 놀라운 동물이에요. 나이가 800만 살이나 되죠."

겨우? 전에 나는 로니스가 말한 숫자에 어리둥절한 적이 있었다. 그는 어미 카이만이 무려 8년 동안 새끼와 함께 지낸다고 말했던 것이다. 나는 정말 놀랐다. 일부 크로커다일이 새끼를 돌본다는 것은 알고 있었지만, 무려 8년이라니! 이 기간은 오랑우탄이 새끼를 돌보는 기간과 맞먹는다. 이 얘기를 피터에게 했더니, 그는 로니스가 말하고자 한 것이 8개월이었을 거라고 장담했다. 그렇지만 8개월도 길었다. 한번은 로니스가 자기 쾌속정을 내게 1년 동안 빌려주겠다고 말했다. 그가 말하고자 한 것은 하루였다. 나는 카이만의 나이를 숫자로 써달라고 부탁했다. 그러자 그는 '80,000,000'이라고 썼다. 8000만 살.

바로 그때, 은빛 눈을 가진 10센티미터 길이의 물고기가 배 안으로 날아들어 발치에서 파닥거렸다. 나는 발끝으로 살그머니 물고기를 눌렀다. "독침이 있어요. 찔리면 아주 위험해요." 로니스가 지느러미를 쥐고 물고기를 들어올려, 바늘처럼 생긴 독침을 보여주었다. 그는 배 밖으로 물고기를 내던졌다. 나중에 또 2센티미터가 넘는 단검 같은 이빨을 가진 돔발상어가 배 안으로 날아들었다. 이튿날 아침에 보니 언제 날아들었는지 모를 다른 물고기들의 은빛 비늘이 내 운동화에 잔뜩 달라붙어 있었다.

로니스는 열심히 검정카이만을 잡으려고 했다. 이곳에 사는 세 종의 악어 가운데 로니스가 가장 좋아하는 게 검정카이만이었다. 그는 3미터가 넘는 여러 마리의 카이만을 주시하며 말했다. "이들은 아주 고요해요. 다른 동물은 안 그래요. 아주 큰 걸 보니 오늘은 운이 좋네요." 그는 올가미를 들고 돌진했다. 그러나 카이만은 재빨리 물속으로 사라져버렸다. 번개가 내리쳤고, 하늘은 카이만의 붉은 눈빛에 화답하듯 하얗게 두근거렸다. 물고기도 번개에 호응해 공중으로 솟구쳐 올랐다. 세계는 스스로를 재창조하며 완전한 신비에 휩싸인 자신의 계획을 완성해가고 있었다.

우리는 살그머니 호수 언저리로 나아가며 안경카이만이 숲속으로 들어가는 것을 지켜보았다. 안경카이만이 수풀 사이로 자취를 감출 때까지 뱀처럼 움직이는 모습은 어떻게 저럴 수 있나 싶을 만큼 우아했다. 이 악어는 두 눈이 도드라져서 안경카이만이라고 불린다. 검정카이만은 아래턱에 네 개의 검은 반점이 있어서 그런 이름을 갖게 되었다고 로니스가 설명했다. 말을 마치자마자 로니스는 1.2미터짜리 검정카이만의 목에 올가미를 걸었다. 올가미에 걸린 카이만은 몸부림을 치며 물 밖으로 끌려나왔다. 주둥이에 접착테이프를 감아 장대에 묶어놓을 때까지 카이만은 긴 꼬리를 맹렬히 휘둘렀다. 로니스는 카이만을 턱 내밀며 우리에게 만져보라고 했다. 서늘한 카이만의 배는 깨끗한 수영장 바닥의 타일 같은 느낌이 들었다. 카이만의 눈을 바투 들여다보자 헤아릴 수 없이 신비한 느낌이 들었다. 그 느낌을 결코 잊을 수 없을 것이다.

카이만은 뭘 생각하고 있을까? 뉴햄프셔에서 평생 거북을 연구해온 데이비드 캐럴에게 질문해본 적이 있었다. "머릿속으로 무슨 생각을 하는지는 알 도리가 없죠." 데이비드가 13센티미터의 숲거북을 원래의 오리나무 숲에 놓아주며 말했다. 우리는 인간이 생각을 한다는 사실을 부당하게 과대평가한다는 데 동의했다. 우리는 생각하지만 동물들은 **안다**. 데이비드는 거북을 가리키며 말을 계속했다. "동물들에게는 엄청난 역사가 있어요. 우리와는 다른 방식으로 굳건히 결속돼 있죠. 저들이 아는 것은 2억 년 전까지 소급되지요. 최초의 거북이 알았던 것을 지금도 알고 있는 거예요. 그들이 지닌 지식의 상당 부분은 그때부터 고스란히 축적되고 발전해왔을 거예요."

로니스는 이날 밤 많은 카이만을 잡았다. 우리는 숫자를 세지 않았다. 그때 우리는 시간을 잊었고, 시간의 흐름도 잊었다. 시간을 초월한 태초의 물이 출렁거리는 자궁 속에 있는 듯했고, 매 순간이 신선한 경이의 순간이었다. 우리는 이날 밤 또 다른 우주로 여행하는 느낌이 들었다. 수면에는 별이 반짝였고, 카이만의 눈은 수천 개의 빨간 태양처럼 수평선에서 이글거렸다. 나는 「시편」의 시가 떠올랐다. "당신의 작품, 손수 만드신 저 하늘과 달아 놓으신 달과 별들을 우러러보면 사람이 무엇이기에 이토록 생각해주시며 사람이 무엇이기에 이토록 보살펴주십니까?"(「시편」 8편 3~4절) 자라우아에 가기 전날 밤 안드레아가 했던 말이 문득 떠올랐다. 마치 밤이 엥캉치에서 마법처럼 피어오르듯, 강에서 어둠이 피어오르는 것을 지켜보며 안드레아는 이렇게 말했다. "이곳에서는 뭐든지 커요. 우리 인간은 한낱 모기 같다는 느낌이랄까. 도시에서는 우리가 아주 중요한 존재인 것처럼 느껴지지만, 여기선 달라요. 여기서는 우리가 아무것도 아니라는 걸 깨닫게 되죠."

다이앤과 나는 로니스가 강둑에서 잡은 사랑스러운 두 살배기 검정카이만을 붙들고 있었다. 이 카이만은 주둥이에 접착테이프를 감을 필요가 없었다. 우리에게 붙들린 채 태평스럽게 쉬고 있었던 것이다. 헤드랜턴 때문에 카이만의 두 눈이 붉게 이글거렸다. 눈은 황금빛이었다. 사실 카이만의 두 눈에는 수천의 별빛이 어려 있었다. 나는 작은 카이만을 하늘이 내려앉은 물속에 놓아주며 말없이 축복을 빌었다. 엥캉치에 내 축복이 전해지길 바라며, 저 태초에까지 소급해서 축복이 전해지길 바라며…….

우리는 원격계측기로 신호를 포착하지 못했다. 미리암은 우리 잘못 때문이 아니라고 장담했다. 그녀도 매너티를 찾으면서 며칠씩 전혀 신호를 포착하지 못하곤 했다. 한 달 전에 베라도 8일 동안이나 애썼지만 허사였다. 아마도 마지막 세 마리 보투에 달아놓은 발신기는 이제 수명이 다한 모양이었다.

우리는 계측기를 돌려준 후에도 날마다 계속 돌고래를 관찰했다. 등받이도 없는 딱딱한 의자에 걸터앉은 탓에 등이 아프고 발이 저렸다. 살갗에는 물집이 잡혔고, 몸에서는 땀 냄새가 진동했다. 그러나 그 모든 것이 지느러미만 보면, 돌고래만 보면 씻은 듯 사라졌다. 그들은 날마다 찾아와서 우리를 둘러쌌다. 한 번에 여섯, 여덟, 열 마리 이상 찾아왔다. 그들은 우리를 알아보는 것 같았다. 그러나 우리는 그들을 구별해서 알아볼 수 없었다. 러플

돌고래를 살펴보는
사이 몽고메리
(촬영: 다이앤 테일러 스노)

스나 시카, 스카가 나타났다고 해도 눈부신 햇살과 물 때문에 알아볼 길이 없었다.

날마다 우리는 놀라운 광경을 보곤 했다. 어느 날 아침, 투쿠시들이 보투들과 합류했다. 작은 회색 돌고래 가운데 하나가 수면에서 몸을 굴렀다. 같은 자리를 맴돌다가 어지러워 비틀거리는 어린아이처럼 굴었다. 다른 날 아침, 마치 강 전체가 숨을 고르며 노래를 하는 듯했다. 투쿠시는 물장구를 쳤고, 보투는 숨을 내뿜었다. 그러자 숲속에서 짖는원숭이들이 합창을 하기 시작하더니 소리가 점점 커졌다. 그들의 노랫소리는 보투의 매끄러운 몸뚱이처럼 구성진 멜로디를 이루며 거듭 높아지고 낮아지다가 더러 난타하듯 울려퍼졌다. 그러다 불현듯 노래가 잦아들고, 그와 동시에 돌고래들도 홀연히 사라져버렸다. 그리고 수면에 일던 물살이 잦아들었다.

돌고래가 수면에 모습을 드러낼 때마다 자연이 전율했다. 강은 갑자기 숨을 들이켜는 것처럼, 혹은 파르르 몸을 떠는 것처럼 전율했다. 그런 강을 바라볼 때마다 물이 열리며 뭔가 새로운 약속을 펼쳐 보여주는 듯했다. 날이 저문 후에도 우리의 갈망은 잦아들 줄을 몰랐다. 우리는 마미라우아를 떠나면서도 여행이 아직 끝나지 않았다는 생각이 들었다.

나는 그들에게 뭘 바란 것일까?

나는 더 이상 그들이 여행하는 경로를 알아내고자 안달하지 않았다. 수면에 나타난 횟수나 숨을 내쉰 횟수를 셀 필요를 더는 느끼지 않았다. 더는 그들의 뒤를 쫓고자 하지도 않았다. 이제는 그들과 합류하고만 싶었다. 더불어 헤엄치고 싶었다. 콧구멍을 물 밖에 내밀고 입을 물 아래 둔 채 그들처럼 헤엄을 치고 싶었다. 그들의 얼굴을 바라보며 그 얼굴을 알아보고 싶었다. 한마디로 그들의 우아함을 나눠 갖고 싶었다. 노력 없이 그저 타고난 아름다움 같은 우아함이 아니라 은총과도 같은 우아함을. 그러나 그 우아함이 어떤 모습을 띠게 될지, 그 우아함을 어디서 어떻게 얻을 수 있을지 전혀 알 수 없었다. 다만 그것이 말 없는 약속처럼 아직도 나를 기다리고 있다는 것만 알 수 있었다.

훗날 뉴햄프셔로 돌아온 나는 다이앤의 꿈을 떠올렸다. 페루에서 리카르도는 그 꿈에 나온 다이앤의 연인들이 돌고래의 영혼이고, 다이아몬드는 수호자라고 해몽했다. 그리고 다이앤에게 이렇게 말했다. "투명한 것은 당신에게 행운을 줄 거예요. 맑은 물도요."

어쩌면 이 꿈이 바로 그와 같은 약속이었는지도 모르겠다.

데이비드 리처드슨

브라질의 작은 휴양지 마을인 알테르두샹에 거주하는 미국인 남성. 타파조스강에서 돌고래와 함께 헤엄친 경험이 있고, 돌고래 서식지에 대한 지식이 있다.

마리아 안토니아 카시나

데이비드 리처드슨의 페루인 아내로, 알테르두샹에서 인디헤나박물관을 운영한다.

이사벨 드뤼앙

마흔 살의 벨기에인 여성으로 농학을 공부한다. 방학을 맞아 브라질 산타렝에 방문했다가 우연히 사이와 다이앤의 여정에 동행해 통역가 역할을 맡는다.

마리아 두 소코루 단토나 마샤두

주인공 일행이 묵은 알테르두샹여관의 주인. 난초에 박식하다.

네카(루디넬다 마리누 곤살베스)

무도회에서 만난 아름다운 소녀와 보투의 전설을 주제로 한 '돌고래의 춤'을 창작했다. 평소에는 베르지호 인근에서 생선 튀김 장사를 한다.

케일라

네카의 24세 딸. 엄마 네카를 대신해 친구들과 함께 돌고래의 춤을 공연한다.

펠리시우 폰테스

브라질 리우 태생의 변호사. 인디헤나들과 파라숲을 보호하기 위해 사건을 담당한다.

5부
달의 눈물

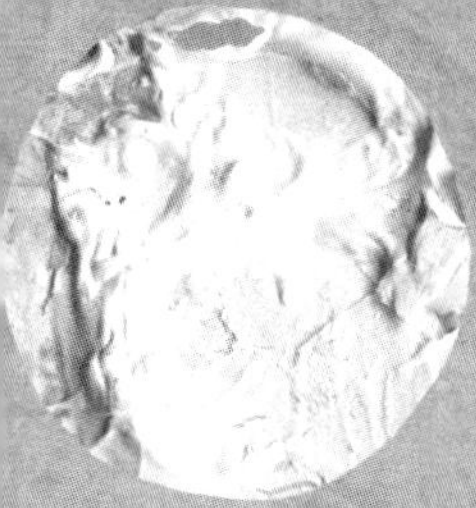

타파조스강과 아라피웅스강

"해와 달은 원래 연인이었답니다. 그런데 투파 신 때문에 헤어지게 되었어요." 젊은 변호사 펠리시우가 말한다. 우리는 타파조스강의 맑고 푸른 물에 허리까지 몸을 담근 채 돌고래들을 지켜보고 있다. "그들은 이루어질 수 없는 사랑을 했지요." 펠리시우가 말한다. 그는 검은 두 눈을 반짝이며 내가 잘 알아들었는지 확인한다.

"하지만 가끔 만난답니다. 어쩌다가요. 그걸 뭐라고 하냐면……." 그는 기억을 더듬으며 영어 낱말을 찾는다.

"일식 말인가요?" 다이앤이 말한다.

"맞아요, 일식." 펠리시우가 말한다. "하지만 그들이 만나는 일은 드물어요. 아주 드물죠."

연인과 헤어져 딴 세상에 살게 된 달은 슬피 눈물을 흘렸다. 아마조니아의 마웨 인디헤나가 간직해온 천지창조 신화에 따르면, 바로 그렇게 그들의 세계가 창조되었다. "바로 이 달의 눈물이 아마존강이 되었답니다. 펠리시우가 말한다. "아마존은 이루어질 수 없는 사랑의 강이지요."

불타는 아마존

사도 바울은 「고린도전서」에서 주를 갈망하며 이렇게 썼다. "우리가 지금은 거울에 비추어보듯이 희미하게 보지만……." 이 구절은 마치 어두운 거울 같은 아마존강에 대해 쓴 글 같다. 아마존강은 돌고래 모습을 어렴풋이 보여줄 뿐이다. 강에 비춰진 모습은 위험하기도 하고, 물의 세계를 계시하는 것 같기도 하다. 우리는 그 수심을 모른다. 수면에 자신의 모습이 비친 것만 보일 뿐이다. 성서의 저자들이 하느님의 모습을 인간처럼—그러나 전능한 인간으로—그린 것도 이상할 게 없다. 강가의 사람들이 엥캉치를 현실과 같은 세계—그러나 더 밝은 세계—라고 믿은 것도 이상할 게 없다. 우리는 매끄러운 수면을 바라보며 우리의 갈망을 굴절시키고 확대한다. 한편으로는 그 깊은 곳에 깃든 진실을 그리워한다.

수면을 꿰뚫어보자면, 검은 거울을 뚫고 지나가자면, 영혼이 새로 태어나야 한다. 「고린도전서」에서 이어 바울은 그 미래를 이렇게 암시한다. "그때에 가서는 얼굴을 맞대고 볼 것입니다." 나는 어떤 세례를 받아야만 얼굴을 맞대고 보투를 바라볼 수 있을까? 답은 충격적이리만큼 단순하다. 맑은 물에서 만나면 된다. 맑은 물, 다이앤의 꿈속 메시지가 바로 그것이었다.

나는 맑은 아마존 지류에서 돌고래를 연구한 논문이 발표된 적이 없다는 것을 알게 되었다. 그러나 맑은 물속에 있는 보투의 사진은 본 적이 있었다. 알고 보니 그 사진은 모두 같은 곳에서 찍은 것이었다. 흰 모래톱이 길게 뻗은 아라피웅스강이 그곳이다. 그곳은 브라질 파라주에 있다. 그 사진은 수위가 가장 얕은 건기에 찍은 것들이었다. 지금은 11월이어서 최저 수위에 근접해가고 있었다.

우리는 이메일로 베라와 소식을 주고받았다. 알테르두샹이라는 작은 휴양지 마을에 미국인 데이비드 리처드슨이 살고 있는데, 그는 어디에 돌고래가 있는지 알고 있고, 가끔 타파조스강의 맑은 물에서 돌고래와 함께 헤엄쳤다고 한다. 알테르두샹과 아라피웅스강은 산타렝에서 하루면 갈 수 있다. 아마존에서 세 번째로 큰 도시인 산타렝은 남위 2도에 자리 잡고 있다.

그런데 그곳에 가려면 뜨겁게 이글거리는 하늘을 날아가야 한다.

벌목꾼과 목장주들은 아마존 전역에서 건기마다 불을 질렀다. 엘니뇨가 불러온 뜨겁고 건조한 기후 때문에 이 불은 걷잡을 수 없이 번지고 있었다. 《뉴욕타임스》는 아마존의 숲 500만 제곱킬로미터 가운데 적어도 10퍼센트가 화재로 파괴되었다고 보도했다. "브라질의 화재는 인도네시아와 말레이시아의 화재보다 규모가 작지만, 이 우림에 사는 미지의 희귀종에게는 궁극적으로 더욱 큰 위협이 될 수 있다. 또 숨 쉴 수 있는 산소의 공급과 세계 기후에도 더 큰 악영향을 미칠 수 있다." 인터넷을 통해 읽은 ABC 뉴스 한 토막이다.

인도네시아와 말레이시아에서는 7월 중순부터 산불이 일어나 세계적인 재앙을 일으키고 있었다. 1만 7000제곱킬로미터의 불바다에서 피어오른 연기는 위성사진을 찍을 수 없을 정도로 자바섬을 완전히 덮어버렸다. 9월에는 연기가 너무 자욱해서 비행기 한 대가 추락했고, 같은 날 대형 유조선이 화물선과 충돌했다. 잇달아 일어난 사고 때문에 이 산불은 몇 주 동안이나 전 세계 뉴스의 헤드라인을 장식했다. 그것에 비하면 아마존의 산불은 거의 보도가 되지 않은 셈이다.

하지만 우리는 아마존이 문제가 더 심각하다는 소식을 **들었다**. 베라가 이메일로 알려준 사실에 따르면, 낮아진 수위 때문에 수력발전이 제한되었다. 전화도 거의 불통이었다. 우리는 데이비드 리처드슨에게 갈 수 없었다. 마나우스는 연기 속에 파묻혔다고 한다. 며칠 동안 연기가 너무 자욱해 비행기가 착륙하지 못했고, 호흡기 질환으로 입원한 사람도 많았다. 나는 이번 여행에 천식용 흡입기를 가져갔다.

그러나 브라질 사람들은 대부분 이런 산불을 대수롭게 여기지 않는 것 같았다. 나는 마이애미공항에서 브라질 매표원에게 아마존 산불에 대해 물어보았다. 항공사에서는 분명 하늘의 상황을 잘 알고 있을 것이다. "아, 산불이 나면 비가 와서 꺼져요." 매표원이 명랑하게 답했다. "돌아오실 때에는 일광욕이 잘 됐을 거예요!"

마나우스공항에서 우리는 목재 회사의 대표라는 독일인을 만났다. 베를린에 갈 예정인 그는 특별한 일이 일어났다는 소식을 듣지 못했다고 말했다. 모나코호텔에서도 아무런 정보를 들을 수 없었다. 우리는 몇 가지 뉴스 보도가 과장된 게 아닌가 싶었다.

그러나 산타렝에 도착하자 땅이 바짝 말라 있는 것을 볼 수 있었다. 길가에 세워진 울타리는 불에 검게 그을려 있었고, 나무는 숯이 돼 있었다. 더러 빨간 흙조차 검게 탄 곳이 있었다. "이맘때는 늘 이렇답니다." 우리를 호텔로 싣고 가던 택시기사가 말했다. "들판이야 불타기 마련이에요. 불을 묶어놓을 순 없거든요. 그건 정상이에요. 올해는 너무 건조하군요."

강물의 수위가 너무 낮았기 때문에 하루 열두 시간만 전기가 공급되고 있었다. 열두 시간이 하루 중 언제인지는 날마다 달랐다. 우리가 트로피컬호텔에서 묵은 객실에는 에어컨이 설치돼 있어서 [창문을 열지 않으리라는 이유로] 방충망이 없었다. 밤에 창문을 열자 모기와 나방이 몰려들었다. 곧 박쥐가 나방을 잡아먹으러 들어올지도 모른다는 생각이 들었다. 날개 달린 이 룸메이트들 정도는 문제될 게 없었다. 문제는 데이비드 리처드슨과 연락이 안 된다는 것이었다. 전화를 걸 때마다 도무지 알아들을 수 없는 메시지가 흘러나왔다. 호텔 손님 가운데 이사벨 드뤼앙이라는 벨기에 여성이 한 명 있었다. 이사벨은 우리가 딱한 처지에 놓인 것을 알고 전화 메시지를 통역해주었다. 우리가 건 번호는 휴대전화 번호인데, 지금은 신호 범위 밖에 있다는 것이었다.

짧은 금발의 이사벨은 농학을 공부하는 40세의 학생으로, 브라질 벨루오리존치에서 1년간 영어를 가르친 적이 있었다. 지금은 방학이라 이곳에 와 있었다. 그녀의 여행 역시 순탄치 않았다. 심블랑코호라는 여객선의 좌석을 예매했는데, 알고 보니 10년 전에 침몰한 배였다. 10년 전 이 배가 마나우스항에 들어섰을 때, 아름다운 도시를 보기 위해 모든 승객이 한쪽으로 몰리는 바람에 배가 뒤집혀 침몰하고 만 것이다. 결국 이사벨은 주앙페소아호를 타게 되었다. 345톤의 이 배는 3층의 화물선 겸용 여객선이었다. 정상적으로는 425명의 승객을 태울 수 있었지만, 실제로는 150명만 태웠다. 1층 전부가 커피와 밀, 곡식 가루 등의 화물로 꽉 차 있었기 때문이다. 배는 과적 상태였다. 그녀는 널빤지를 딛고 배에 올라탔는데, 선적이 끝나자 널빤지는 처음과 반대 방향으로 휘어져 있었다.

이사벨을 비롯한 승객이 산타렝이 도착했을 때, 그들은 배에서 첫날 밤을 보낼 계획이었다. 그것은 요금에도 반영돼 있었다. 그러나 그날 오후 승객들은 배에 머물지 않는 게 좋을 거라는 말을 들었다. 짐은 배에 남겨두어도 좋다면서도 말이다. 하지만 이사벨은 배가 이상하게 기울고 있다는 느낌을 받았다. 그래서 그녀는 선실의 짐을 모두 빼냈다.

이사벨이 호텔에 갔다가 돌아와 보니 배가 가라앉아 있었다. 자동차 세 대, 오토바이 두 대, 커피, 밀, 곡식 가루, 승객들의 모든 짐이 함께 침몰했고, 말 두 마리도 물에 빠져 허우적거리고 있었다. 산타렝으로 이사를 온 한 가족의 모든 소유물도 물에 잠겨 버렸다. 나중에 우리는 식당에서 선장을 만났다. 선장의 말에 따르면, 강물의 수위가 너무 낮아 배가 부두 제방의 말뚝을 들이받는 바람에 배 밑에 괸 물을 퍼 올리는 펌프가 망가졌다고 한다. 이 배는 보험도 들지 않은 상태였다.

이사벨이 이런 얘기를 들려주는 동안, 다이앤과 나는 트로피컬호텔 풀장 옆의 테라스에서 게걸스레 샌드위치를 먹고 있었다. 나는 야채 샌드위치를 주문했는데 햄치즈 샌드위치가 나왔다. 우리는 이사벨에게 우리의 계획을 들려주고 통역이 필요했기 때문에 함께 가자고 했다. 그녀는 무척이나 좋아했다.

나는 이사벨에게 아마존 산불에 대한 소식을 물어보았다. "불이 났어요? 처음 듣는 얘기네요." 그녀가 말했다.

이튿날 우리 세 사람은 버스를 타고 50킬로미터 거리의 알테르두샹으로 갔다. 데이비드 리처드슨을 찾기 위해서였다. 그 마을의 유일한 문화시설인 인디헤나박물관에 가면 그를 찾을 수 있을 거라고, 전에 만난 택시 기사가 말해주었다.

박물관은 노란 페인트칠을 했고, 지붕에 빨간 타일을 올린 큼직한 시멘트 구조물이었다. 비포장도로를 따라 버스 정류장에서 한 블록 거리에 박물관이 있었다. 우리는 계단에서 청소를 하고 있던 직원을 만났다. 데이비드는 없지만, 그의 아내인 마리아 안토니아는 있다고 했다. 뼈대가 가냘픈 마리아는 뿔테 안경을 썼고, 검은 머리를 어깨까지 기르고 있었다. 그녀는 데이비드가 12월 말까지 마나우스에 머문다고 말했다. 그녀는 보투에 대해 아는 게 없었다. 간곡하게 부탁하자 그녀는 마지못해 마나우스에 있는 남편의 휴대전화 번호를 가르쳐주었다. 그러나 박물관 전화기를 사용하도록 허락해주지는 않았다.

경찰서 옆에 쌓인 막돌 더미 뒤에 전화국 분소가 있었다. 데이비드의 휴대전화는 꺼져 있었다. 그러나 이사벨 덕분에 우리는 귀여운 전화교환원이 데이비드의 뱃사공 두 명을 알고 있다는 사실을 알아냈다. 한 명은 브라울리우였고, 다른 한 명은 시마웅이었다. 그들은 읍내에 살고 있는데, 누구나 그들을 알고 있다고 했다.

우리는 비포장도로를 따라 중심가로 걷다가 작은 야외식당에 이르렀다. 근처 마을 광장에는 커다란 교회 시멘트 건물이 우뚝 서 있었다. 다이앤은 배가 고팠다. 우리는 피라루쿠 튀김을 함께 먹으며 푸른 타파조스강으로 흘러드는 하늘빛의 베르지호를 바라보았다. 호수 둘레에는 이엉을 얹은 탈의실과 줄무늬 파라솔이 세워져 있었다. 자줏빛이 희미하게 어린 하얀 모래톱에는 공원처럼 나무가 자라고 있었다. 커다란 옹이가 진 망고나무와 캐슈나무에는 열매가 달려 있었다.

식당 주인이 브라울리우의 집을 가리켜 보였다. 두 집 건너 그의 집이 있었다. 이사벨이 마당에 서서 손뼉을 치고 외쳤다. "오이 다 카자(Oi da casa)!" 초인종이 없는 집에서 사람을 부르는 소리였다. 누런 이빨에 얼굴이 넓적하고 흰머리를 짧게 깎은 남자가 두꺼운 안경을 쓰고 해먹에서 뛰어내렸다. 그는 절뚝거리며 다가와 우리를 맞이했다. 나는 이사벨에게 우리 계획을 설명해달라고 부탁한 뒤 브라울리우에게 내 명함을 건넸다. 그는 명함을 거꾸로 들고 골똘히 바라보았다.

보투를 찾으려 하는데 도와줄 수 있을까? 바로 여기서도 가끔 보투를 볼 수 있지만, 살짝 모습을 드러내고 곧 사라져버린다고 그가 답했다. 보투를 볼 수 있는 최고의 장소는 쿠루쿠곶이라고 그가 말했다. 이 흰 모래톱 지역의 이름은 밤에 우는 개구리 가운데 한 종의 이름을 딴 것이었다. 돌고래가 우리와 함께 헤엄을 치려고 할까? 데이비드 말고는 아무도 시도해본 적이 없다고 그가 대답했다.

우리는 모래가 깔린 얕은 늪을 걸어서 건넜다. 그곳에 길이가 18미터쯤 되는 그의 나무배가 있었다. 나무배에는 '지강치두 타파조스(타파조스의 거인)'라는 거창한 이름이 붙어 있었다. 우리는 나무배를 띄웠다.

알테르두샹을 벗어나자 타파조스강의 모래 언덕이 호젓하고 한적해 보였다. 시멘트 건물과 기둥집도, 수상가옥도, 다른 배도 눈에 띄지 않았다. 그저 푸른 물과 하얀 모래, 그리고 숲만 보였다. 한 시간이 지나지 않아 목적지에 도착했다. 브라울리우는 닻을 번쩍 들어서 흰 모래톱에 내려놓았다. 우리는 스포츠 관람객처럼 닻 곁에 나란히 앉아 보투가 때맞춰 나타나길 기다렸다.

나타날 리가 없어, 내가 생각했다.

그러자 곧 그들이 나타났다.

두 마리였다. 둘 다 짙은 회색을 띠고 있었다. 맑은 물속의 보투는 더 검게 보이는 경향이 있다고 한다. 햇볕에 피부가 상하지 않도록 착색이 되는 모양이다. 이마가 돌출한 그들은 회색 플란넬 상의에 중산모 차림의 말쑥한 영국 사업가처럼 보였다. 한 마리가 30미터쯤 떨어진 곳에서 몸을 뒤집기 시작했다. 놀랍게도 가슴지느러미가 분홍색이었다. 수면에 드러누워 가슴지느러미를 드러낸 보투는 함께 놀자고 우리를 초대하는 것만 같았다.

다이앤과 나는 보투 곁으로 가기 위해 셔츠와 바지를 벗어던졌다. "피라냐가 없는 게 확실해요?" 이사벨이 물었다. 물론 나는 몰랐다. 하지만 데이비드 리처드슨이 이곳에서 안전하게 헤엄을 쳤다는 것은 확실하다. "피라냐는 없어요!" 내가 자신만만하게 외쳤다. 그리고 무모하게 맑고 푸른 물속으로 걸어 들어갔다.

다이앤과 이사벨이 곧 나를 따라왔다. 이사벨은 브라울리우가 바라보지 않기만 바랐다. "흰둥이 여자 셋이 속옷 바람으로 아마존강에 서 있을 뿐이에요. 그게 뭐 대순가요?" 내가 말했다.

보투가 10미터 거리까지 다가왔다. 분명 호기심을 느낀 듯했다. 하지만 수심이 깊은 곳을 늘 뒤에 두고 있었다. 우리는 이때보다 더 뚜렷하게 보투를 본 적이 없었다. 처음으로 물속에 있는 보투의 가슴지느러미가 날개처럼 펄럭이는 것을 볼 수 있었다.

그들은 한 시간 동안 우리 앞에서 오락가락했다. 과거에 보고되지 않은 특별한 행동이 눈에 띄지는 않았다. 그러나 전신을 볼 수 있었다. 가슴지느러미와 머리, 등, 꼬리, 그 모든 것을 비로소 **한꺼번에** 볼 수 있었다. 그들의 몸은 완벽했다. 편린이 아닌 전체를 본 것은 이번이 처음이었다. 우리는 못 박힌 듯 물속에 꼼짝

때때로 보투들은
공중의 돛처럼 물속에
떠 있는 듯했다.
시간을 초월해 무게도
없이, 불가사의하게.
(촬영: 앤디 콜필드)

않고 서서 넋 놓고 그 광경을 바라보았다.

그들이 떠난 후 우리는 무너지듯 모래톱에 주저앉았다. 긴 흥분 상태가 끝나자 맥이 풀렸다. 그때 비로소 불길이 눈에 띄었다. 바람의 방향이 바뀌면서 불타는 나비 떼처럼 재가 우리 쪽으로 날아왔다. 동남쪽 지평선에는 기둥처럼 연기가 솟구치고 있었다. 사나운 토네이도처럼 치솟는 연기 때문에 오후의 하늘은 자줏빛 멍이 든 것만 같았다. 갈수록 더 심하게 날리는 재는 마치 불길이 쫓아낸 생물들의 유령 같은 모습을 띠었다. 참새와 쐐기벌레, 거미, 개구리, 나뭇잎들……. 우리는 브라울리우에게 이 산불에 대해 물어보았다. "몇몇 농장에서 시작해서 걷잡을 수 없이 번져요." 그가 담담하게 한 말을 이사벨이 통역해주었다. 그는 날이 저물고 있다며 어서 돌아가야 한다고 했다. 우리는 연기 냄새를 뒤로 하고 자리를 떴다.

우리가 돌아올 무렵 땅거미가 내렸다. 전기가 끊겨 사방이 어둡고, 조용하고, 후끈했다. 우리가 모래 깔린 얕은 늪을 되짚어 올 때 작은 개구리들이 노래하고 있었다. "쿠루쿠! 쿠루쿠!" 개구리는 이곳이야말로 우리가 부름을 받은 곳이라고 노래하는 듯했다.

우리는 산타렝의 숙소를 이곳으로 옮기기로 했다. 이사벨이 새 숙소를 골랐다. 알테르두샹여관. 이곳은 베르지호와 붉은 벌거숭이산을 마주보고 있었다. 마을 이름이기도 한 이 산의 이름 알테르두샹은 고대 포르투갈어로 '마루 위'를 뜻한다고 한다. 이 여관은 현관에 멋진 식당이 있다. 문간에 장미가 피어 있고, 지붕에는 분꽃의 일종인 부겐빌레아가 아래로 드리워져 있다. 고장 난 공중전화 부스는 호수를 향해 입을 떡 벌리고 하품을 하고 있다. 지금은 하루 여덟 시간만 전기가 공급되고 있어서 선풍기는 그리 쓸모가 없었다.(여덟 시간이라는 것도 이론적으로 가능한 최대 시간이었다.) 그래서 우리는 가장 시원할 것 같은 현관 맞은편의 방을 골랐다. 찬물로 샤워를 하고 침대에 알몸으로 누워 꼼짝도 하지 않으면 더위 먹을 일은 없을 것 같았다. 우리의 생각은 빗나갔지만, 숙소만큼은 잘 고른 게 분명했다. 우리의 여관은 멋지고 고요했다. 이 읍내의 상시 거주자는 600명 정도밖에 안 된다고 한다. 아침이면 닭 울음소리에 잠이 깼고, 저녁이면 개구리 울음소리가 들려왔다. 어떤 개구리 울음소리는 단지 속에서 유리알이 굴러가는 것 같았고, 또 어떤 소리는 젖은 손가락으로 북을 두드리는 것 같았다. 그러나 가장 마음에 든 개구리 소리는 우리가 돌고래를 만난 곳의 지명을 노래하는 소리였다. "쿠루쿠, 쿠루쿠."

이 여관의 안주인 이름은 소코루로, 도움이라는 뜻이었다. 검은 머리의 자상한 안주인에게 썩 잘 어울리는 이름이었다. 그녀는 양철 지붕 아래 두 대의 가스스토브를 놓은 야외 부엌에서 요리를 했다. 부엌 뒤에 있는 작은 안마당에는 야생 난초가 즐비했다. 그녀는 그 모든 난초에 대해 잘 알고 있었다. 가끔 그녀가 난초에 물을 줄 때면 뒤를 따라다녔다. 그녀는 저마다 독특한 아름다움을 지닌 난초를 가리키며 이름을 가르쳐주곤 했다. 작은 폭포처럼 잎사귀를 드리운 난초는 코모 바일라리나, 깨알만큼이나 작은 꽃을 피운 난초는 페키노라고 한다.

난초들은 모두 불길 속에서 구해낸 것이었다. "3년 전 어느 날, 여관 근처의 정글 속을 거닐고 있었어요." 소코루가 하는 말을 이사벨이 통역해주었다. "그때 수많은 아름다운 난초가 나무에 붙어 있는 걸 보았어요. 하지만 다음에 또 보러 갔더니 사라지고 없더라고요. 건기의 화재로 모두 타죽은 거예요. 눈물이 북받쳤죠." 그래서 그녀는 이듬해부터 순례하듯 숲으로 들어가 불길이 덮치기 전에 난초를 구해내게 되었다.

소코루는 숲에서 나무에 걸터앉은 난초를 걷어낸다. 착생식물인 이 난초들은 나무에 해를 끼치지 않는다. 그녀는 발견 장소를 꼼꼼히 기록해둔다. 집으로 가져온 후, 반으로 갈라 속을 비운 코코넛 껍데기 속에 담아두고, 앞뜰에서 자라는 아사이야자

수 씨앗을 태워 거름으로 준다. 이 난초들은 정글에 다시 녹음이 우거질 때까지 이곳에 머물다가 원래의 장소로 돌아간다. "3년 전에는 산불이 지금보다 훨씬 적었어요." 소코루가 말했다. 그런데 지금의 강 수위는 그녀가 평생 겪어본 것 가운데 가장 낮았다. "올해는 최악의 건기예요. 1953년 이후 이렇게 많이 모래톱이 드러난 적은 없었어요."

소코루는 난초를 걱정하듯 우리를 걱정했다. 그리고 우리의 계획을 무척이나 알고 싶어 했다. 그녀는 베르지호에서 보투를 자주 보았고, 보투가 매우 아름답다고 생각했다. 그러면서 꽤나 염려스러워했다. 보투가 우리를 유괴할지도 모른다며 짓궂게 우리를 놀려대기도 했다. 그녀는 특히 다이앤에게 조심하라고 했다. 다이앤은 아침식사 때마다 날씨가 아무리 더워도 단정하게 차려입고, 싱그럽고 아리따운 모습으로 식당에 나타났기 때문이다. 소코루는 다이앤에게 윙크를 하며 말했다. "쿠이다두 콩 우 보투(보투를 조심하세요)."

우리는 산타렝으로 돌아가 하룻밤 더 묵었다. 이튿날 금요일은 슈퍼마켓에서 장이 열리는 날이었기 때문이다. 이날은 주변의 모든 지역 사람들이 각종 제품과 물고기를 가지고 장터에 모였다. 나는 어부들을 만나 보투에 대한 얘기를 듣고 싶었다. 이사벨은 특히 장에 나온 약용식물에 관심이 많았다.

우리는 작은 매점에 서 있는 건장한 백발의 남자와 얘기를 나누었다. 매점의 나무 선반에 나무껍질과 잎사귀, 새 둥지, 씨앗, 병 따위가 한가득했다. 백발의 남자는 포르투갈어로 자기가 만든 약을 소개했다. 이 참기름은 뇌졸중을 예방한다고 했다. 이 인비라타야나무 껍질을 태우면 악령을 물리칠 수 있다. 이 주카콩코투리는 배탈 특효약이다. 그가 '에바 지 솜부'라고 부른, 새 둥지를 달인 물은 간을 튼튼하게 한다.

그는 자신의 만병통치약들을 줄기차게 소개했다. 위염을 고치는 차, 사마귀를 빼는 찜질약, 기침약, 불임과 간통을 막는 물약, 그 모든 것을 이사벨은 꼼꼼히 기록했다. 마침내 내가 물었다. "보투를 끌어들일 수 있는 약은 없나요?" 그는 어리둥절한 표정을 지었다. 그러고는 카운터 뒤에 있는 종이 자루 속에 손을 넣더니 말린 독사의 머리를 꺼내서 내게 내밀었다. "이게 보투를 끌어들여요?" 이사벨을 통해 내가 물었다. 그는 내 말을 잘못 이해했던 것이다. 그러더니 뱀 머리가 돈을 끌어들인다고 설명했다.

이사벨과 나는 열심히 설명했다. 그러나 그에게는 내 질문이 너무 엉뚱했다. 보투를 끌어들이는 게 내가 정말 원하는 거라는 사실을 그는 믿을 수 없었던 것이다. 그는 쭈글쭈글 오그라든 갈색 물건을 하나 내밀었다. 15센티미터쯤 되는 그 물건은 생가죽처럼 보였다.

"이게 뭐죠?" 내가 물었다.

"25달러." 그가 답했다.

그건 암컷 보투의 질을 말려놓은 것이었다. 쿠란데이루에게 이걸 가져가면 남자친구를 끌어들일 수 있는 향수를 만들어줄 거란다. 세상에! "나한테는 남자가 있다고 말해줘요. 난 남자가 있어요!" 나는 이사벨에게 애원하듯 말했다. 나한테 남자도 있고, 돈도 원치 않는다면, 대체 뭐가 문제란 말인가? 그는 참 별일이라는 듯이 잠시 생각에 잠겼다. "아하!" 그의 눈이 반짝 빛났다. 비로소 알겠다는 표정이었다. 그는 인대처럼 보이는 10센티미터 길이의 물건을 내밀었다. 보투의 페니스였다. "이걸 술이나 물에 넣고 달여요. 허약한 사람은 그걸 마셔야 해요. 굉장한 섹스를 맛볼 거예요!" 그가 장담했다.

어시장으로 자리를 옮길 때가 된 것 같았다.

아프리카 혈통의 잘생긴 젊은 어부가 흰 타일을 깐 진열대를 스펀지로 훔치며 파장 준비를 하고 있었다. 우리는 먼저 물고기에 대해, 그리고 건기에 대해 얘기를 나누다가, 이윽고 보투에 대해 물었다.

"보투가 물 밖에 나오면 흰옷을 입고 모자를 써요. 모자를 벗으면 다시 돌고래가 된답니다." 그가 포르투갈어로 이사벨에게 말했다. 그는 이 이야기가 사실이라며 보투의 아기를 낳은 여자를 알고 있다고 했다. 아기가 너무 하얘서 볕이 날 때는 밖에 나갈 수 없다고 한다.

그의 친구인 매점 주인이 대화에 끼어들었다. 매점 주인은 보투가 흰옷 말고도 '카리' 신발을 신는다고 했다. 카리는 갑옷메기다. 암컷 보투는 남자를 물속으로 데려가는데, 특히 함께 시시덕거린 남자를 데려간다. 하지만 그런 일은 이곳 산타렝에서 일어나지 않고, 시골에서만 일어난다고 그가 말했다. 그의 아버지는 그걸 직접 본 적이 있었다. 그랑지호 인근에 살 때, 그의 아버지는 물고기를 잡고 돌아오는 길에 온통 하얀 옷을 입은 남자를 보았다. 이 남자는 물속으로 뛰어들더니 눈앞에서 보투로 변했다. 그는 보투가 인간 여자를 임신시키기도 한다고 힘줘 말했다. 아기는 곧 죽고 마는데, 아기 정수리에는 구멍이 나 있다고 한다.

그의 사촌 가운데 한 명이 그런 일을 당했다. 어느 날 밤 보투가 남편으로 둔갑해서 찾아왔다. 그때 남편은 물고기를 잡으러 나가 있었다. 그들은 꿈같은 사랑을 나누었다. 아홉 달 후 그녀가 아기를 낳았다. 아기는 물처럼 분출했다. "마치 아기가 물로 이루어진 것 같았어요. 아기는 바로 녹아 사라져버렸죠." 그가 말했다.

그는 얘기를 하는 동안 두 눈을 희번덕거렸다. 그런 이야기를 하는 것조차도 무섭다는 듯이. "물속에 혼자 있을 때 보투가 다가오면 조심하세요." 그가 나지막이 말했다. "보투는 물속에 엥캉치로 통하는 구멍을 내요. 정말로 사람을 매료시키죠. 사람을 꼬드긴다고요. 조심해야 해요. 쿠이다두 콩 우 보투."

다음으로 우리는 눈이 흐린 노인에게 다가갔다. 30센티미터 길이에 머리가 삽처럼 생긴 수루빔이라는 메기를 수북이 쌓아놓고 있었다. 보투를 만나본 적이 있는지 노인에게 물었다. 물론이라고 그가 답했다. "보투는 그물에 걸린 물고기를 훔쳐가요. 나는 화가 나서 총을 쐈어요. 인간이 성나면 멍청한 짓을 하게 마련이니까요." 다행히 총알은 빗나갔다. 그는 보투에게 마력이 있다면서 잔치를 벌이는 곳에 보투가 나타나 예쁜 여자를 유혹한다고 했다. 여자들은 조심해야 한다고 경고했다. 생리 중일 때는 특히 조심해야 한다. 보투한테 홀린 여자는 그저 꿈인 줄만 알게 된다.

그때 이사벨이 노인에게 말했다. 우리가 보투와 함께 헤엄을

친 적이 있는데, 앞으로 날마다 그렇게 할 계획이라고. 그러자 노인은 검지를 내두르며 경고했다. "쿠이다두!"

"왜요? 홀리는 게 위험한가요?" 내가 물었다. 이사벨이 통역해주었다. "아니에요. 노인의 말은 그게 아니고, 보투는 아주 커다란 동물인데, 사람을 문다는군요." 이사벨이 내게 말했다.

물론 우리는 보투가 우리를 사냥할 수도 있다는 것을 알고 있었다. 보투가 힘이 세다는 것은 베라가 이미 경고한 적이 있었다. 우리는 록샌의 가슴을 들이받은 보투 이야기도 잘 기억하고 있었다. 예전에 스티븐 노들링거가 피츠버그동물원에 있는 분홍돌고래 처클스에 대한 짤막한 신문 기사를 내게 보내준 적이 있었다. 동물원 자원봉사자가 전시장 철망 아래로 손을 넣었다. 이 침입에 화가 난 돌고래가 뛰어올라 그녀의 손가락을 물었다.(자원봉사자는 소를 제기했지만, 법정에서는 동물원 측에서 책임질 일이 아니라는 판결을 내렸다.) 나중에 우리가 처클스를 찾아갔을 때, 이 돌고래가 여러 명의 사육사를 물었다는 것을 알게 되었다. 더러는 심하게 다치기도 했다. 나중에 직원들은 그것이 발정기 때 영역을 과시하기 위한 행동이었을 수도 있다는 것을 알게 되었다.

그런 일이야 놀랄 게 없다고 우리는 생각했다. 그러나 대부분의 사람들은 돌고래도 여느 동물처럼 우리가 이해하지 못하는 행동을 할 수 있다는 것을 잊어버린다. 상황에 따라 위험할 수 있다는 것도 곧잘 잊어버린다. 우리가 베라를 처음 만난 올랜도의 해양포유류학회에서 스코틀랜드 연구자들은 큰돌고래가 쇠돌고래porpoise를 공격한 충격적인 사건을 보고했다. 유난히 많은 수의 쇠돌고래가 해안으로 올라오기 시작했는데, 특히 스코틀랜드 머리만에서 1991~1993년 사이에 그런 사건이 자주 일어났다. 부검 결과, 42마리는 죽도록 얻어맞았다는 것이 드러났다. 연구자들은 놀라운 사실을 알아냈다. 소규모의 큰돌고래 패거리가 쇠돌고래들을 괴롭혔던 것이다. 애버딘대학교의 벤 윌슨은 공격 장면을 두 번이나 비디오로 촬영했다. 큰돌고래 두어 마리가 합심해 쇠돌고래 한 마리를 추적하자, 쇠돌고래는 달아나려 애쓴다. 큰돌고래는 무자비하게 쇠돌고래를 들이받는다. 그래서 때로는 쇠돌고래가 물 밖으로 튕겨나가기도 한다. 윌슨은 이 무시무시한 영상을 「잭 더 플리퍼*Jack the Flipper*」라고 명명하며 '돌고래와 헤엄치기'를 시도한다는 게 과연 좋은 생각인지 의문을 제기했다.

그러나 이 정도의 정보로는 나를 물 밖에 잡아둘 수 없었다. 그저 보투와 함께 있는 것만으로도 그럴 가치가 있었다. 이날 오후 우리는 보투를 그저 바라보는 것 이상을 갈망했다. 이사벨과 내가 때마침 생리 중이었기 때문이다. 생리 때 흘리는 피가 보투를 유인한다는 게 사실인지 알아보고 싶었다. 우리는 물속에 실제로 피라냐가 있는지 없는지도 알게 될 것이다.

쿠루쿠곶으로 배를 몰고 가는 길에 나는 아스피린 여섯 알을 삼켰다. 생리 혈액의 양을 늘리기 위해서였다.[2] 다이앤은 더욱 예뻐 보이려고 산타렝에서 산 헤어 에센스와 립글로스를 발

[1] 쇠돌고래는 우리나라 상괭이가 속한 고래류다. 이빨고래, 수염고래와 더불어 대표적인 고래 종이다.

[2] 아스피린은 혈액을 응고하는 지닌 혈소판 생산을 억제한다.—옮긴이

랐다.

그러나 이날 보투는 우리에게 다가오지 않았다. 우리는 그들이 멀리 있는 것을 보았다. 모두 다섯 마리쯤 되는 것 같았다. 그들은 15미터쯤 떨어진 곳에서 더 이상 가까이 다가오지 않았다. 지난번의 행운은 그저 요행이었을까?

이튿날 아침, 우리는 다시 쿠루쿠곶으로 나갔고 이사벨은 읍내에 머물렀다. 나보다 살결이 더 흰 이사벨은 지난번 탐사로 심하게 살이 탔기 때문이다. 그녀는 평소 지니고 다니는 여러 허브 연고 가운데 하나를 바르고 요양 중이었다. 실은 내 피부도 따끔거렸다. 팔뚝과 가슴에 군데군데 작은 물집까지 잡혔고, 얼굴은 우아카리원숭이처럼 빨개졌다. 어느 날 밤에는 밤새 커다란 나무 빨래집게를 깔고 자면서도 그걸 알아채지 못했다. 햇볕에 탄 피부가 너무 따끔거려서 다른 느낌은 대수롭지가 않았던 것이다. 통증보다는 뒤이은 가려움증이 훨씬 더 짜증났다. 가려운 원인을 알게 되자 짜증은 더 심해졌다. 피가 흐르는 피부와 진물이 흐르는 물집을 발견한 수백 마리의 작은 갈색 개미들이 현상금 같은 이 액체를 마시고 피부를 떼어가기 위해 밤마다 침대로 몰려들었던 것이다.(“개미가 내 살을 뜯어먹을 땐 정말 미워죽겠어.” 내가 한마디 하자 다이앤이 천연덕스레 대꾸했다. “그래, 살아 있을 땐 더욱 그렇지. 하지만 죽으면 아무렇지도 않아.”) 우리는 볕이 너무 따갑지 않은 이른 아침과 늦은 오후에만 돌고래를 찾아 나서기로 했다.

그래서 이날 아침, 다이앤과 나는 모래톱에 앉아 돌고래가 나타나기를 기다렸다. 나는 참을 수 없어서 물가를 거닐며 두리번거렸다. 일렁이는 물결이 돌고래의 얼굴이나 이마나 지느러미로 바뀌는 일은 일어나지 않았다. 나는 좀 더 멀리까지 걷다가 마침내 물속으로 걸어 들어갔다. 내 몸을 미끼로 던진 것이다. 물속에 서서 보투가 나타나길 기다리는 동안 내 마음은 잔물결 위를 표류했다. 불현듯 눈앞의 수면에 그림자가 떠올랐다. 잔물결 위에 구름이 그림자를 드리웠나 싶었다. 그 순간 그림자가 보투의 등마루로 변하더니 이내 사라져버렸다.

헛것을 본 것일까? 처음에는 멍했다가 퍼뜩 정신이 들었다. **분명** 거기 있었어, 하고 나는 생각했다. 그때 다시 두 마리가 나타났다! 바로 3미터 앞에서 두 개의 잿빛 등마루가 동시에 떠오른 것이다.

나는 다이앤을 떠올렸다. 누구든 먼저 보투를 본 사람이 다른 사람을 소리쳐 부르기로 약속했었다. 다이앤은 쿠루쿠곶 반대편에 있었다. 그곳은 1킬로미터나 떨어져 있어서 내 말소리가 들리지 않을 것이다. 나는 다이앤을 향해 달리기 시작했다. 곶의 모서리를 돌아가자 다이앤이 나를 향해 두 팔을 휘둘렀다.

다이앤은 가쁜 숨을 몰아쉬며 말했다. "굉장했어, 사이! 한 마리가 1.5미터 앞까지 다가왔어! 그러더니 숨을 **내뿜었어**!" 너무 뜻밖이었고 너무 가까워서 여간 놀란 게 아니었다고 했다. "어째야 좋을지 몰라 그냥 우두커니 서 있기만 했어."

우리는 같이 물에 들어가 허리까지 잠긴 채 나란히 섰다. "우린 그들의 영역 안에 있어." 내가 말했다. 우리는 그들을 향해 노래하고 물장구를 쳤다. 다시 두 마리가 나타났다! 하나는 크고, 하나는 작았다. 6월에 태어난 아기인 모양이었다. 처음엔 3미터 떨어진 곳에 있다가, 6미터, 9미터로 거리가 멀어졌다. 순간 두 마리가 도약을 했다! 아기는 거의 전신이 물 밖으로 솟구쳤다. 얼굴이 아주 작았고 완벽했다! 나는 다이앤의 살갗에 돋은 소름을 보았다.

세 번째로 돌고래 세 마리가 나타났다. 둥그렇게 모인 세 마리 모두가 바깥쪽으로 폭죽이 터지듯 도약했다. 그리고 한 마리는 수면에 누워 손을 흔들듯 가슴지느러미를 흔들었다. 다른 회색 돌고래 한 마리는 3미터도 떨어지지 않은 곳에서 불쑥 머리를 내밀더니 나를 빤히 바라보았다. 그의 눈은 내 눈을 바라보고 있었다. 곧바로 다른 돌고래가 옆에서 솟아오르더니 유연한 목을 돌려 내 얼굴을 물끄러미 바라보았다.

돌고래들이 점점 가까이 다가오는 것 같았다. 그러다 문득 정신을 차리고 보니 나는 헤엄을 치고 있었다. 발이 땅에 닫지 않았다. 여전히 허리까지 물에 잠긴 채 서 있던 다이앤이 외쳤다. "**너무 멀리 갔어!**" 나는 고개를 돌리고 그녀를 바라보았다. 다이앤이 고작 손가락 정도의 크기로 보였다. 생각보다 훨씬 더 멀리 헤엄쳤던 것이다. 물결이 나를 옆으로 밀어내며 곶 둘레로 휩쓸어가려고 했다. 그곳은 물의 흐름이 훨씬 더 빨랐다. 어쩔 수 없이 다이앤이 있는 물가로 헤엄쳐 돌아갔다.

"맙소사, 너를 데려가는 줄 알았어." 다이앤이 말했다.

그랬다면 얼마나 기꺼이 그들과 함께 떠났겠는가. 나는 그들의 엥캉치에 몸을 맡겼을 것이다. 물속에서 나는 탈바꿈한 생물이 되었을 것이다. 그럼 더 이상 육상동물이 아니고, 두 다리 동물도 아니었을 것이다. 흙과 공기의 세계를 등지고, 전에 숨 쉬던 방법, 움직이던 방법, 내 몸의 무게까지 다 잊어버렸을 것이다. 물에 잠길 때마다 새로이 침례를 받고 새로 태어났을 것이다. 물속에서, 바로 그 신비의 자궁 속에서 헤엄쳤을 것이다. 분홍돌고래들이 빤히 내 얼굴을 들여다보는 그 신비의 자궁 속에서, 나 자신의 미래를 비롯한 세상 모든 것이 완전히 달라지고, 가장 이뤄질 수 없는 불가능한 꿈이 이루어지고야 말았을 것이다.

물 밖으로 나서자 몸뚱이가 납덩이처럼 무겁고 노곤했다.

돌고래의 춤

"아주 예쁜 소녀에 관한 전설이 있답니다. 아시다시피 여기선 무도회를 열곤 해요. 소녀는 춤을 추기 전에 강으로 목욕을 하러 갔어요. 보투가 지켜보고 있다는 걸 몰랐지요. 바로 그때부터 보투는 소녀를 원했어요." 네카는 조부모에게 들었다는 이야기를 이사벨의 입을 통해 우리에게 들려주었다. 네카의 본래 이름은 루디넬다 마리누 곤살베스였다. 마흔 살의 강인한 여성인 네카는 스스로 자랑스러워하는 혈통인 보라리 인디헤나답게 광대뼈가 도드라져 있었다.

우리는 베르지호 끄트머리에, 네카가 생선 튀김과 청량음료 장사를 하는 오두막의 초가 얹은 지붕 아래 앉아 있었다. 그녀의 말을 통역으로 듣긴 했지만, 네카가 만만찮은 이야기꾼이라는 것을 알 수 있었다. 이야기를 느릿느릿 감질나게 풀어놓은 것이다. 그러다 가끔 다음 사건의 실마리를 찾는 것처럼 두 눈망울이 구석에서 구석으로 데구르르 굴렀다.

네카는 얘기를 계속했다. "무도회를 여는 날 밤, 아름다운 소녀는 남자친구를 데려왔죠. 그런데 그 보투는 남자친구보다, 아니 무도회의 다른 어떤 남자보다 더 잘생겼더랍니다. 소녀는 그를 보자마자 사랑에 빠지고 말았어요. 보투 역시 그랬고요. 그들은 사랑에 눈이 멀었어요."

그럴 수 있지, 하고 다이앤과 나는 고개를 주억거렸다. 우리는 그런 감정을 잘 알고 있었다. 사랑의 감정이 넘치면, 인간의 탐지 기능이 교란되고, 눈이 멀어 다른 모든 것을 보지 못하게 된다. 사방에서 번개가 번뜩이고, 뱀장어와 피라냐가 발가락을 물어뜯어도 아랑곳하지 않게 된다. 중요한 것은 오직 하나밖에 없다. 영혼을 사로잡아버리는 그 갈망, 감미롭게 영혼을 엄습하는 그 사랑의 질병에 인간은 너무나 취약하다. 그런데 막상 우리가 돌고래와 사랑에 빠져 눈이 멀면 어쩌지?

네카가 이야기를 계속했다. "그게 보투라는 것을 한 남자가 알아차렸어요. 그는 보투를 쫓아내버렸지요. 하지만 소녀는 보투를 사랑했어요. 아주 미치도록요. 그래서 다음 무도회에 다시 참석해 그를 찾았죠. 그가 와 있었어요. 그들은 서로의 품에 안겨 밤새 춤을 추었답니다. 그리고 둘이서 물가로 걸어갔어요."

"그리고 마침내 모래톱에 누워 사랑을 나누었답니다. 함께 **온갖 걸** 다 했죠." 구체적인 것은 상상에 맡긴다는 듯이 네카는 눈썹을 으쓱해 보였다. 두 연인은 흠뻑 사랑을 나누고 지쳐 모래톱에 드러누웠다. 그러다 갑자기 벌떡 일어난 남자가 물속으로 사라져버렸다.

"그녀는 가슴이 미어졌죠. 그래서 마을의 쿠란데이루를 찾아갔답니다. 연인을 찾아달라고 부탁하기 위해서 말예요. 쿠란데이루는 '호수의 어머니'에게 도움을 청했어요. 호수의 어머니는 달님에게 부탁해 그를 불러주겠노라 약속했지요. 그 무렵 소녀는 임신 중이었고, 쿠란데이루는 아기 아버지가 보투라는 걸 알 수 있었어요."

"다음 보름달이 뜨는 날 다시 무도회가 열렸어요. 달님이 보투에게 소식을 전했기 때문에 보투가 연인을 만나러 나타났지요. 그때 소녀가 그에게 말했어요. 당신의 아기를 가졌다고요. 그러자 그가 변명을 했어요. 그녀를 사랑할 뿐만 아니라 함께 있고 싶지만, 무도회가 열리는 날에만 볼 수 있다는 거예요. 바로 그때만 인간으로 변할 수 있으니까요. 다음 무도회는 몇 달 뒤에야 열렸어요. 그들이 다시 만났을 때, 그녀는 아들을 데려왔죠. 그 후 무도회가 열릴 때마다 그가 찾아와 그녀와 함께 춤도 추고 아들도 만났답니다."

네카는 이 이야기를 주제로 안무를 만들어냈다. 우리는 브라울리우를 통해 그 사실을 이미 알고 있었다. 그 춤은 알테르두샹의 모래톱에서 해마다 7월 마지막 주에 공연된다. 전에는 네카가 직접 춤을 추었는데, 지금은 24세의 아리따운 딸 케일라가 공연한다. 케일라의 어린 딸이 나이가 차면 또 이 춤을 이어받을 것이다.

네카가 말했다. "많은 사람들이, 그러니까 나이든 사람들은 이 이야기를 믿어요. 게다가 수많은 소녀들이 지금도 보투를 만나길 바라며 춤을 추러 오지요! 보투만큼 잘생긴 남자는 없으니까요. 사람들이 그 춤을 보러 올 때, 돌고래들도 종종 물가로 다가온답니다. 그 춤이 자기들 얘기라는 걸 안다는 것처럼요."

지난번 탐사 때 비가 우리의 동반자였듯, 지금은 불이 동반자다. 우리는 넘쳐흐르도록 세계를 풍요롭게 하는 비가 항상 반가웠다. 그러나 불은 무섭다. 그렇다고 불을 피할 길은 없다. 어느 날은 쿠루쿠의 수평선 위로 너덧 개의 연기 기둥이 솟아오른다. 화재의 여파로 어느 날은 대기가 납빛으로 바뀌고, 강물도 수은처럼 보인다. 어느 날 밤에는 불길이 알테르두샹까지 육박해 들어왔다. 불길이 너무 가까워 강물을 잠식해 들어오는 열기를 느낄 수 있었다. 집요하게 세상을 먹어치우는 탐욕을 연상시키는 불과 연기가 아마존 어디선가는 항상 피어오르고 있다.

그날 아침에 쿠루쿠로 향하는데, 세 개의 큰 불길이 서쪽으로 몰려가는 것이 보인다. 대기가 열기로 일렁인다. 오로지 강물 위에서만 마음을 놓을 수 있다. 다이앤이 짐 꾸러미에서 사진기를 꺼내는 동안 나는 처음 발견한 지느러미를 마중하러 물속으로 들어간다. 내가 천천히 개구리헤엄을 치자 그들이 내게 다가온다. 처음에는 어미와 새끼가 다가오고, 이어 아주 커다란 분홍돌고래 한 마리와 큼직한 회색 돌고래 두 마리가 다가온다.

나는 그들에게 둘러싸여 있지만 이를 알아채지 못한다. 지강치호 지붕에서 사진을 찍던 다이앤이 나중에 말해줘서 알았다. 두 마리의 불그레한 투쿠시가 무리에 합류했다. 그중 한 마리는 등지느러미에 베인 자국이 있다. 45분쯤 헤엄치는 동안 내 눈높이에 있는 돌고래를 본 것은 1분도 되지 않았다. 그들이 수면에 떠올랐을 때, 나는 그들의 시선을 느낄 수 있었다. 하지만 그건 그들의 수중 음파였는지도 모른다. 훗날 나는 바다 돌고래를 연구하는 사람들이 돌고래의 '소리'를 느낀다는 것을 알게 되었다. 돌고래들이 두개골 속의 근육을 움직여, 초음파로 연속적인 클릭음을 내는 것이다. 돌고래는 이 초음파의 메아리를 포착해, 그들 앞에 펼쳐진 3차원 세계의 소리 풍경, 즉 소노그램을 만들어낸다. 목이 유연한 보투는 큰 호를 그리며 고개를 돌릴 수 있기 때문에 유난히 광범위한 소노그램을 얻을 수 있다. 피츠버그동물원의 연구원인 윌리엄 랭바워는 내게 이런 말을 한 적이 있다. 음파가 자기 몸에 닿을 때면, 치아를 맞다문 채 허밍을 내는 것 같은 느낌이 든다고.

그러나 그것은 아쿠아리움 수조에서 벌어진 일이었다. 나는 생동하는 물속에서 헤엄칠 때마다 물의 허밍을 느낀다. 물의 허밍은 내 핏줄 속에서 고동치는 피처럼 활기를 띤다. 나는 보투가 내게 초음파로 말하는 것을 느낄 수 없지만, 분명 그들은 말을 걸고 있다. 그들은 신처럼 나를 꿰뚫어볼 수 있다. 그들은 나를 건드리지 않지만, 그들의 소리는 내 육신을 뚫고 지나간다. 그들은 내 위장이 가득 채워져 있다는 것을 알고, 내 자궁이 비어 있다는 것도 안다. 내 심장의 승모판이 고장 났다는 것도 알 것이다. 그렇게 놀라운 수중 음파탐지 능력이 있으면서도, 물 밖으로 머리를 내밀고 내 얼굴을 바라본다. 내 얼굴이 그들에게 왜 중요한 걸까? 그들은 물속에 잠긴 내 육체의 10분의 9만으로도 나를 알아볼 수 있다. 그런데도 내 얼굴을 바라보고, 또 바라본다. 인간이 얼굴에 영혼을 걸치고 있다는 것을 알고 있는 게 분명하다. 만남이란 얼굴과 얼굴을 마주할 때 더욱 뜻깊다. 아마 돌고래들에게도 마찬가지이리라.

그들에 대해 내가 알고 있는 게 뭘까? 그중 한 마리의 성별-아기를 데리고 있는 것이 어미라는 것-뿐이다. 나는 그들이 얼마나 오래 살아왔는지 모른다. 얼마나 멀리 여행하는지도 모른다. 이 무리가 항상 함께 머무는지, 아니면 그들 앞에서 허우적거리는 이 낯설고 창백한 육상동물을 살펴보기 위해 지금 이 자리에서만 함께 머물고 있는지, 나는 알지 못한다.

그러나 답을 알아내지 못한다고 해서 좌절하지 않는다. 이제 나는 안다. 그들이 내게 가르쳐준 것은 분명 그런 게 아니라는 것을. 그들은 다정하게도 내게 이미 너무나 많은 것을 보여주었다. 보투는 나를 마나우스로 안내했다. 있음직하지 않은 아마존의 파리로, '물들의 만남'으로 나를 이끌었다. 탐시야쿠타후아요로, 마미라우아로 이끌었고, 이제 이곳의 맑고 푸른 물로 나를 이끌었다. 이렇게 네 차례에 걸쳐 아마존강을 여행하며 나는 그들의 뒤를 따랐다. 원래 계획했던 일은 아니었다. 언제 뒤따르기로 결정했는지도 모른 채 나는 뒤를 따랐다. '뒤따르다follow'는 동사에는 많은 의미가 있는데, 나는 그들을 뒤따르기로 마음먹기 전까지 그 의미를 제대로 인식하지 못했다. 그들의 뒤를 밟는 것과 찾아서 좇아가는 것. 그들의 이주를 추적할 수 있길 바라며 내가 마음속으로 그렸던 의미는 이런 것들이었다. 하지만 이런 것은 그저 뒤따름following의 한 측면에 지나지 않는다. 다른 측면들은 더 미묘하고 더 의미심장하다. 예컨대 이끌린다는 것, 순응한다는 것, 가까이 지켜보거나 면밀히 관찰한다는 것, 이끎이나 지시나 통솔을 받아들인다는 것, 적시에 따라나선다는 것, 맹목적이 아니라 그 의미나 논리를 숙지한다는 것. 그래서 나는 그들의 이주 경로를 추적하거나 베라의 계측기를 한 번도 포착해보지 못했지만, 실은 진정으로 그들을 뒤따르는 셈이었다. 탐시야쿠타후아요에서는 영혼의 영역으로 그들을 뒤따랐다. 샤먼들이 식물의 힘을 빌려 교감을 하며 방문하는 그 영혼의 영역으로. 또 개리와 함께 시간을 거슬러 그들을 뒤따랐다. 마미라우아에서는 나를 현대식 환경보호 계획의 핵심 딜레마에 빠뜨렸다. 그리고 지금, 나는 여전히 그들을 뒤따른다. 그들 앞에 펼쳐진 물속에 둥둥 떠서, 그들의 선물과 이끎을 받아들일 준비를 한 채…….

나는 항상 그들을 향해 물속으로 뛰어드는 순간을 아껴둔다. 다이앤과 나는 강 언저리에서 묵묵히 기다린다. 돌고래가 다가올 때까지는 헤엄을 치지 않는다. 다가온 지느러미를 발견하는 순간, 비로소 강물에 몸을 맡긴다.

다이앤은 강 언저리에 남아, 혹은 이따금 지강치호 지붕에 올라 사진을 찍는다. 그녀는 수영을 아주 잘한다. 그녀의 아버지는 선장이었다. 물을 가장 잘 아는 사람 말이다. 그런 사람들은 현명하게도 물의 위험을 존중하는 경향이 있다. 하지만 나는 물속에서 완전히 나 자신을 잃어버린다. 영혼이 육신을 떠나는 것처럼.

우리는 한 주 내내 날마다 이곳에 왔다. 덕분에 돌고래 일곱 마리를 구별할 수 있었다. 중간 크기의 회색 돌고래 두 마리는 중산모를 쓴 영국인 사업가 같다. 실제로 다이앤은 중산모를 쓰고 다니는 영국인 한 명을 알고 있는데, 돌고래 하나에게 그 남자 이름을 붙여주었다. 데이비드. 다른 한 마리에게는 개리라는 이름을 붙여주었다.(내가 두 번째로 페루에 왔을 적에 개리가 비올 때마다 쓴 모자는 정말 멋져서 다들 탐을 냈다.) 아주 커다란 회색 돌고래 한 마리에게는 베라라는 이름을 붙여주었다. 아주 커다란 분홍돌고래는 밸런티노라고 불렀다. 분홍 입술의 회색 돌고래는 분홍 입술이라고 불렀다. 가끔 함께 다니는 어미와 새끼를 보곤 했는데, 크리스마스가 가까웠기 때문에 그들은 마리아와 예수라고 불렀다.

분홍 지느러미, 회색 복부, 구근 같은 부드러운 머리, 그것을 나는 간절히 만져보고 싶었다. 나는 그들의 몸이 미끄러져 가며 일으키는 물살을 느낄 수 있었다. 어느 날 물속을 굽어보다가 발 아래서 헤엄치는 커다란 회색 형체를 보았다. 맑고 푸른 물속에 거의 온몸을 담그고 있던 나는 마치 낙원에 안긴 듯했다.

쿠루쿠는 더할 나위 없이 이상적인 곳이었다. 이보다 더 좋은 곳은 상상도 할 수 없었다. 그러나 아직도 아라피웅스강의 돌고래를 찾아봐야 한다는 생각을 떨칠 수 없었다.

산타렝의 슈퍼마켓에서 한 어부를 만난 적이 있었다. 머리가 빠지고 있었지만 두 손이 억센 어부의 이름은 발도미루 히베루였다. 발도미루는 15세 때 아라피웅스강에서 보낸 한 달간의 경험을 잊지 못했다. "그곳엔 많은, 아주 많은 돌고래가 있었어요." 그가 우리에게 말했다. 어느 날 밤 모래톱에 드러누워 잠을 자려고 할 때, 낯선 소녀 두 명을 발견했다. 11세와 13세쯤 돼 보이는 소녀들이었다. 피부가 아주 하얀데, 드문드문 붉은 반점이 있었다. 머리칼은 숱이 아주 적었다. 그런데 이 두 소녀가 스스로 보투의 딸이라고 고백했다고 한다.

사진작가들이 멋진 알테르두샹에 머물지 않고 서쪽 멀리 아라피웅스강 상류까지 간 데에는 분명 이유가 있었을 것이다. 다이앤과 나는 그곳의 강물이 훨씬 더 맑아서 돌고래가 훨씬 더 잘 보일 거라고 생각했다.

그곳으로 가는 배를 찾기는 어려웠다. 위험을 무릅쓰고 그곳에 가겠다는 사공은 한 명도 없었다. 브라울리우는 자신의 지강치호가 그곳 급류를 이길 수 없다고 말했다. 아라피웅스강으로 이어지는 타파조스강 구역은 배로 건너기 어려웠다. 마른 땅이 드러난 곳이 있고 물살이 급했기 때문이다. 게다가 모기가 우글거린다고 브라울리우가 말했다.

우리는 닷새나 걸려 가까스로 배를 찾아냈다. 안타깝게도 이사벨은 우리 곁을 떠나 벨루오리존치에 있는 브라질 친구들을 만나러 갔다. 그녀는 떠나기 전에 우리의 여행 준비를 도와주었다. 여관 안주인 소코루가 지우베르투 피멘첼이라는 사공을 알고 있었는데, 그가 배를 몰아주기로 했다. 네카의 아리따운 딸 케일라는 영어를 조금 할 줄 알았다. 케일라는 우리가 배를 빌리려고 협상할 때 통역을 해주었다. 케일라와 소코루가 도와준 것이

고마워서 함께 가지 않겠느냐고 초대했더니, 정말 놀랍고 반갑게도 기꺼이 초대에 응했다.

케일라를 통해 지우베르투는 자기 배가 아주 튼튼하다고 말했다. 그의 아버지 이름을 딴 배의 이름은 보아나레스였다. "배가 아무리 튼튼해도 그곳은 위험해요." 그가 경고했다. "물이 성을 내서 뒤집어진 배가 많아요. 강어귀 물속의 모래톱도 모양이 자꾸 바뀐답니다. 배가 뒤집어지면, 강이 워낙 넓어서 물가까지 헤엄쳐갈 수가 없어요." 그는 배가 좌초될 수도 있음을 감안해 단단히 준비해야 한다고 했다. 또 물 위에서 밤을 새울 일이 있을지 모른다면서, 그럴 경우 분명 모기떼가 몰려들 거라고 말했다.

우리는 새벽 4시에 출발했다. 바람은 아주 잔잔했다. 그러나 한 시간이 지나자 물결이 사나워졌다. 선실의 작은 탁자가 엎어지고, 나를 뺀 모든 사람이 해먹에서 굴러떨어졌다. 해먹을 중앙 선실에 단단히 붙들어 맸는데도 그랬다. 우리는 하는 수 없이 바닥에 주저앉았다. 페드레스곶에서 한 시간 동안 머물며 물결이 가라앉기를 기다릴 수밖에 없었다.

다시 시속 24킬로미터쯤의 속도로 상류로 나아가, 이쿠시라고 불리는 곳에 도착했다. 여기서 지우베르투는 21미터 길이의 그물을 쳤다. 그물 찌로는 플라스틱 콜라병을 사용했고, 그물추로는 빨간 사암으로 만든 벽돌을 썼다. 그물에 일단 물고기가 잡히면 돌고래가 다가올 거라고 그가 말했다. 그래서 우리는 기다리며 한동안 해먹에 누워 있다가 강변의 모래톱을 거닐었다. 물속으로 걸어 들어가 보기도 했다. 그러나 그물에 물고기가 여러 마리 걸렸는데도 돌고래가 다가오지 않았다.

우리는 계속 배를 몰고 나아갔다. 흰 모래톱을 거듭 지나고, 많은 불길을 지나 마침내 노을이 질 무렵 아라피웅스강에 이르렀다. 파란 강물이 잔잔했다. 서쪽 수평선을 바라보니 아홉 군데 이상에서 불길이 솟고 있었다. 놀랍게도 아라피웅스강은 타파조스강과 똑같아 보였다.

해가 저물자 다시 해먹을 매달았다. 다이앤과 나는 따로 둘만의 모기장을 쳤다. 예상대로 모기떼가 집요하게 달려들었다. 난감하게도 소코루와 케일라는 모기장을 가져오지 않았다. 그러나 그들은 전혀 불편해하지 않았다. 그들은 수다스러운 포르투갈어로 활기차게 얘기를 나누었다. 포르투갈어가 모기를 쫓는 주문 같다는 생각이 들었다. 포르투갈어는 모기향처럼 계속 피어올랐다.

나는 귀를 기울였다. 포르투갈어를 기초밖에 알지 못했는데, 놀랍게도 그들의 대화가 이해되었다.

"보투가 하나쯤 올까?"

"네 명의 여자가 하나 가지고 되겠어?"

"지우베르투한테도 하나 필요해. 그리고 그의 아버지에게도!"

"아, 오늘 밤에는 자지 말자! 보투가 오는 걸 기다려야 해!"

"축제 음악만 있으면 쉽게 보투를 끌어들일 수 있을 텐데!"

나는 흔들리는 해먹에 누운 채, 아래서 다정한 연인처럼 물결이 일렁이는 것을 느낄 수 있었다.

5시에 일어나 자리Jari라는 곳으로 향했다. 그곳은 얕은 물길이 많아 물고기를 쉽게 잡을 수 있었다. 보투도 마찬가지라고 지우베르투가 말했다. 그는 케일라와 함께 노 젓는 배를 몰고 가서 어부들과 얘기를 나누었다. 어부들이 보투를 보았는지 알아보기 위해서였다.

어부들은 보았다고 답했다. 바로 이곳에서! 그들은 작은 물길 하나를 가리켰다. 양쪽 물가에는 풀이 돋아 있어서 야윈 소들이 풀을 뜯고 있었다.

정말 그곳에서 세 마리 보투가 눈에 띄었다. 커다란 분홍색 돌고래 한 마리와 역시 커다란 회색 돌고래, 그리고 회색이 섞인 분홍 아기 돌고래였다.

지우베르투와 그의 아버지는 재빨리 그물을 쳐서 물길을 가로막았다. 우리가 그들을 잘 볼 수 있도록 얕은 물에 가둔 것이다. 물은 허리 깊이밖에 되지 않았고, 약간은 흙탕물이었다. 다이앤은 재빨리 사진기를 꺼냈다. 그러나 일이 꼬이고 말았다. 뭔가 그물에 걸렸는데, 알고 보니 아기 보투였다! 환한 분홍색을 띤 어미 돌고래가 가슴지느러미를 드러내며 물속에서 요동치기 시작했다. 화가 난 게 분명했다. 아기가 익사할지도 몰랐다! 나는 물속으로 뛰어들었다. 운동화를 벗어야 한다고 생각할 겨를도 없었다. 강바닥의 진흙에 발목이 빠져 걸음을 뗄 수가 없었다. 지우베르투와 그의 아버지도 뛰어들었다. 현명하게 맨발로 뛰어든 그들은 서둘러 그물 쪽으로 다가갔다. 나도 그들과 합류하려고 휘청휘청 걸음을 뗐다.

아기는 겁에 질려 소리를 질러대며 빠져나가려고 몸부림을 쳤다. 그러니 점점 더 그물에 얽힐 수밖에 없었다. 지우베르투의 아버지 보아나레스가 먼저 도착했다. 보아나레스가 가슴지느러미와 꼬리에 감긴 그물을 벗기는 동안, 나는 아기를 가만히 붙들고 머리를 물 위로 내밀고 있게 했다. 보아나레스는 그물을 찢고 싶지 않았다. 21미터의 그물을 손으로 만들려면 1주일 넘게 걸린다. 가게에서 사려면 150달러나 든다. "그물을 잘라요! 잘라! 새 그물을 사줄게요!" 내가 고함을 질러댔지만 보아나레스는 알아듣지 못했다. 그 순간 나는 포르투갈어를 까맣게 잊어버렸던 것이다.

아기는 내 품에서 비명을 질렀다. 아기는 겁에 질려 멜론 같은 머리를 쳐든 채 숨구멍을 여닫으며 작은 입 같은 숨구멍으로 울부짖는 소리를 냈다. 길이가 1.2미터쯤 되었다. 아기는 예상과 달리 매우 억세서, 팽팽히 당겨진 큰 힘줄처럼 느껴졌다. 내가 할 수 있는 일이라고는 그저 가만히 붙들고 있는 것뿐이었다. 나는 아기를 진정시키려고 했다. 아기 옆구리를 두근거리는 내 가슴에 댄 채 한 손으로 천천히 아기의 배를 쓰다듬었다. 피부가 껍데기 벗긴 삶은 달걀 같은 느낌이었다. 몸부림을 친 뒤라서 피부가 분홍빛으로 달아올라 있었다. 아기가 익사하는 일은 없을 것이다. 그러나 그물 때문에 섬세한 피부가 다쳤을까 봐 걱정이 되었다. 나는 아기의 진주 같은 눈동자를 들여다보았다. 겁에 질린 아기에게는 내가 폭풍 번개나 카이만, 피라냐 떼, 악당 우주선처럼 보일 것이다. 아기는 우리가 도와주려고 한다는 것을 이해하지 못할 것이다.

마침내 보아나레스가 그물을 벗겨냈다. 나는 좀 더 아기를 안고 있었다. 심장이 한 번 고동치는 짧은 순간이 영원처럼 느껴졌다. 아기를 감싼 내 두 손의 포옹은 기도와도 같았다. 아기 보투를 놓아주는 순간 나는 가슴이 울컥했다. 순간 텅 빈 내 품 안으로 강물이 용서처럼 밀려드는 듯했다.

그런데 이번에는 어미가 그물에 걸렸다! 다이앤은 사진기를 케일라에게 맡기고, 우리를 돕기 위해 물속으로 뛰어들었다. 어미는 아기보다 훨씬 더 침착했다. 다이앤은 어미를 안아보고 싶어 했다. 어미는 몸부림을 치지 않고, 다이앤의 품에 다소곳이 안겼다. 나는 탄복했다. 어미 새가 날개를 다친 것처럼 위장하듯, 이 어미 보투는 우리가 한눈팔도록 일부러 그물에 걸린 게 아닌가 싶었다.

이제 돌고래는 모두 자유롭게 헤엄쳤다. 회색 돌고래는 승리감에 취한 듯 도약했다. 지우베르투와 그의 아버지는 그물을 거둬들였다. 우리는 노랗고 푸른 페인트를 칠한 보아나레스호에 올라탔다.

우리는 모두 탈진했다. 소코루와 케일라는 우리가 아기 보투를 구하려고 애쓰는 동안 다른 두 돌고래가 우리를 공격할까 봐 애를 태웠다. 지우베르투와 그의 아버지는 돌고래가 그물에 걸린 것이 브라질 환경경찰에게 발각돼 우리 모두 체포될까 봐 안절부절못했다. 겉보기엔 냉정하고 침착했던 다이앤도 속을 태우긴 마찬가지였다. 절호의 장면을 놓칠까 봐 전전긍긍했던 것이다.

그러나 그녀는 놓치지 않았다.

나는 온갖 감정으로 무너져 내렸다. 아기를 안고 있을 때의 그 전율, 아기가 크게 다칠 수도 있다는 두려움, 만일 아기가 다치기라도 했다면 모두 내 탓이었을 거라는 죄책감이 새삼 밀려왔다. 타파조스강에서 나는 보투를 너무나 만져보고 싶었다. 그렇다고 여기서 우리가 보투를 붙잡으려고 했던 것은 아니다. 잠깐만 가둬두려던 거였다. 하지만 하마터면 보투 두 마리가 익사하는 참극을 불러올 뻔한 이 사건은 저 지평선 너머의 불길처럼 타오른 내 욕망의 결과였다. 다시 한 번 나는 외지인이 얼마나 막대한 피해를 입힐 수 있는지 깨달았다.

내 운동화는 강바닥 어딘가 진창에 파묻혔고, 발에는 진흙이 엉겨 붙어 있었다.

돌아가는 길에 쿠루쿠에 잠시 머물렀다. 고작 하루밖에 지나지 않았는데도 '우리의' 돌고래들이 그리웠기 때문이다. 케일라와 소코루는 우리가 날마다 돌고래들과 함께 헤엄쳤다는 것을 들어서 알고 있었지만, 그런 모습을 본 적이 없어서 꼭 한번 보고 싶어 했다.

쿠루쿠에 온 지 3분도 되지 않아 돌고래들이 나타났다. 마치 집에 돌아온 기분이었다. 헤엄을 쳐서 그들에게 다가갔다. 아마 400미터쯤 헤엄쳤을 것이다. 모두 일곱 마리의 보투가 나타나 숨결을 내뿜었고, 머리를 내밀고 나를 바라보았다. 그중 한 마리뿐인 투쿠시가 도약을 했다. 밸런티노가 물 밖으로 파도처럼 넘실거리며 가슴지느러미를 드러냈다. 중간 크기의 회색 돌고래인 개리와 데이비드가 물 위에 누워 가슴지느러미를 흔들어 보이고는 다시 몸을 뒤집은 후 꼬리를 세워 보였다.

그동안 지우베르투와 보아나레스는 배 옆에 그물을 쳤다. 한 시간 만에 묵직하게 고기가 잡혔다. 다이앤과 소코루와 케일라는 보아나레스호 지붕에 서서 나를 지켜보았다. 그러다 느닷없이 소코루가 외쳤다. "라피두! 라피두!" 밸런티노가 쏜살같이 그물 옆으로 다가와 몸을 뒤집으며 그물에서 물고기 한 마리를 떼어냈다. 내 눈에는 보이지 않는 또 다른 돌고래가 물고기를 빼앗으려고 했다. 밸런티노는 수면으로 솟구치며 물고기가 물린 주둥이를 세차게 내두르고는 어느새 종적을 감추었다.

우리는 더 많은 돌고래가 그물에서 물고기를 떼어가는 모습을 보고 싶었다. 그러나 더 이상은 다가오지 않았다. 우리는 그물을 걷다가 흠칫했다. 10센티미터의 붉은배피라냐 두 마리가 그물에 걸려 있었다.

우리는 주기적으로 버스를 타고 산타렝에 들러 환전을 해왔다. 평소 한 시간 반 남짓 걸리는 이 왕복 여행은 무척 즐거웠다. 텁수룩하게 수염을 기른 억센 운전기사가 우리(특히 다이앤)를 포옹하며 반가워할 정도로 우리는 낯익은 승객이 되었다. 브라질 사람들은 침묵의 시간을 항상 음악으로 메우려는 것 같았다. 여느 버스와 마찬가지로 우리가 탄 버스에도 카세트 플레이어가 설치돼 있었다. 우리는 카리브 음악이나 보이붐바 음악을 좋아했지만,

운전기사는 우리를 존중한다는 뜻에서 줄곧 미국 노래를 틀었다. 12월의 어느 날, 몇 가지 볼일을 보고 알테르두샹으로 돌아갈 때, 운전기사는 엘튼 존의 크리스마스 음반을 틀었다. 차창 밖에는 눈바람이 날렸다. 거대한 검은 눈송이가 차창을 쓸고 지나갔다. 우리는 근처에서 일어난 산불의 열기를 느낄 수 있었다.

우리는 짙은 연기를 뚫고 나아갔다. 운전기사는 태평스러웠다. 한쪽 길가에서는 나무가 불타고 있었다. 승객들은 아랑곳하지 않는 것 같았다. 한쪽 도로가 크리스마스 전야의 굵은 장작처럼 이글거렸지만 아무도 대수로워하지 않았다. 길모퉁이를 돌아서자 이엉을 얹은 집 한 채가 불타고 있었다. 그제야 사람들은 놀라서 눈을 크게 뜨고 외쳤다. "카자! 카자!(casa, 집)" 그들은 목을 길게 빼고 창밖을 내다보았다.

알테르두샹에 돌아왔을 때는 연기가 자욱한 하늘에 구름이 몰려오고 있었다. 타파조스에 그런 구름이 몰려오면 어부들은 일찌감치 집으로 줄달음질친다. 위험한 바람이 몰려오기 때문이다. 그런데 오늘은 바람이 훨씬 강했다. 바람은 산불로 허기진 배를 채운 듯했다.

이날은 더 큰 배를 탔다. 브라울리우는 볼일이 있어서 산타렝에 가야 했다. 그는 친구인 마누엘에게 우리를 데려가달라고 부탁했다. 마누엘의 배인 사비아호가 물결을 가르고 나아갔다. 쿠루쿠에 닻을 내리자마자 다이앤이 분홍 지느러미를 발견했다. 나는 400미터쯤 헤엄쳐간 후 멈춰서 돌고래를 바라보았다.

물결이 얼굴에서 철썩였다. 행렬 때 앞에서 북적거리는 키 큰 사람들처럼 안타깝게도 물결이 시야를 가렸다. 물결 사이로 빠끔 내다보려고 해도, 물결은 쉴 틈 없이 철썩였다. 물결은 내 코 위로 올라갔다가 목 아래로 낮아지곤 했다. 나는 타파조스를 삼키고, 타파조스는 나를 삼켰다.

한 차례 숨소리가 들렸다. 고개를 돌리자 두 마리 회색 돌고래가 보였다. 데이비드와 개리가 7미터 거리에서 나란히 수면에 떠올랐다. 그들의 숨소리가 바람에 실려왔다. 마치 내 귓속에서 나는 소리 같다. 돌고래와 함께 있자니 마음이 놓였다.

그러나 다이앤은 시간이 갈수록 불안해했다. 60센티미터 높이의 흰 파도가 배를 세차게 들이받아, 술병과 고기잡이용 칼 따위가 선실 안에 굴러다니고, 비누가 바닥에서 이리저리 미끈거리고, 걸상이 엎어졌다. 사비아호의 고물 갑판에 서 있는 다이앤에게는 더 이상 내 머리가 보이지 않았다. 300밀리미터 렌즈가 달린 사진기와 쌍안경으로도 나를 찾을 수 없었다. 다이앤이 나를 소리쳐 불렀다. **"너무-멀리-갔어!"** 그러나 바람이 그 소리를 낚아채 갔다.

나는 물속에서 발을 놀리며 돌고래를 찾고 있었다. 교실에 모인 개구쟁이 소년들처럼 물결이 난동을 부렸다. 내 모자를 낚아채고, 안경을 잡아채고, 수영복을 잡아당겼다. 돌고래의 이마가 수면에 드러났다 잠기고, 등마루가 떠올라 너울거리고, 이어 물너울이 솟구치고 가라앉았다. 돌고래와 너울은 거울의 방에 함께 있는 것 같았다. 돌고래와 너울, 너울과 돌고래의 모습이 번

갈아 나타나서 나는 술에 취한 것처럼 어지러웠다. 그러다 홀연 돌고래가 모두 사라져버렸다.

나는 물살에 휩쓸리지 않으려고 힘겹게 팔다리를 놀렸다. 물살은 곶이 돌출한 곳으로 나를 휩쓸어가려는 것만 같았다. 내가 어디쯤 있는지 뒤돌아보니 배가 장난감처럼 조그맣게 보였다. 그때 다이앤의 목소리가 바람에 실려 들려왔다. 나는 안간힘을 다해 물가로 돌아갔다. 다이앤이 배에서 뛰어내려 나를 맞이했다. 내가 너울 속에 있었던 것은 35분 정도였다. 가까스로 물에서 빠져나오자 팔다리에 맥이 풀렸다. 다이앤과 함께 물가에 주저앉은 순간, 또 다른 분홍 지느러미가 눈에 띄었다. 나는 다시 물속으로 뛰어들었다.

투쿠시 한 마리가 내 앞에 솟구쳐 올랐다. 나중에 다이앤이 한 말에 따르면, 바로 그 순간 다른 두 마리 투쿠시가 내 뒤에 나타났다. 내 눈에는 간혹 보일 뿐이었지만, 투쿠시와 보투는 줄곧 나를 에워싸고 있었다. 마치 폭풍우를 막아주는 수호천사처럼. 내가 전혀 겁을 먹지 않은 것도 아마 그래서일 것이다.

물가로 돌아와 다이앤과 함께 연기에 어룽진 노을을 바라보았다. 막 떠나려는 순간, 커다란 분홍빛 밸런티노가 눈에 띄었다. 너울 속에서 솟구친 등마루가 공중의 돛처럼 떠 있는 듯했다. 시간을 초월해 무게도 없이, 불가사의하게…….

어느 날 오후, 약속한 시간이 되었는데 브라울리우가 지강치호를 몰고 나타나지 않았다. 사진촬영 장비를 지닌 다이앤을 남겨둔 채 나는 그의 집까지 모래밭을 힘겹게 걸어갔다. 집 마당에 멋진 빨간색 승용차가 세워져 있었다. 브라울리우는 란초네치라는 식당 옆집에 한 젊은이와 함께 있었다. 검은 눈의 젊은이는 펠리시우 폰테스라는 이름의 변호사였다. 나는 그에게도 함께 가자고 말했다. 펠리시우는 프랑스어와 포르투갈어, 그리고 프랑스어 억양이 섞인 영어를 할 줄 알았다. 1년 동안 프랑스에서 지낸 적이 있어서였다. 리우에서 태어난 그는 벨렝Belém에서 1년 일한 후, 이곳에 와서 파라숲 보호를 위한 사건 변론을 맡고 있었다.

이 지방의 브라질 사람들과 달리 펠리시우는 수영을 썩 잘했다. 그러나 그는 내가 너울을 뚫고 수영한 거리의 3분의 1만큼도 나아가려고 하지 않았다. 그와 다이앤은 내가 돌고래를 향해 헤엄쳐가는 걸 지켜보기만 했다. 돌고래 다섯 마리가 보였다. 밸런티노가 가까이 수면에 떠올랐다. 1.5미터도 떨어지지 않은 곳에서 키스하듯 친근하게 숨구멍을 열어 보이고는 천천히 몸을 뒤집었다. 데이비드와 개리가 나란히 수면에 떠오른 후 몸을 가라앉혔다. 멀리 마리아와 예수가 수면 가까이 떠 있는 게 보였다. 우리 일행에 낀 낯선 사람을 경계하는 듯했다. 마리아가 물에 잠기며 갈라진 꼬리를 드러냈다.

다른 돌고래들은 30분 동안 근처에 머물다 유유히 사라졌다. 나는 다이앤과 펠리시우에게 돌아갔다. 우리가 맑은 물속에 함께 서 있는 동안 펠리시우가 인디헤나 설화를 들려주었다. 사랑하는 태양을 그리워하며 슬피 울던 달의 눈물이 떨어져, 이룰 수 없는 사랑의 강인 아마존이 되었다는 이야기. 그리고 탐바타

자나무의 탄생 설화도 들려주었다. 전쟁통에 마쿠시 전사의 아내가 죽자, 슬픔에 잠긴 남편은 그녀의 무덤 옆에 산 채로 묻혔다. 무덤에서 바나나 같은 아름다운 나무가 돋아났다. "아주 멜랑콜리한 나무예요." 그가 프랑스어를 섞어 말했다. "아주 커다란 나무인데, 마치 두 팔로 포옹하듯 가지를 오므리고 있거든요."

어떻게 그런 이야기를 다 알게 되었느냐고 내가 물었다. "사람들에게 중요한 것이 무엇인지를 안다는 건 중요해요. 그래야 그 사람들의 주장을 판사에게 납득시킬 수 있으니까요." 그가 답했다. "나는 항상 사람들과 함께 어울리는 걸 좋아해요. 그러면 그들이 세계를 어떻게 이해하고 있는지 알 수 있거든요."

환경 변호사로서 펠리시우는 달의 눈물 속에서 헤엄치는 사람들, 가지를 오므린 나무의 품을 바라보며 자신의 사랑과 비극을 연상하는 사람들을 위해 변론을 한다. 최근에 승소한 사건 하나를 들려주었다. "타파조스강 상류에는 110개의 폭포가 있어요. 그런데 그 폭포를 죄다 폭파해서 상업 항해를 할 수 있는 강으로 만들려는 인간들이 있었죠. 인디헤나들이 알려줘서 우리가 그걸 막았답니다."

그는 또 이렇게 말했다. "이런 재판을 하게 된 것은 아주 최근의 일이에요. 연방법원이 벨렝에 있었는데, 1996년부터는 산타렝에서 재판이 시작돼요." 오늘날의 법정은 서로 다른 세계관이 극적으로 충돌하며 한 편의 드라마가 펼쳐지는 무대다. 한쪽 세계관은 채굴과 상업을 중시하고, 다른 쪽은 전체성과 신성함을 중시한다. 이 드라마는 우리가 헤엄치고 있는 바로 이 강에서 펼쳐진 것으로, 한편으로는 지금 우리 육체 안에서도 계속 상연되고 있다.

이날 밤 우리는 펠리시우와 브라울리우를 초대해 같이 저녁 식사를 했다. 소코루가 마련한 탐바키 콩 레이치 지 코쿠를 맛있게 먹는 동안 펠리시우가 말했다. 타파조스는 재건된 강이라고.

"2년 전에 왔더라면 여기서 돌고래를 볼 수 없었을 거예요." 펠리시우가 말했다.

"왜요?" 우리가 물었다.

브라울리우가 펠리시우를 통해 말했다. "타파조스강은 아마존강처럼 온통 흙탕물이었거든요."

"네?" 다이앤과 나는 깜짝 놀랐다.

소코루가 끼어들었다. "아주 똑같았지요. 그땐 모든 게 오염되었어요."

19세기 캘리포니아의 골드러시를 빰칠 만한 일이 1980년대 아마조니아 전역에서 일어나 강이 몸살을 앓았던 것이다.

당시 골드러시는 엄청났다. 타파조스 강변의 이곳 고원에 자리한 작은 지역 공항인 타투바공항에서는 여타 브라질 전역에서 이착륙하는 비행기보다 더 많은 비행기가 뜨고 내렸다. 사람들은 티셔츠에 바리바리 금을 싸들고 거리를 활보했는데, 티셔츠가 바구니처럼 축 늘어졌다고 소코루가 회상했다.

"그때는 돈이 아니라 금으로 물건을 샀어요." 소코루의 남편이 말했다. 당시에는 금 3온스[약 85그램]로 모터 하나를 샀는데, 지금은 같은 물건이 3000달러에 달한다고 한다. "그 뒤로 기계 값은 올랐는데 금값은 떨어졌어요." 그가 말했다.

마이클 굴딩의 글을 보면, 지난 10년 동안 금은 "아마존 유역에서 수출한 것 가운데 유일하게 값비싼 자원"이었다. 그 수익은 10억에서 30억 달러에 이르는 것으로 추산된다. 이렇게 추정치의 범위가 넓은 것은 아마존에서 캐낸 금 가운데 공식 경로로 팔린 것이 3분의 1 혹은 4분의 1에 지나지 않기 때문이다. 1980년대에 약 50만 명에 이르렀던 것으로 추산되는 광부들 대부분은 '가림페이루'라고 불렸다. 큼직한 금덩이가 아니라 사금을 찾아 혼자 불법으로 강을 파헤치는 사람을 가리키는 말이다.

우리가 처음 여행을 시작했을 때, 다이앤과 나는 '물들의 만남'에서 목숨 걸고 금을 찾아다니는 남자들 가운데 한 명을 만난 적이 있었다. 영어를 할 줄 아는 30세 남자로, 자신을 레이먼드 데 스 코스타라고 소개했다. 그는 리복 셔츠를 입고, 머리에는 핑크 플로이드의 앨범을 홍보하는('벽에 기대서서Up Against a Wall'라는 문구가 적힌) 검은 모자를 쓰고 있었다. 레이먼드와 친구 몇 명은 다이빙해서 사금을 채취하는 일자리를 찾아 콜롬비아에서 브라질로 온 지 얼마 되지 않은 사람들이었다. 레이먼드는 일이 여간 고되지 않다며 이렇게 말했다. "두 달 동안 훈련을 받았어요. 그리고 2주 동안 끙끙 앓았죠." 처음으로 생업 다이빙을 하면서 가스색전증(잠수병)에 걸린 것이다. 혈관 속에 질소 기포가 발생해 통증을 일으키는 이 병으로 코와 귀에 피가 흘러나온 그는 2주 입원을 해야 했다.

다이버들은 먼저 수심 24~27미터의 강바닥에서 금을 찾는다. 조금이라도 금을 발견하면 '미사일'을 들이댄다. 바지선이나 뗏목에서 작동시키는 흡입 펌프에 호스를 이은 물건이 바로 미사일이다. 미사일은 강바닥의 흙을 빨아올려서 뱉어낸다. "미사일은 진흙을 잔뜩 빨아들이는 바람에 커다란 나무를 쓰러뜨릴 수도 있어요." 레이먼드가 두려움과 흥분으로 눈을 빛내며 말했다. "그 주둥이 속으로 손이 빨려 들어가면 팔이 빠져버리죠. 배를 가까이 댔다가는 배가 터져버려요. 아무튼 모터가 으르렁거릴 때 주변에 있다가는 목숨을 잃게 된답니다. 신의 가호가 아니었으면 난 죽었을 거예요." 돈은 좋은 거라고 그가 말했다. 그러나 그의 삶은 위태로웠다. 11년 전 여자친구가 그의 팔에 새겨 넣은 문신만 보아도 그것을 알 수 있었다. 레이먼드의 팔에는 그의 이름 머리글자로 이루어진 구름이 비수가 박힌 하트를 둘러싸고 있었다.

11년 전, 이런 준설기 수천 대가 타파조스강의 침전물을 게걸스레 빨아들였다. 강물은 흙탕이 되었다. 이제야 우리는 사진작가들이 죄다 아라피웅스강으로 간 이유를 알 수 있었다. 이곳은 거의 10년 동안 흙탕물이어서 사진을 찍을 수 없었던 것이다.

그러나 최악의 상처는 눈에 띄지 않는 데 있었다. 가림페이루들은 침전물에서 금을 채취하기 위해 사금 채취통 속에 금속 수은을 첨가했던 것이다. 수은 가운데 상당량은 곧장 강으로 흘러들었다. 소수의 수은만 금에 부착돼 그 귀금속을 분리시켰다. 결합된 두 금속은 나중에 배관공이 쓰는 토치로 분리한다. 그러면 수은이 증발하고 금만 남는다. 그러나 증발된 수은은 없어지지 않는다. 빗물에 섞여 숲과 강으로 스며든 것이다.

유엔의 한 연구 보고서에서는 사금 채취에 따른 수은 오염을 "오늘날 아마조니아에서 가장 심각한 환경 문제 가운데 하나"로 꼽았다. 그리고 "사금 채취로 인한 손상을 장차 수십 년 동안 계속 느끼게 될 것"이라고 경고했다. 투쿠나레와 피라루쿠, 아루아나, 피라냐, 기타 다수의 메기와 같은 포식 물고기—이곳 사람들 대다수가 먹는 물고기—의 체내에 급속히 수은이 축적될 것으로 예견되었다. "강 침전물 속에 수은이 오래 남아 있게 됨으로써 사금 채취가 끝난 후에도 오랫동안 사람들의 건강을 위협할 수 있다." 1970년부터 아마존에서 연구해온 플로리다대학교의 지리학 교수 나이절 스미스와 세 명의 브라질인 동료는 이렇게 지적했다.

결과는 어떨까? 사람이 섭취한 수은은 10퍼센트 정도가 뇌에 축적된다. 그래서 사금 채취의 탐욕만큼이나 음험하게, 수은은 인간의 지각과 반응 능력을 교란한다. 신경 손상이 진행되면서 수은은 운동 능력과 감각, 언어, 사고 능력을 좀먹는 것이다.

나는 미국으로 돌아온 후 이 유엔 보고서를 읽었다. 끔찍하게도 타파조스강 유역의 마을 네 곳 주민들을 검사한 결과, 60퍼센트 이상의 오줌에서 높은 수치의 수은이 검출되었다. 세계보건기구에서 정기검사를 받아야 한다고 단언한 수치였다. 타파조스강과 지류에서 채취한 침전물 표본 가운데 반 이상은 유엔 브라질 사무국에서 설정한 위험 수치를 웃돌았다.

보고서에서는 또 사금 채취 캠프에서 병을 퍼뜨리기도 했다고 지적했다. 지역민들이 내성을 갖지 못한 새로운 변종 말라리아를 광부들이 퍼뜨린 것이다. 인디헤나들은 근처에서 광부들이 일할 때 훨씬 더 심한 말라리아 징후를 보였다. 1990년 무렵에 무려 5만 명 이상의 광부가 꿈에 부풀어 브라질 북부의 로라이마로 몰려들었고, 이곳에 광부들이 도착한 후 수백 명의 야노마미 인디헤나가 사망했다. 1992년에는 한 마을에서 2주 만에 44명의 야노마미 인디헤나가 말라리아로 사망했다.

그런데 마이클 굴딩이 썼듯이, 수은 중독의 초기 증상은 말라리아와 아주 비슷하다. 열이 나고, 몸이 떨리고, 구토가 치민다. 야노마미 인디헤나는 말 그대로 황금 열병으로 죽었다고 할 수도 있다.

펠리시우는 타파조스강이 최근 탈바꿈한 것에서 위안을 찾는다. "지난 2년 동안 우리는 상황을 역전시킬 수 있었어요." 그가 말했다. 1992년 무렵부터 대부분의 광부가 새로운 개척지를 찾아 타파조스를 떠나기 시작했다. 과거에 비해 금값이 반도 나가지 않는 지금, 이곳의 물은 다이앤의 꿈에 나온 다이아몬드처럼 투명하다. 강은 이제 완전히 회복한 것처럼 보인다. 우리가 물을 거의 무한히 용서하는 존재로 여기는 것도 무리가 아니다. 우리는 물로 죄까지 깨끗이 씻어내고자 한다.

펠리시우의 낙관적 태도에 나는 가슴이 따뜻해졌다. 인디헤나와 그들의 환경을 지키기 위해 법정에서 변론을 하는 젊은이, 친절하고 현명하고 열정적인 이런 젊은이가 있다는 사실이 여간 다행스럽지 않았다.

그러나 강의 침전물 속에, 우리가 그날 저녁식사로 먹은 탐바키의 감미로운 살 속에, 우리가 더불어 헤엄친 돌고래의 몸속에, 우리가 점점 더 사랑하게 된 이곳 사람들 몸속에, 그리고 이제는 적은 양이나마 다이앤과 나의 뇌 속에까지도, 수은은 여전히 사라지지 않고 남아 있다.

네카는 1993년 자신의 무용단을 시작했을 때부터 그 사실을 잘 알고 있었다. 그녀는 사람들이 옛일을 잊어버리고 있다고 했다. 알테르두샹이 원래 알데이아도스보라리(보라리 마을)라고 불렸다는 것조차 잊어버린 사람이 많다. 사람들은 자신이 누구인지 잊었고, 어떻게 행동해야 하는지도 잊었다. "저 불 좀 봐요." 네카는 말했다. "불이 나흘 내내 쉬지 않고 타오를 때도 있어요. 밤낮없이 말예요. 화가 나서 잠이 오질 않아요. 그리고 저 모래톱의 쓰레기 좀 봐요." 우리가 보기에도 정말 당혹스럽게, 라벤더 빛이 어린 흰 모래톱 사방에 비닐봉지와 빨대, 물병 따위가 온통 널려 있었다. "제 밥그릇에 침 뱉는 격이죠. 사람들은 그걸 이해하지 못해요. 이 땅에 기대어 산다는 사실조차 잊어버린 거예요."

그러나 예전에는 잘 알고 있었다. 예전에는 달과 얘기를 나눌 수도 있었다고 그녀가 말했다. 달은 성장의 여신이었고, 임산부와 카사바 경작지와 숲을 지켜주는 수호신이었다. 밤에는 나무를 베면 안 된다고 했다. 달이 자기 나무를 벤다고 화를 내기 때문이다. 사람들은 잊어도 달은 잊지 않는다.

네카는 또 이런 이야기를 들려주었다. "어느 날, 어부들은 마을에서 가장 아름다운 소녀가 사라졌다는 것을 알게 되었어요. 어디서도 소녀를 찾을 수 없었지요. 그래서 그들은 쿠란데이루에게 찾아달라고 부탁했어요. 쿠란데이루는 달님에게 도움을 청하는 의식을 거행했지요.

소녀가 어디 갔느냐고 달님에게 묻자, 달님이 답했어요. 호수로 유괴되었다고요. 그러나 호수는 소녀를 돌려줄 거라고 했답니다. 다시 소녀를 보게 될 거라고요.

다음 보름달이 떴을 때 천둥이 쳤어요. 그리고 호수 한복판에 아름다운 나무 한 그루가 나타났죠. 달님처럼 찬란하게 빛났는데, 오색영롱한 과일이 주렁주렁 달려 있었답니다. 나무는 호수 밖으로 걸어 나왔어요. 깜짝 놀란 사람들은 죄다 겁에 질렸어요! 그러자 나무가 되돌아가더니 호수 바닥에 다시 가라앉았어요. 과일은 모두 떨어졌는데, 아름다운 초록 개구리로 변해 호수를 초록빛으로 물들였답니다." 이 호수가 전에는 무이라키타호라고 불렸다고 네카가 말했다. 행운을 가져온다는 작은 초록 개구리의 이름을 딴 것이다.

네카는 설명했다. "그 인디헤나 소녀의 아름다움이 호수의 아름다움을 피워낸 거예요. 그리고 보름달이 뜨는 밤이면, 나무가 호수에서 일어나 마을 주변을 산책하곤 한답니다."

"하지만 그녀는 산책길에서 돌아오지 않았어요." 그 말과 함께 네카는 입을 다물었다.

"그래서 어떻게 됐어요?" 내가 물었다.

"아직도 그녀가 돌아오길 기다리고 있죠." 네카가 말했다.

그들이 기다리는 동안 세계는 망가지고 있다. "이젠 정말 위험해요. 아들딸들이 이 세계를 바라보며 대자연의 뜻을 읽지 못할 수도 있고요." 네카가 말했다. 그들은 풀집을 짓는 방법을 잊어버릴지 모른다. 약초의 효능도 잊어버릴지 모른다. 항아리와 숯과 천연염료를 만드는 방법도 잊어버릴지 모른다.

모래톱에는 쓰레기가 널리고, 하늘에는 불길이 치솟고, 물속에는 수은이 가라앉아 있다. "한때 고무 시대가 있었어요." 이엉을 얹은 물가 탈의실의 작은 탁자에 앉아 있는 우리들 사이에 네카의 여동생 라우레니케가 끼어들며 말을 꺼냈다. "그 후 황금시대가 왔어요. 지금은 나무 시대랄까. 그런데 마을 사람들이 얻는 건 뭐죠? 질병과 수은 같은 것들뿐이에요. 주민들을 위한 건 없고요."

주민들이 고무나 금이나 목재로 한몫 챙기지는 못할 거라고 네카가 말했다. 주민들의 몫은 기억에서 올 것이다. 네카와 케일라는 망가진 세계의 전체성을 기억하기 위해 돌고래의 춤을 춘다.

"두 분이 여름에 왔으면 좋았을 거예요. 그러면 '보투의 춤'을 볼 수 있을 텐데." 네카가 말했다. 정말 꼭 그 춤을 보고 싶다고 내가 말했다. 우리는 더 오래 머물고 싶었다. 그러나 크리스마스가 머지않았고, 미국에서 친구들과 가족이 기다리고 있었다. 너무나 아쉽게도 며칠 후 떠나야 했다.

알테르두상에서 묵는 마지막 날 아침, 우리는 인디헤나박물관에 들렀다.

입구에 들어서자 영어로 쓴 플래카드가 보였다. '이곳은 박물관이 아닙니다. 토착 예술·문화·과학 보존센터입니다.' 박물관의 임무는 "미래를 위해 아마존 고유의 역사 속에서 잊혀지고 버려지고 간과된 모든 것을 문서화하고 보존하는 것"이었다. 야심찬 목표라고 다이앤과 나는 생각했다.

이 센터는 1992년에 문을 열었다. 데이비드 리처드슨의 아내인 마리아 안토니아 카시나와의 숙원 사업이었다. 안으로 들어서자 마리아가 박물관 기념품점에서 묵주에 줄을 끼우고 있었다. 개구리나 기하학적 문양이 들어간 항아리, 바구니 세공품, 묵주 등은 산타렘에서도 살 수 있는 물건이다. 박물관 표지판은 그런 상품을 '공항 미술품'으로 치부한다.

인상적인 이 노란 시멘트 건물에 들어서면, 홀 중앙에 심어 놓은 토착식물과 마주친다. 나는 폭포를 연상했는데, 실제로 그 아래쪽에는 물 웅덩이가 있다. 이러한 연출과 더불어 우람한 비석의 글이 눈길을 끈다.

> 나는 한껏 술을 마시고 찬송하기 시작했다. 땅은 붉고 평평해졌으며 아름다워졌다. 우리We! 우리! 우리! 하늘이 노래하기 시작했고, 무지갯빛이 나타나 뱀처럼 용트림하기 시작했다. 영혼의 동맹자들이 도착하기 시작했다. [……]
>
> 내 영혼은 빛나기 시작했다.
>
> 잇달아 하나씩 영혼이 도착했다. 개구리의 영혼 '모카'는 등

뒤에 화살통을 매고 도착했다. 페커리의 영혼, [……] 폭포의 영혼과 물고기 영혼이 도착했고, 모든 사냥감이 내 품 안으로 들어왔다. [……]

나는 비문을 읽으며 자못 감동을 받았다. 마리아 안토니아에게 이 비문을 어디서 인용한 것인지 물어보았다. "아, 데이비드가 어떤 책에서 뽑은 글이에요." 그녀는 그 이상으로 알지는 못했다. 훗날 15년 이상 아마존 부족을 연구해온 마크 플롯킨에게 이 비문을 들려주자, 야노마미 인디헤나의 의식을 묘사한 게 거의 분명하다고 했다. 영혼의 안내자를 만나기 위해 다른 인디헤나가 아야후아스카를 복용하듯, 야노마미 인디헤나들 역시 의식을 치르며 환각제를 복용한다.

나는 이 박물관에서 보라리 인디헤나에 대해 배울 내용이 전혀 없다는 것을 알고 적잖이 실망했다. "그들의 문화는 다른 문화에 완전히 동화되고 말았어요." 마리아 안토니아가 말했다. 그래서 박물관에서는 토착문화에 어떤 찬사도 바치지 않는다는 것이다. 대신 이제 멸종되었거나 거의 멸종된 부족들의 예술품이나 문화유물을 전시하는 데 중점을 둔다. 타파조스족이 그런 부족 중 하나다. 1626년에 포르투갈인들이 오기 전, 타파조스강 유역은 아마존의 경제 중심지였다. 타파조스강이라는 이름의 유래가 된 이 인디헤나들은 이곳에서 위대한 문명을 일으켰다. 8000년 전에 이미 위대한 예술을 창조했는데, 커다란 장례용 항아리를 비롯한 도자기가 특히 유명하다. 도자기 기술이 "최고의 베네치아 유리세공 기술을 능가"한다고 한 탐험가는 기록했다. 그러나 타파조스족은 포르투갈 사람들과 처음 마주친 후 불과 47년 만에 외래 병원체에 감염돼 멸종하고 말았다.

18세기 초까지 브라질에서만 90개 이상의 인디헤나 부족이 멸종했다. 해마다 한 부족씩 사라진 셈이다. 살해되거나 노예가 되거나 외래 병원체와 탐욕과 종교와 알코올 때문에 지금도 계속 인디헤나들이 죽어가고 있다. 마크 플롯킨은 그러한 죽음에 대해 이렇게 웅변했다. 사라져가는 부족들의 샤먼 한 명이 죽는 것은 "도서관 하나가 불타버리는 것과 같다. 아니, 그보다 더 심각하다. 도서관의 지식은 다른 곳에도 기록돼 있지만, 샤먼들이 죽으면 그들의 지식도 함께 죽어버리기 때문이다."

이 박물관은 잿더미 속의 도서관과 같다. 이곳에는 각 부족들의 유물이 전시돼 있다. 엮어서 만든 바구니, 깃털 머리 장식, 가면, 그리고 더러 사진도 있다. 어떤 유물은 불탄 가옥에서 되는 대로 집어온 것이다. 각 물건들 아래에는 사라져버리거나 죽어가는 문화에 대한 한두 가지 정보를 매직펜으로 기록한 카드가 놓여 있다. 네 가지 언어로 기록된 말들은 묘비명처럼 간결하다.

카나마리족: 1940년에 이 부족을 처음 만난 탐험가들은 노래와 춤과 얼굴 문신에서 과거의 융성한 문화를 발견했다. 이제 마조나스주에 643명이 남아 있다. 이런 기록도 전해진다. "지난 60년간 그들은 과거를 팔아 술을 샀다."

야노마미족: '사나운 부족'으로 알려진 이 사람들의 62퍼센트는

사금 광부들이 퍼뜨린 새 변종 말라리아에 감염되었고, 지금 브라질에서 살아남은 사람은 약 8000명뿐이다.

와이미리아트로아리족: 지금은 아마조나스주에 속하는 그들의 영토는 한때 아마존 유역에서 가장 무서운 곳으로 통했다. 이제 그들의 인구는 3000명 이하로 격감했고, 1977년에 굴욕적인 강화조약을 맺은 그들은 아마조니아 횡단 고속도로와 수력발전용 댐을 짓도록 땅을 내주었다.

마체족: 코에 구멍을 뚫어 뼈를 끼우는 얼굴 장식을 하고, 재규어를 숭배하는 의미에서 조가비 귀걸이를 단다. 대롱 독침의 달인들이어서 날아가는 벌새를 맞출 수 있고, 40미터 거리에 있는 원숭이도 독침으로 잡을 수 있다. 1976년에 처음 백인과 만난 이후 현재 인구가 123명으로 줄어들었다.

투카누족: 최초의 인간이 신성한 나팔을 발견해 연주하자, 별과 바람, 강, 물고기, 숲, 사냥감, 데사나족과 와야나족을 비롯한 전 이류가 생겨났다는 전설이 있다. 지금은 2631명이 남아 있는데 모두 가톨릭을 믿는다.

아수리니족: 싱구강 토착민인 이들은 항아리와 몸에 대단히 기하학적인 디자인 무늬를 그려 넣은 것으로 유명하다. 여자 10명과 어린이 7명만 남아 있다.

테나링족: 신성한 피리 연주자들로, 아름다운 깃털 목걸이와 귀걸이로 몸치장을 한다. 목욕 후에는 마른 꽃가루를 몸에 뿌린다. 350명 이하가 생존해 있는데, 다수가 알코올 중독으로 투병 중이다.

마룽바족: 자바리계곡의 원주민으로, 노예로 끌려가거나 고무산업의 희생자가 돼 인구가 격감했다. 생존자는 622명뿐이다.

부족들의 문화에 대한 소개가 이어질수록 기록은 점점 짧아져 한두 문장으로 끝났다. 캉파족은 페루에 팬파이프를 들여왔고 베를 잘 짰다. 데사나족은 스스로를 '바람의 아들'이라 일컬었다. 와이와이족은 재규어 가죽으로 만든 신성한 북을 쳤다. 와야나아팔라이족은 신비한 새가 세계를 창조했다고 믿는다. 그러나 오늘날 그들의 세계는 불타고 있다. 그들의 노래와 지식, 언어, 숲, 그들의 신들이 잿더미가 되고 있다.

파라카나족에 대해서는 두 가지만을 알 수 있다. 한때 싱구강 유역과 파라 지역에 살았다. 생존 인구는 300명뿐이다. 그리고 이런 질문을 덧붙였다. "아이들에게 보여줄 힘센 코끼리들의 마법이 사라진 세상은 어떤 세상일까? 파라카나족이 사라진 세상은 또 어떤 모습일까?"

비탈진 황톳길을 걸어 읍내로 내려가다가 케일라를 만났다. 이날 오후 우리는 케일라와 함께 마지막으로 쿠루쿠에 가보기로 했다. 그녀는 친구인 시마웅의 배 소사호가 있는 곳에서 2시에 만나자고 했다. 우리를 위해 깜짝 선물을 마련했단다.

우리는 브라울리우의 지강치호보다 더 큰 소사호 옆에서 기다렸다. 완만히 비탈진 모래언덕 너머로 케일라가 나타났다. 챙이 넓은 밀짚모자 아래서 금발 머리가 굽이치는 모습이 보였다. 가방과 바구니를 든 여덟 명의 친구가 그녀를 뒤따라왔다. 우리에게 보투의 춤을 보여주려고 친구들을 데려온 거라고 했다.

그들은 아름답고 젊고 나긋나긋한 청춘 남녀들이었다. 에드송, 닐송, 카리송, 트레나투, 에다니, 엘라일레네, 프라니데스, 디올레네. 소년들은 야구모자와 소매 없는 셔츠를 입었고, 소녀들은 작고 검은 비키니를 입었다. 가방에는 의상과 횃불 재료, 각종 소품이 들어 있었다. 간식거리와 음료를 쿨러에 가득 담아오기도 했다.

통통거리며 쿠루쿠로 향할 때, 주인을 닮아 이빨 틈이 벌어진 소사호는 이 사이로 연기와 증기를 내뿜으며 요란한 소리를 냈다. 시마웅은 조롱박으로 배에 괸 물을 퍼냈다. 소년들은 시마웅, 케일라와 함께 뱃머리에 앉았고, 소녀들은 고물에 앉아 깔깔거렸다.

쿠루쿠곶에 이르렀을 때 케일라가 불쑥 팔을 뻗으며 말했다. "보투예요!" 밸런티노였다. 무용수들이 배에서 내리는 동안, 나는 밸런티노를 향해 헤엄쳐갔다. 돌고래들은 내게 작별 인사라도 하듯 모두 모여 있었다. 데이비드와 개리, 마리아와 예수, 밸런티노와 분홍 입술, 베라와 투쿠시 두 마리까지. 35분 동안 26번이나 돌고래를 보았다. 데이비드와 개리가 바투 다가와, 물 밖으로 머리를 내밀고 내 얼굴을 바라보았다. 그들은 지글거리는 거품을 두 번이나 떠올려 내 살갗을 쓰다듬었다. 세 마리는 폭죽이 터지듯 공중으로 도약했다. 데이비드는 3미터도 떨어지지 않은 곳에서 아주 높이 공중으로 떠올랐다. 투쿠시 한 마리는 꼬리를 세워 보였고, 밸런티노는 가까이 다가와서 몸을 뒤집어 분홍빛

배를 보여주었다.

강둑 모래밭에서 케일라와 무용수들, 시마웅과 어린 딸이 경이로운 눈길로 지켜보고 있다는 것을 나는 알지 못했다. 내가 물 밖으로 돌아가자, 한쪽 귀에 귀걸이를 두 개나 단 가장 억세 보이는 소년이 놀라워하며 물었다. "보케 나웅 텡 에메두(Voce não tem emedo, 무섭지 않아요)?"

"나웅 에우 고스투(não – eu gosto, 아니, 난 그걸 좋아해)!" 내가 답했다.

나는 두 번 더 물에 들어가 보투들과 함께 헤엄쳤다. 그리고 45분 동안 49번 보투를 보았다. 예전처럼 물가에 남아 있던 다이앤은 보투가 수면에 떠오른 모습을 나보다 훨씬 더 많이 목격했다. 다이앤은 나도 모르는 사이에 보투가 나를 둘러싸고 있었다고 했다. 이제 그들은 모두 떠난 듯했다.

날이 저물고 있었다. 서쪽 하늘에서는 거대한 불길이 연기를 피워 올렸다. 무용수들은 다른 쪽 곳에서 우리를 기다렸다. 케일라는 강물에 떠내려온 작은 나무를 소도구로 세워두었다. "어머니는 숲에서 나무 베는 걸 좋아하지 않아요." 그녀가 말했다. 젊은 무용수들은 술을 마시고 간식을 먹은 후 남은 쓰레기를 깔끔히 주워 쿨러에 담았다. 그들은 이미 공연 의상을 갖춰 입고 있었다.

소녀들은 정결한 처녀처럼 흰옷을 입고 강을 마주하고 섰다. 소년들이 입은 바지와 셔츠와 모자도 모두 흰색이었다. 그들은 수영을 하듯 팔을 저으며 천천히 거닐다가, 입을 모아 노래하기 시작했다.

보루가 사람으로 둔갑해
마을 무도회에 춤을 추러 왔을 때
행운의 활과 화살을 가져왔다네
행운과 정열을 북돋는 개구리 마법을 부렸다네
아름다운 시골 처녀와
밤새도록 춤을 추었다네

그들은 모래톱에서 연인들처럼 춤을 추었다. 한 쌍씩 짝을 이루어 두 손으로 파트너의 얼굴을 다정하게 감싸거나 머리칼을 쓰다듬으며 서로의 눈을 응시했다. "그들은 사랑에 눈이 멀었어요." 네카는 이렇게 말한 적이 있는데, 이 순간 무용수들은 사랑의 정열로 불타오르는 듯했다. 저물어가는 태양이 그들의 등에 비치자 소녀들의 검은 비키니 차림이 흰옷 밖으로 드러나 보였다. 소년들은 아주 순결하고 갈구하는 듯한 소녀들을 모래톱에 눕히고 포옹하며 노래했다.

너무나 묘연하게
마을 미녀가 사라졌다네
멋들어진 청년과 함께……

태양은 강물에 금빛을 풀어놓으며 역광처럼 무용수들의 뒤에서

돌고래의 춤. 아름다운
소녀가 마을 무도회에서
돌고래 연인을 만난다.
(촬영: 다이앤 테일러 스노)

빛났다. 무용수들의 모습은 이제 구별할 수 없었다. 더 이상 그들은 소년이나 소녀가 아니었다. 이야기의 마력에 사로잡혀 돌고래로 둔갑한 것만 같았다. 그리고 이제 그들의 노래는 영혼의 목소리와 하나가 된 듯했다. 신성한 덩굴의 어머니와 신성한 호수의 어머니, 음악과 오페라의 천사, 프리마 돈나와 살해된 인디헤나들과 마리오의 어린 아들의 유령과 하나가 된 그들은 우리에게 잊지 말라고 외쳤다. 노래엔 과학자들의 목소리도 실려 있었다. 베라와 개리, 미리암과 안드레아와 피터의 목소리로, 우리에게 탐사하고 경탄하라고 노래했다. 또 이 탐욕의 시대에도 우리에게 희망을 잃지 말라고 격려하며 주민들과 야생 생태계 모두를 위해 탐시야쿠타후아요와 같은 보호구역을 만들고 꿋꿋이 지켜가는 몽상가들의 목소리로도 노래했다. 그들은 「라 트라비아타」의 이루어질 수 없는 연인인 비올레타와 알프레도의 목소리로 노래했다. 모이세스와 리카르도, 돈 호르헤와 주앙 페나의 목소리로 노래했다. 이 아마존에서는 이뤄질 수 없는 꿈이 이뤄질 수 있다고 노래했다.

이렇게 케일라의 젊은 친구들은 돌고래 이야기 자체가 되었다. 수면에 비친 햇살처럼 태곳적부터 이어져 오면서도, 완벽하고 아득하며 우리 곁에 현존하는 그런 이야기로 거듭난 것이다. 돌고래들도 어떻게 알았는지 우리가 강을 바라보자 보투가 돌아와 있었다. 그들은 얕은 물속을 느릿느릿 헤엄쳤고, 물 위로 눈을 드러낸 채 나직이 숨을 고르며 모래톱의 드라마를 관람하고 있었다.

보투는 마을에서 달아났다네
강가의
처녀를 갈망한다네……

소년들은 벌떡 일어나, 쏜살같이 아주 유연하게 물속으로 뛰어들어 물결을 가르며 나아갔다. 정말 돌고래 같았다.

우리는 마나우스의 오페라하우스와 '물들의 만남'에서 멀리 떨어진 곳에 있다. 지금 공중에는 빗줄기 대신 연기가 자욱하다. 하지만 내 돌고래 여행은 처음 시작할 때와 똑같이 끝난다. 아마조나스극장의 천장 프레스코 벽화 아래서 처음 시작했던 것과 똑같이, 나는 다시 춤과 비극의 곁에 자리하고 있다.

물 밖으로 돌고래 인간들이 나타난다. 저마다 반갑게 연인과 만나 다짐한다. 그 다짐을 통해 우리는 세계가 충만한 것을 느낀다. 보투는 헤엄치고, 무용수들은 춤춘다. 그러나 서쪽 하늘 아래 아마존은 불타고 있다.

감사의 말

과학자, 어부, 환경운동가, 작가, 샤먼, 여행 동료, 친구에 이르기까지 친절하고 헌신적인 많은 사람들이 집필에 큰 도움을 주었다. 그중에는 책에 등장하는 사람도 여럿 있지만 남몰래 도움을 준 이들도 많다. 그 모든 분들에게 감사드리고 싶다.

이 책은 1995년 12월 미국 플로리다주 올랜도에서 열린 제11차 해양포유류생물학회에서 착상됐다. 너그러운 조언과 통찰, 식견을 나눠준 고래 전문가 토마스 헤닝젠, 랜들 리브스, 브라이언 D. 스미스, 페르난도 트루히요, 고故 스티븐 레더우드에게 특히 감사드린다. 베라 다 실바를 만난 것도 이 회의에서였다. 내가 마나우스에 가 있는 동안 베라는 바쁜 시간을 쪼개 풍부한 지식과 따뜻한 우정을 나눠줬다.

이 책을 위해 네 차례에 걸쳐 연구 탐사를 하는 동안 나는 줄곧 커다란 축복을 받았다. 아마조니아 공동체의 지리적·영적 세계에 대해 박식하고 참을성 있게 안내해준 많은 분들에게 감사드린다. 페루에서는 모이세스 차베스, 호르헤 소플린, 리카르도 피파에게 많은 신세를 졌다. 뇌우가 들이닥치는 '물들의 만남'에서 우리를 안전하게 이끌어준 닐돈 아타이지에게도 감사드린다. 미리암 마르몬텔, 안드레아 피리스, 로니스 다 실베이라는 마미라우아에서 우리를 이끌어주었다.(다이앤과 내가 나무에서 떨어져 카이만의 밥이 되지 않도록 도와주기도 했다.) 알테르두샹에서 멋진 여관방을 빌려준 마리아 두 소코루 단토나 마샤두, 지강치 두 타파조스호를 몰고 날마다 우리 여행을 이끌어준 브라울리우, 튼튼한 보아나레스호를 몰고 아라피웅스강을 항해해준 지우베르투 피멘첼, 특히 많은 이야기를 들려주고 돌고래의 춤까지 보여준 케일라 마링요와 루디넬다 마리누 곤살베스에게 특히 감사드린다.

지역민들의 감동적인 이야기를 통역해준 분들에게도 많은 신세를 졌다. 여러 언어와 토착 세계에 대한 깊은 지식을 나눠주고 우정을 베풀어준 이사벨 드뤼앙과 짐 펜에게 감사드린다. 또 돌고래의 춤에 나오는 노랫말을 꼼꼼히 통역해준 릴라, 케이트, 제인 캐벗, 헤더 커밍에게 감사드린다.

이 책 원고를 읽고 스페인어와 포르투갈어, 케추아어, 영어, 라틴어의 많은 잘못을 바로잡아준 폴 비버 박사, 셀린다 치쿠안, 베라 다 실바 박사, 개리 갤브레스 박사, 그레그 네이즈, 마크 플롯킨 박사, 스티븐 노들링거, 케이티 페인, 다이앤 테일러 스노, 엘리자베스 마셜 토머스에게 감사드린다. 그래도 남아 있는 오류는 모두 내 탓이다.

덧붙여 다음 분들과 기구의 특별한 도움에 감사드린다. 시간 여행에 나를 데려가준 개리 갤브레스 박사. 내가 만난 최고의 편집자로, 끝없는 인내심을 지닌 하워드 맨스필드. 본 작업을 위해 탁월한 제안과 열정적 지지를 보내준 사이먼앤드슈스터의 데니즈 로이와 내 에이전트 세라 제인 프리먼. 아름다운 사진을 찍어 주고 민망한 순간들을 웃음으로 무마해준 다이앤 테일러 스노.

아나 안티포라, 마르시우 아이레스 박사, 앤드루 클리브, 레이 코티와 베스 코티, 프레드 둘린과 라헬 둘린, 짐 유잉과 루스 유잉, 루디 플로레스, 리처드 프레쳇 박사와 모나드녹패밀리케어, 마이클 굴딩 박사, 존 그린 박사와 조이 쇼셋 박사, 피터 헨더슨 박사, 일레인 리타 오노라토, 마리오 후아나키리와 그의 가족, 록샌 크레머, 윌리엄 랭바워 박사, 넬슨 로바토, 폴 마크스, 데이브 마이어, 리 모건, 데이비드 올리브, 티나 페릴류와 닐다 페릴류, 브루나 페릴류, 블라디미르 피스탈로, 펠리시우 폰테스 주니오르, 짐 로언, 후안 살라스, 폴 스터리, 아우구스토 테란, 존 손잡슨, 그레천 보걸에게도 감사드린다.

나아가 아마조니아탐험대, 처클스와 피츠버그동물원 임직원 여러분, 브라질 국립아마존연구소, 필드자연사박물관 포유류과, 안티오크/뉴잉글랜드대학원과 하버드비교동물학박물관의 임직원 및 사서 여러분, 마미라우아 보호구역, 열대우림보존기금에도 감사의 마음을 전한다.

참고문헌

다음 목록은 저자의 연구에 큰 도움이 된 책과 기사, 그리고 독자들이 특히 즐겁게 읽을 수 있는 관련 주제에 관한 책 일부를 선별한 것이다.

탐험가와 여행가들의 이야기

Bates, Henry Walter. *The Naturalist on the River Amazons*. New York: Dover Publications, 1975.

Cousteau, Jacpues-Yves, and Mose Richards. *Jacques Cousteau's Amazon Journey*. New York: Harry N. Abrams, 1984.

Kane, Joe. *Running the Amazon*. New York: Vintage Books, 1990.

Kelly, Brian, and Mark London. *Amazon*. New York: Holt, Rinehart & Winston, 1983.

O'Hanlon, Redmond. *In Trouble Again: A Journey Between the Orinoco and the Amazon*. New York: Vintage Press, 1990.

Rambali, Paul. *In the Cities and Jungles of Brazil*. New York: Henry Holt & Co., 1993.

Shoumatoff, Alex. *The Rivers Amazon*. San Francisco: Sierra Club Books, 1986.

돌고래와 고래

Bateman, Graham, ed. *All the World's Animals: Sea Mammals*. New York: Torstar Books, 1985.

Cousteau, Jacques-Yves, and Philippe Diole. *Dolphins*. New York: A & W Publishers, 1975.

Kendall, Sarita, Fernando Trujillo, and Sandra Beltran. *Dolphins of the Amazon and Orinoco*. Bogotá, Col.: Fundación Omacha, 1995.

Leatherwood, Stephen L., and Randall Reaves. *Sierra Club Handbook of Whales*

and Dolphins. San Francisco: Sierra Club Books, 1993.
Lilly, John C. *Lilly on Dolphins: Humans of the Sea*. Garden City, N.Y.: Anchor Books, 1975.
Perrin, W. F., et al. *Biology and Conservation of the River Dolphins*. Gland, Switz.: IUCN/World Conservation Unions, 1989.
Pilleri, Giorgio. *Secrets of the Blind Dolphins*. Karachi, Pak: Sind Wildlife Management Board, 1980.
Ridgway, S. H., and R. J. Harrison, eds. *Handbook of Marine Mammals*. London: Academic Press, 1989.
Thewissen, J. G. M., ed. *The Emergence of Whales: Evolutionary Patterns in the Origin of Cetacea*. New York: Plenum Press, 1998.

아마존의 자연사

Bernardino, Francisco Ritta. *Amazonian Emotions*. Manaus, Braz.: Amazon Multimedia Stock, 1996.
Duellman, William E. *The Biology of an Equatorial Herpetofauna in Amazonian Ecuador*, Lawrence: University of Kansas Museum of Natural History, 1978.
Emmons, Louise H. *Neotropical Rainforest Mammals*. Chicago: University of Chicago Press, 1990.
Forsyth, Adrian, and Ken Miyata. *Tropical Nature: Life and Death in the Rain Forests of Central and South America*. New York: Charles Scribner's Sons, 1984.
Goulding, Michael. *Amazon: The Flooded Forest*. New York: Sterling Publishing, 1990.
Hilty, S. L., and W. L. Brown. *A Guide to the Birds of Colombia*. Princeton, N.J.: Princeton University Press, 1986.
Holldobler, Bert, and E. O. Wilson. *The Ants*. Cambridge, Mass.: Belknap Press of Harvard University Press, 1990.
Kricher, John C. *A Neotropical Companion*. Princeton, N.J.: Princeton University Press, 1989.
Moffett, Mark W. *The High Frontier: Exploring the Tropical Rainforest Canopy*. Cambridge, Mass.: Harvard University Press, 1993.
Walker, Ernest. *Walker's Mammals of the World*, 4th ed. Vols. I and II. Edited by

John Paradiso. Baltimore: Johns Hopkins University Press, 1983.
Wallace, A. R. *Natural Selection and Tropical Nature*. London: Macmillan Publishers, 1895.
Wilson, E. O. *The Diversity of Life*. Cambridge, Mass.: Harvard University Press, 1992.
______. *Biophilia*. Cambridge, Mass.: Harvard University Press, 1984.

신화, 전설, 설화

Abram, David. *The Spell of the Sensuous: Perception and Language in a More-Than-Human World*. New York: Vintage Books, 1996.
Beaver, Millie de Sangama, and Paul Beaver. *Tales of the Peruvian Amazon*. Largo, Fla.: AE Publications, 1989.
Roe, Peter G. *The Cosmic Zygote: Cosmology in the Amazon Basin*. New Brunswick, NJ.: Rutgers University Press, 1982.
Slater, Candace, *Dance of the Dolphin: Transformation and Disenchantment in the Amazonian Imagination*. Chicago: University of Chicago Press, 1994.
Smith, Nigel J. H. *The Enchanted Amazon Rain Forest: Stories from a Vanishing World*. Gainesville, Fla.: University Press of Florida, 1996.

아마존 부족, 역사, 미래

Collier, Richard. *The River That God Forgot*. New York: E. P. Dutton, 1968.
Davis, Wade. *One River: Science, Adventure, and Hallucinogenics in the Amazon Basin*. New York: Simon & Schuster, 1996.
Descola, Philippe. *The Spears of Twilight: Life and Death in the Amazon Jungle*. New York: New Press, 1996.
Engl, Lieselotte, and Theo Engl. *Twilight of Ancient Peru*. New York: McGraw-Hill, 1969.
Goulding, Michael, Dennis J. Mahar, and Nigel J. H. Smith. *Floods of Fortune: Ecology and Economy Along the Amazon*, New York: Columbia University Press, 1996.
Instituto del Tercer Mundo. *The World Guide*, 1997-98. Oxford, U.K.: Internationalist Publications, 1997.

Kane, Joe. *Savages*. New York: Alfred A. Knopf, 1995.

Page, Joseph. *The Brazilians. Reading*, Mass.: Addison-Wesley, 1995.

Plotkin, Mark. *Tales of a Shaman's Apprentic: An Ethnobotanist Searches for New Medicines in the Amazon Rain Forest*. New York: Penguin books, 1994.

Smith, Nigel, et al. *Amazonia: Resiliency and Dynamism of the Land and Its People*. Tokyo: United Nations University Press, 1995.

독수리의 골과 기타 처방에 관한 조언

Werner, David, with Carol Thurman and Jane Mazwell. *Where There is No Doctor: A Village Health Care Handbook*. Palo Alto, Calif.: Hesperian Foundation, 1992,

일부 과학 출판물

Azevedo, Aline, et al. *Mamirauá: Management Plan*. Brasilia: Sociedade Civil Mamirauá National Council for Scientific and Technological Development (CNPq), Environmental Protection Institute of the State of Amazonas (IPAAM), 1996.

Berta, Annalisa. "What Is a Whale?" *Science*, 14 January 1994, pp. 180-181.

Best, Robin C., and Vera M. F. da Silva. "Inia geoffrensis." *Mammalian Species* no. 426 (1993): 1-8.

______. Preliminary Analysis of Reproductive Parameters of the Boutu, Inia geoffrensis, and the Tucuxi, Sotalia fluviatalis, in the Amazon River System. *Report of the International Whaling Commission*, Special Issue UE 6, 1989.

Caldwell, Melba C., David K. Caldwell, and William E. Evans. *Sounds and Behavior of Captive Amazonian Freshwater Dolphins, Inia geoffrensis*. Los Angeles: Los Angeles Museum of Natural History, Contributions in Science No. 108, 1996.

da Silva. Vera M. F., and Robin C. Best. "Freshwater Dolphin/Fisheries Interaction in the Central Amazon." *Amazoniana* XIV, nos. 1/2 (1996): 165-175.

______. "Sotalia fluviatalis." *Mammalian Species* no. 527 (1996): 1–7.

Gewalt, Wolfgang. "Orinoco Freshwater Dolphins Using Self-Produced Bubble Rings as Toys." *Aquatic Mammals* 15, no. 2 (1989): 73–79.

Gingerich, Philip D. "Origin of Whales in Epicontinental Remnant Seas: New Evidence from the Early Eocene of Pakistan." *Science*, 22 April 1983, pp. 403–406.

Pilleri, G., M. Gihr, and C. Kraus. "The Sonar Field of Inia geoffrensis." *Investigations on Cetacea* 10 (1979): 157–176.

Sylvestre, Jean-Pierre. "Some Observations on Behavior of Two Orinoco Dolphins in Captivity at Duisburg Zoo," *Aquatic Mammals* 11, no. 2 (1985): 58–65.

Thewissen, J. G. M., and S. T. Hussain. "Origin of Underwater Hearing in Whales." *Nature*, 4 February 1992, pp. 444–445.

Thewissen, J. G. M., S. T. Hussain, and M. Arif. "Fossil Evidence for the Origin of Aquatic Locomotion in Archaeocete Whales." *Science*, 14 January 1994, pp. 210–212.

이 책이 처음 발간된 이후, 아마존 보존의 비상사태는 훨씬 더 시급한 사태로 발전했다. 이제 전체 아마존의 5분의 1이 파괴되었다.

브라질에서는 2000년 5월에서 2005년 8월 사이에 국경 내부 아마존 유역의 숲 13만 2000제곱킬로미터가 파괴되었다. 그리스 국토보다 넓은 면적이다. 농업 수요에 따라 점점 줄어들고 있는 아마존 우림은 위험한 지구 기후변화를 극적으로 가속하고 있다. 더 많은 나무가 쓰러질수록 온실가스 흡수 능력이 더욱 줄어들기 때문이다.

페루의 상황은 그나마 나은 편이다. 이는 주로 보호된 지역 덕분인데, 2007년 발표된 카네기연구소 지구생태학부의 연구에 따르면, 페루의 보호구역은 그 외 지역보다 산림 벌채 감소 효과가 18배나 높아서 페루의 삼림 황폐화 비율은 열대 국가들 가운데 가장 낮다. 하지만 위성 조사를 기초로 한 그 연구에 따르면, 1999년에서 2005년 사이에 숲이 매년 645제곱킬로미터씩 파괴되었다. 또 파괴까지는 아니더라도 매년 632제곱킬로미터씩 환경이 교란되었다.

그러나 아직 희망은 있다. 이 책의 중요한 배경인 페루의 탐시야쿠타후아요 공동체 보호구역이 2007년에 유의미할 정도로 확대되었다. 이는 주로 열대우림보존기금Rainforest Conservation Fund, RCF의 노력 덕분이다.(4000제곱킬로미터 이상으로 확대된 보호구역의 명칭은 강화된 법적 보호를 반영해 '탐시야쿠타후아요 지역공동체 보존구역Area de Conservation Regional Communal Tamshiyacu-Tahuayo'으로 바뀌었다.) RCF 기부금은 이 지역에 사는 사람과 동물, 강에게 직접적 도움을 주는 데 쓰인다. 나는 RCF의 활동을 강력히 지지해 이사회 임원으로 합류했다.[한국어판이 출간된 2022년 현재, RCF는 더 이상 활동하지 않고 있는 것으로 확인된다. —편집자]

아마존우림보존협회Amazon Rainforest Conservation Society, ARCS는 시카고에 기반을 둔 비영리 기구로, 4000제곱킬로미터에 달하는 탐시야쿠타후아요 보존지역 근처의 여러 페루 공동체들과 전문적 활동을 벌인다. ARCS는 RCF를 비롯한 다른 기구들과도 면밀히 협조하며 가족계획과 보존 교육, 감시, 지속 가능한 관리 등 다양한 무상 프로그램을 진행한다.[RCF처럼 ARCS도 활동을 중단한 것으로 추정된다. —편집자]

이 책에 기술된 초창기 돌고래 보호는 상당 부분 탐시야쿠타후아요 공동 보호구역 근처에 있는 아마조니아탐험대Amazonia Expeditions 숙소에서 이루어졌다. 이 모임은 생태와 문화에 관한 예리한 철학을 바탕으로 페루인들로 구성된 임직원들과 수많은 탐험대를 운영하는데, 이들 중 일부는 이 책에도 등장한다. 아마조니아탐험대는 거액의 정기 후원금으로 RCF를 지원하기도 한다. 아래로 연락하면 여행 안내를 받을 수 있다.

Amazonia Expeditions

10305 Riverburn Dr Tampa, FL, USA 33647

전화 800-262-9669(미국·캐나다), 001-813-907-8475(국제)

이메일 paul@perujungle.com

웹사이트 perujungle.com

아마존보존팀Amazon Conservation Team은 민속식물학 박사 마크 플롯킨이 설립한 곳으로, 토착식물에 대한 지식을 보존하고 아마존의 주술 연구를 증진함으로써 전통 지식과 자연 서식지를 보호하는 일을 한다. 다음 주소로 연락하면 회원이 될 수 있다.

Amazon Conservation Team

4211 North Fairfax Drive, Arlington, VA 22203

이메일 info@amazonteam.org

웹사이트 amazonteam.org

현재는 관광객들이 마미라우아를 방문할 수 있는 기회가 제한돼 있다. 마미라우아는 브라질에서 지속 가능한 개발 보호구역으로 지정된 최초의 지역으로, 이 책에서 다룬 브라질 돌고래 및 매너티 연구가 진행되는 장소이기도 하다. 관광 수입은 마미라우아를 보호하는 데 큰 힘이 된다. 이 보호구역을 방문하고자 한다면 다음 주소(mamiraua.org.br)로 접속하기 바란다.(포르투갈어로 제작된 사이트지만, 클릭 한 번으로 영어 자동 번역을 이용할 수 있다.)

마미라우아에 방문하려면 다음 이메일 주소로 연락해 예약 일정을 조율하라.

이메일 mamiraua@mamiraua.org.br

비영리 기구 어스워치Earthwatch는 연구 보조원이 필요한 현장 과학자와 일반인 지원자들을 짝지어주는 일을 하는데, 이 자원봉사자들에게 약간의 수당을 지급하기 위해 아마존에서 여러 프로젝트를 제공한다. 더 많은 정보를 원한다면 다음 주소로 접속하기 바란다.

Earthwatch

300 Washington Street, Suite 713, Newton, MA 02458

전화 800-776-0188

이메일 info@earthwatch.org

웹사이트 earthwatch.org

개정판을 위한 옮긴이의 글

아름답고 아련하고 아뜩하다

이 아름다운 책을 꼭 다시 살려내고 싶다는 출판사의 연락을 받고 여간 기쁘지 않았다. 원서를 다시 읽으며 꽤 많은 내용을 수정했다. 예전 출판본에서 문어체로 바꿔놓은 문장을 다시 구어체로 돌려놓았고, 불필요한 주어와 목적어 따위를 다수 삭제해 가독성을 한결 높였다. 문장을 좀 더 간결하게 가다듬으면서 몇 군데 부끄럽게 오역을 한 것도 바로잡았고, 저자가 업데이트한 대목도 새롭게 보탰다.

사이 몽고메리의 문장은 정말 아름답다. 아마존을 향한 저자의 마음도 아름답고, 아마존과의 교감을 통한 저자의 깨달음도 아름답다. 무엇보다도 아름다운 문장으로 우리에게 올곧게 전해주는 아마존의 신비함은 가슴이 먹먹하고, 우리 유전자에 깃든 시원의 향수처럼 아련하고 아뜩하다.

심하게 유린되었고 지금도 유린되고 있는 아마존이 예전 모습으로 살아난다면 얼마나 좋을까? 그래야 마땅함에도 그러지 못하는 게 우리의 현실이지만, 되살아난 이 책을 통해 나와 독자의 마음속에서나마 원시의 아마존이 언제까지나 살아 숨쉬기를 바라본다.

옮긴이의 글

엥캉치로 유괴되고 싶습니다

이 책은 아마존을 노래한 아름다운 시집이자 참신한 자연과학 서적이다. 저자는 아마존강과 우림의 생태를 시적으로 음미하는 동시에 과학적으로 관조한다. 아련한 시와 신화와 진지한 과학이 만나는 책, 서정과 정보가 어우러진 책, 정서적 울림과 지적 쾌감을 아우르는 아주 희귀한 책이다.

저자는 아마존을 탐사하며 아마존 사람들이 여전히 믿고 있는 분홍돌고래 신화를 탐사한다. 동시에 돌고래 신화를 탐사한다. 동시에 돌고래와 관련된 고생물학 등의 현대 과학을 탐사한다. 나아가 지구와 생명의 자연사를 흥미롭게 전개하며 다채로운 생태 보존의 노력들을 짚어보고, 아마존의 서정을 아름답게 때로는 애틋하게 노래한다.

아마존은 지구 산소의 10분의 1을 공급한다. 그래서 "우리의 숨결은 아마존과 잇닿아 있다." 이 아마존으로 "더러는 카약을 타러, 더러는 새를 찾아, 더러는 인디헤나를 만나러, 더러는 원숭이를 관찰하러 온다. 더러는 [……] 가슴 저리도록 정글의 밤이 부르는 소리에 못 이겨 오기도 한다. 그들은 원시의 숲을 찾아오고, 자신의 영혼을 찾으러 온다."

분홍돌고래를 찾아 아마존에 온 저자는 아마존강을 시적으로 이렇게 묘사한다. "결혼하지 못한 연인처럼 두 강[솔리몽이스강과 네그루강]은 검은 손가락과 흰 손가락을 깍지 낀 채 나란히 흘러간다. 이렇게 두 강이 몸을 섞어 태어나는 아마존강에서는 여러 단절된 역사가 합류하고, 상반된 정체성이 합류하고, 아름다움과 잔혹함, 열망과 절망, 삶과 죽음이 합류한다."

이 아마존강에 분홍돌고래가 산다. 포르투갈어를 사용하는 브라질에서는 분홍돌고래를 보투라고 부른다. "보투에게는 기묘한 아름다움이 있다. 보면 볼수록 더욱 눈부신 아름다움. 이 아름다움은 나이 지긋한 노인의 아름다움 같으면서도 태아의 아름다움 같다. 이 아름다움은 이제 막 다른 어떤 것이 되어가고 있는 생물의 아름다움, 생성의 아름다움이다." 저자는 이 보투를 볼 때마다 자신의 "잃어버린 쌍둥이 형제를 보는 느낌이 든다."라고 말한다. 그리고 "어디서 돌고래를 보든 항상 충격을 받곤 했다. 마치 물속에 있는 나 자신을 보는 것만 같았기 때문"이라고 고백한다.

오늘날 과학자들은 더 이상 진화의 증거를 찾지 않는다. 이미 증거가 넘치기 때문이다. 이제 과학자들은 진화의 증거를 어떻게 활용할 것인지 연구한다. 이 책에는 과거 진화사의 '잃어버린 고리'에 대한 흥미로운 얘기도 담겨 있다. 잃어버린 고리는 속속 발견되었다. 저자가 이 책을 쓰기 몇 달 전에 네 발을 지닌 거대한 조류의 화석이 발견되었다는데, 날개는 없고 깃털과 부리가 있었다.

데본기가 저물 무렵, 지느러미로 땅을 딛고 육상으로 올라온 물고기들은 포유류로까지 진화하게 되었다. 그런데 육상에서 살던 포유류가 어떻게 다시 물에 들어가 고래가 될 수 있었을까? 해부학적 구조가 어떻게 그처럼 현격하게 달라질 수 있었을까? 저자는 육상의 포유류와 고래 사이의 잃어버린 고리를 발견한 이야기를 들려주기도 한다. 1989년 이집트에서 다리가 달린 고래 화석이 발견되었다! 이것은 고래가 걸어 다녔다는 결정적인 증거다. 그리고 1993년에는 발굽을 가진 고래 화석이 발견되었다.

다리가 달린 고래가 살았던 것은 4000만 년 전이다. 발굽이 있는 동물들이 처음 출현한 것도 이 무렵이다. 그런데 아마존 사람들은 분홍돌고래가 물 밖으로 나와서 걸어 다닐 수 있다고 믿는다. 이렇게 진화사적 사실과 신화(혹은 설화)가 묘하게 서로 일치한다. 저자는 이 흥미로운 신화와 설화를 수집해 독자에게 들려준다.

보투는 어떤 인간보다 더 아름다운 여자나 남자로 둔갑할 수도, 사람의 넋을 빼앗아갈 수도, 황홀한 수중도시인 엥캉치로 사람을 유괴해갈 수도 있다. 다수의 아마존 사람들은 이런 보투 이야기를 아직도 믿고 있다. 아마존 사람들이 미개해서가 아닐 것이다. 아마도 아마존의 대자연이 그만큼 위대하고 신비하기 때문일 것이다.

이 책을 번역하며 나는 줄곧 아마존에 뛰어들고 싶은 강렬한 열망에 부대꼈다. 이루어질 수 없는 불가능한 일들이 이루어지는 곳, 원하는 것은 뭐든지 얻을 수 있고, 원하는 어떤 존재라도 될 수 있는 곳, 아름다움과 잔혹함, 열망과 절망, 삶과 죽음이 합류하는 곳. 그곳에 가서 몸과 마음을 맡기고 싶었다. 그러나 이 책을 고즈넉이 음미하는 것만으로도 직접 아마존에 찾아가는 것과는 또 다른 감동적인 체험을 할 수 있었다. 독자 또한 그러시리라 믿는다. 내게 이 체험은 아름답고, 아리고, 아련하고, 아뜩했다.

2003년

승영조

감수자의 말

아마존을 다루는 최선의 방법

아마존강은 언제나 위기였다. 사이 몽고메리가 이 책을 처음 쓴 2000년에도 그랬고, 원서의 개정판이 출간된 2008년에도 그랬고, 20여 년이 흐른 지금도 마찬가지다. 멀리 숲 너머에서 불길이 치솟고, 원주민들은 도시로 향하고, 다국적 기업이 석유를 채굴하는 풍경은 변하지 않았다. 정치도 해일처럼 덮치는 탐욕과 자본을 막지 못한다.

2019년 브라질의 극우 정치인 자이르 보우소나루의 대통령 당선은 아마존강에 치솟은 불길에 기름을 끼얹는 꼴이 되었다. 그는 브라질 농업 발전을 이끈다는 명목으로 기존의 환경 규제 조처를 무력화하고 열대우림 개발을 촉진하는 정책을 폈다. 그 결과 한 해 동안 아마존 열대우림이 훼손되는 면적은 이전보다 두 배 이상으로 커졌다. 아마존강이라는 '지구의 가습기'가 임계점을 넘어 고장 나면, 기후위기의 절벽에 선 많은 생명체들은 추락하고 만다.

사이 몽고메리의 이 책은 출간 직후부터 고래 애호가들 사이에서 필독서로 꼽혀왔다. 허먼 멜빌의 『모비 딕』이 고래의 박물학적 지식을 유장한 문체로 풀어나가며 우리를 심연의 바다로 데리고 간다면, 이 책은 사람과 돌고래 같은 아마존 세계의 주인들을 섬세하게 다루면서 열대우림의 미소세계로 인도한다. 몽고메리는 이 책의 많은 분량을 돌고래에 대한 전문 지식에 할애하지 않는다. 이 책은 과학 저널리스트로서 그녀의 이력이 도드라진 과학책이라기보다는 문학적인 여행 에세이에 가깝다.

나는 이것이 아마존을 다루는 최선의 방법이라고 생각한다. 고래와 사람, 자연의 연결 관계를 인식하는 감각은 세계를 단순화하는 이론과 지식 같은 것으로 회복할 수 없다. 동물을 분류하고, 동물에 대한 지식을 쌓고, 동물을 대상화하는 모비 딕 시대의 방법으로도 불가능하다. 오히려 동물을 만날 때 송연하는 감각에 집중하고, 오지에 사는 사람들이 축적한 진실을 곱씹고, 강과 생명 그리고 사람의 역사를 거기에 투사해야만 이 복잡한 연결 관계의 진실이 드러나기 때문이다.

몽고메리는 다른 책 『돼지의 추억』에서 "아마존의 분홍돌고래를 따라 세계의 자궁 깊숙이 내려가고 싶었다."라고 말한 적이 있다. 세계의 자궁에서는 인간과 자연이 하나의 세계에 존재한다. 모두가 인간이고 모두가 동물이던 곳. 인간과 비인간의 구분이 없다. 보투는 사람들을 유혹하고, 홀린 사람들은 수중세계로 들어간다. 어제 일어났던 일처럼 보투에 대해 이야기한다. 인간과 보투의 영혼은 연결되어 있다. 생태학적 순환을 이해하는 사람들이 아마존의 주인이었다. 보투가 없다면 아마존의 강물도, 카사바라는 농작물도, 온전한 자신도 없다고 생각했다. 하지만 고무와 황금과 나무가 지배하면서 아마존은 신성한 자궁에서 욕망의 세계로 배출되었다. 이 책은 온전한 과거와 파괴된 현재, 불안한 미래가 뒤얽힌 아마존 탐험기다.

우리가 일반적으로 말하는 '강돌고래'는 4개과 5개종을 가리킨다. 최근 들어 분자생물학의 발달로 종 분류가 수시로 바뀌고 있지만, 인도강돌고래과의 갠지스강돌고래와 인더스강돌고래, 프란시스카나과의 프란시스카나, 양쯔강돌고래과의 바이지, 아마존강돌고래과의 보투 등이 있다. 보투는 볼리비아 아마존강에 사는 종을 따로 쳐서 두 개의 아종으로 나누기도 한다. 강돌고래는 마이오세의 지질학적 변동으로 다른 해양 돌고래와 단절적인 유전자적 특성을 보인다. 하지만 유전적으로 바다 돌고래들과 멀 뿐, 모든 종이 강에만 사는 것은 아니다. 프란시스카나는 기수역과 연안에 서식한다.

반대로 유전적으로 바다 돌고래와 큰 차이가 없지만 강에 사는 돌고래들이 있다. 이를테면 이 책에서 자주 등장하는 투쿠시와 메콩강에 사는 이라와디돌고래, 호주의 강에서 사는 오스트레일리아강거두고래는 다른 바다 돌고래와 함께 참돌고래과를 구성한다. 이 돌고래들은 강에서 살지만, 분류학적으로 강돌고래는 아니다. 사실 돌고래에게 바다냐 민물이냐는 중요하지 않다. 그저 환경에 적응해서 편한 곳을 선택했을 뿐이다.

강돌고래는 왜 생태적으로 중요할까? 이들은 강 생태계의 최상위에서 물고기를 잡아먹음으로써 적정한 개체군이 유지되도록 하는 역할을 한다. 만약 보투 같은 강돌고래가 사라지면, 먹이 피라미드 하위에 있는 종이 지나치게 번성해 생태계의 균형이 깨질 수 있다.

이와 관련해 이 책에 나오는 베라 다 실바 박사는 2018년 의미심장한 논문 하나를 발표했다.(실바는 지금도 여전히 보투 연구에 있어 최고의 과학자다!) 마리아우라 지역에서 1997년부터 2017년까지 22년 넘게 조사한 결과, 보투가 10년에 절반씩 개체 수가 줄고 있더라는 것이다. 투쿠시도 마찬가지의 경향을 보였다. 2000년대 들어 유행하기 시작한 강돌고래 밀렵 때문이었다. 콜롬비아에서 잘 팔리는 피라카팅가라는 메기를 잡기 위해 어부들은 기름기 많은 강돌고래 고기를 미끼로 쓰기 시작했다. 살점으로 분해된 보투가 자신이 잡아먹는 물고기에게 잡아먹히는 상황이 되어버린 것이다. 먹이 피라미드를 거꾸로 뒤엎어버린 상황이 어딘가 비정상적으로 느껴지지 않는가? 오늘날 아마존은 그렇게 혼돈의 소용돌이에 빠져들고 있다.

2022년 여름

남종영(《한겨레》 기자)

아마존 분홍돌고래를 만나다

초판 1쇄 발행 2022년 9월 30일

지은이 사이 몽고메리
옮긴이 승영조

발행인 김희진
편집 김지운
마케팅 이혜인
디자인 민혜원
제작 제이오
인쇄 민언프린텍

발행처 돌고래
출판등록 2021년 5월 20일
등록번호 제2021-000173호
주소 서울시 강남구 선릉로 704 12층 282호
이메일 info@dolgoraebooks.com

ISBN 979-11-980090-1-2 03490

— 이 책의 판매 수익 일부는 해양환경단체 핫핑크돌핀스에 기부됩니다.